中国腐蚀与防护学会著作出版基金

海洋工程用铜合金腐蚀数据手册

郑玉贵　马爱利　主编

化学工业出版社

·北京·

本书全面总结了海洋工程用铜合金的特点、分类和牌号、腐蚀类型和腐蚀性能以及海工环境应用等相关技术和研究数据，分别对紫铜、黄铜、青铜、白铜四大类海洋工程用铜合金从其牌号、成分、组织结构/热处理制度、腐蚀形式、腐蚀机理、耐蚀性影响因素、研究新趋势与新技术等多方面进行了详细介绍，总结了国内外近 30 年来铜合金海工环境腐蚀和应用的相关数据。

　　本书适合舰船和海洋工程用铜合金的加工、使用、研究等相关领域的工程技术人员和科研人员阅读参考。

图书在版编目(CIP)数据

海洋工程用铜合金腐蚀数据手册/郑玉贵，马爱利主编.
北京：化学工业出版社，2017.9
ISBN 978-7-122-30211-3

Ⅰ.①海… Ⅱ.①郑… ②马… Ⅲ.①海洋工程-工程
材料-铜合金-腐蚀-数据-手册 Ⅳ.①P754.5-62

中国版本图书馆 CIP 数据核字（2017）第 165679 号

责任编辑：刘丽宏　段志兵　　　　　　　　文字编辑：孙凤英
责任校对：王素芹　　　　　　　　　　　　装帧设计：刘丽华

出版发行：化学工业出版社（北京市东城区青年湖南街 13 号　邮政编码 100011）
印　　装：北京科印技术咨询服务有限公司数码印刷分部
787mm×1092mm　1/16　印张 17½　字数 445 千字　2018 年 1 月北京第 1 版第 1 次印刷

购书咨询：010-64518888　　　　　　　　售后服务：010-64518899
网　　址：http://www.cip.com.cn
凡购买本书，如有缺损质量问题，本社销售中心负责调换。

定　　价：88.00 元
版权所有　违者必究

前言

当前我国正处于经济结构转型的关键期，潜力无限的海洋经济无疑将成为未来经济发展的新增长点。发展海洋经济离不开海工装备的大规模应用，海工装备功能的实现依赖于材料技术，然而海洋工程设施和装备长期处于苛刻的海洋环境中，材料的耐蚀性能具有举足轻重的作用。

铜合金是一种重要的海洋工程用材料，它包括用于船舶、海上采油平台、滨海电厂和海水淡化工厂等的海水冷却系统的各种白铜，以及用于船舶螺旋桨的各种青铜、黄铜等。海水冷却系统一般由泵、阀门、管线和热交换器等金属部件组成，由于长期输运海水作为冷却介质，必然面临海水腐蚀的严峻挑战。船舶螺旋桨的大型化使其铸造缺陷更加突出，加之舰船高速化的发展趋势，进一步加剧了螺旋桨的空蚀、冲蚀和腐蚀问题。目前，我国船用换热器、冷凝器、螺旋桨等铜合金部件制造业的水平还有待提高，国产的船用铜合金部件与国外知名厂家的产品相比质量水平偏低，耐蚀性较差，使用寿命偏短。

为把我国从铜合金加工大国提升为加工强国，满足我国造船和海洋工程建设的需要，我国已把铜加工材料纳入了国家创新、国家安全工程的关键材料，启动的 17 个重大专项中有 9 项涉及铜加工材料，"有色金属工业十二五规划"重点科研项目中有 6 项关于铜加工材料，其中一项专门针对耐蚀铜合金。

从事海洋工程的科研和技术人员，不仅要积极投入到科技攻关项目中去解决铜合金材料的有关难题，也要系统掌握大量资料、数据，要了解和熟悉有关铜合金在海洋环境中服役的多方面知识和信息，包括铜合金材料本身的知识，海水环境的腐蚀特点及合金部件承受的工况条件等。虽然铜合金的海水腐蚀已经有很长时间的研究历史，也积累了大量数据，但这些数据分散于各种手册和文献之中，并没有得到很好的归纳和总结，对于海洋工程技术人员和相关科研人员来说，查阅起来很不方便。另外，随着冶金技术的发展，原有种类铜合金的质量都有了显著提高，铜合金新材料和涂层制备新技术也不断涌现，这些铜合金新材料和新型涂层的海水腐蚀数据主要分散于最新的期刊或会议文献之中，已有的海水腐蚀数据手册当然无法反映这些变化。因此，急需将各种舰船与海洋工程用铜合金的最新海水腐蚀数据进行收集、整理和归纳，建立铜合金海水腐蚀数据库，编著最新的铜合金海水腐蚀数据手册和研究进展。

编者正是基于上述背景需求编写了本书。书中第 1 章概述了舰船和海洋工程用铜合金的应用、分类和牌号、冶金学、腐蚀性能及腐蚀类型，第 2 章至第 5 章分别对紫铜、黄铜、青铜、白铜四大类海洋工程用铜合金从其牌号、成分、组织结构/热处理制度、腐蚀形式、腐蚀机理、耐蚀性影响因素、研究新趋势与新技术等多方面进行了详细论述，其中还包含从 20 世纪 90 年代以来在国内外多个期刊或会议论文中发表的有关紫铜、黄铜、青铜、白铜四大类铜合金的最新研究成果和实验数据，对于舰船和海洋工程用铜合金的加工、使用、研究等相关领域的工程技术人员和科研人员具有重要参考价值。

全书第 1 章由郑玉贵、姚治铭编写，第 2 章由胡红祥、马爱利编写，第 3 章由张连民编写，第 4 章由宋亓宁、郑玉贵编写，第 5 章由马爱利、郑玉贵编写。

感谢国家重点基础研究发展计划项目（2014CB643300）、国家材料环境腐蚀平台专项项目和中国腐蚀与防护学会著作出版基金对本书的资助；感谢国家材料环境腐蚀平台为本书提供了有力的数据支持；感谢北京有色金属研究总院的赵月红高工和钢铁研究总院舟山海洋腐蚀研究所的金威贤所长对本书初稿提出的诸多有益的修改意见；特别感谢国家材料环境腐蚀平台主任李晓刚教授对本书编写过程的关心、鼓励和支持。

鉴于编者学识水平有限，书中不足之处难免，谨请同行专家、学者和读者斧正。

编者

目录

第1章

概论

1.1 铜和铜合金在舰船和海洋工程中的应用

铜及其合金具有优良的导电、导热和耐腐蚀性能，又具有良好的力学性能和加工成形性，它们还能被循环利用，所以被广泛地应用于人类的生产和生活各个领域。它们是人类最早使用的金属材料之一，距今已有近五千年的历史。随着时代的进步，科学技术的发展，铜及其合金应用更为广泛，涉及电子、电力、汽车、舰船、交通、通信、家电、建筑、冶金、人类生活等。根据国际铜业协会的统计，各部门使用的铜材的比例如图 1-1 所示，而铜加工材各消费品种比例如图 1-2 所示[1]。但归纳其在各部门的用途，主要集中在制作导电和热交换两大方面的部件。

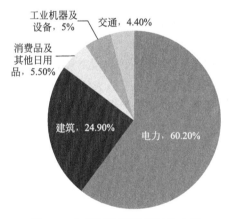

图 1-1　各部门使用的铜材的比例

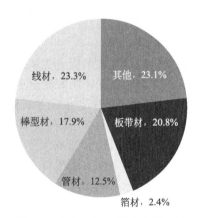

图 1-2　铜加工材各消费品种比例

舰船和海洋工程中所用的关键部件，需要具备优良的耐海水腐蚀性能，而铜及铜合金恰恰具有优良的耐海水腐蚀性及防止海生物生长和附着性能，加之铜合金还具有其他优良的综合性能，使它们成为这类工程中不可或缺、甚至不可替代的材料。

舰船和海洋运输船使用铜及铜合金制备的主要部件有各类导线、海水管路和阀门、热交换器、冷凝器、加热器、螺旋桨等，表 1-1 列出了其主要用途，铜材用量相当于钢材用量的 3%～5%[2]。热交换管在造船工业中用量最多，我国每年的需求量约为 6 万吨，到 2020 年我国有望成为世界造船强国，届时铜合金用材将稳步攀升。

表 1-1　舰船重要用铜部位举例

部位名称	使用铜材特征
电力供应	电机、变压器、输配电、照明用铜导线、电缆 铜及铜合金牌号 TU1、TU2、T2
信息传递	视频电缆、导线、电脑接插元件、开关、波导管
海水管路	管路、法兰、阀门、波纹管 铜合金牌号 TP2、BFe10-1-1、HNi5B-3、QSn8 典型规格 $\phi308mm\times4mm$、$\phi285mm\times5mm$、$\phi57mm\times3mm$、$\phi25mm\times2mm$
螺旋桨	桨叶、桨帽 铜合金 QMn14-8-3-2(Mn14%、A18%、Fe3%、Ni2%)
热交换装置	主冷凝器、辅冷凝器、加热器、冷却器、空调管板、冷凝管、水室 铜及合金牌号：TP2、HAl77-2、BFe30-1-1、BFe10-1-1、HSn62-1 冷凝管代表规格为 $\phi10mm\times1mm\sim25mm\times1mm$
舰船动力装置	航母飞机弹射装置用铜合金、船舶全电推动系统用铜合金、超导体用铜

在海洋工程里，铜合金主要用于海水淡化、海盐生产、海上石油开采、滨海电站等。在多级闪蒸海水淡化装置中，铜合金冷凝管是关键材料。近十年随着海水淡化装置增多，铜管需求量大幅增加，据估计2010年至2020年的十年中，需求总量在8万吨左右[3]。但是，目前我国船用换热器、冷凝器、螺旋桨等铜合金部件制造业还有待改进，国产的船用铜合金部件与国外知名厂家的产品相比质量水平偏低，耐蚀性稍差，使用寿命偏短。它们一旦被腐蚀破坏，就会影响设备的正常运行，从而导致船舶在航率降低和运营成本上升，甚至威胁整船的安全。近年来在一些电厂也发生过铜镍合金管的腐蚀泄漏事故，造成重大经济损失。在电厂，一旦发生铜管泄漏和腐蚀，往往采用停机更换铜镍合金管的方法，这一方面会因更换铜管材料造成一定的直接经济损失，而停机造成的发电损失将更为巨大，由于突然停机甚至可能造成电网瘫痪，对社会造成巨大影响。

为把我国从铜加工大国提升为加工强国，满足我国造船和海洋工程建设需要，我国已把铜加工材料纳入了国家创新、国家安全工程的关键材料[4]，启动的17个重大专项中有9项涉及铜加工材料，"有色金属工业十二五规划"重点科研项目中有6项关于铜加工材料，其中一项专门针对耐蚀铜合金，另有一项针对耐磨铜合金。

从事海洋工程的科学和技术人员，不仅要积极投入到科技攻关项目中去解决铜合金材料的有关难题，也要积累掌握大量资料、数据，要了解和熟悉多方面的知识和信息，包括铜合金材料本身的知识，海水环境的腐蚀特点及合金部件承受的工况条件等，以下将分别给予简短介绍。

1.2　铜及其合金的分类、牌号和标准化

我国铜及铜合金习惯按色泽分类，一般分为四大类。紫铜，指纯铜，主要品种有无氧铜、普通紫铜、磷脱氧铜、银铜；黄铜，指以铜与锌为基础的合金，又可细分为简单黄铜和复杂黄铜，复杂黄铜中又以第三组元冠名，如镍黄铜、硅黄铜、铅黄铜、铁黄铜；青铜，指除铜-镍、铜-锌合金以外的铜基合金，主要品种有锡青铜、铝青铜、硅青铜、特殊青铜（又称高铜合金）；白铜，指铜镍系合金。

对这四类铜及铜合金，国家制定了四大类标准。其一为基础标准，其中 GB/T 5231—2012规定了加工铜及铜合金的化学成分及产品形状；其二为化学分析方法标准；其三为理化

性能试验方法，其中包括了电阻系数、超声波探伤、涡流探伤、残余应力、脱锌腐蚀、无氧铜含氧量、断口、晶粒度等测定方法；其四为产品标准，其中包括阴极铜、电工用铜线锭、铸造黄铜锭、铸造青铜锭、粗铜、铜-铍中间合金、铜精矿以及铜合金加工材标准。

铜合金的牌号分国内标准和国际标准，每类合金都包含了很多种牌号，具体将在以后的章节中叙述。

1.3 铜合金的合金化原则、组织结构与相变

合金元素对铜及铜合金的组织结构和性能的影响是很复杂的，有正面的影响和负面的影响，很多情况下表现出对某种性能有益，而对另一种性能却有害，当多种元素同时加入时还有交互作用，情况就显得格外复杂，但有些合金化原则是很成熟和肯定的，需要遵从：

所有与铜形成固溶体的合金元素，无一例外都会降低铜的电导率和热导率。

在铜中固溶度很低的合金元素，由于随着温度的下降，这些合金元素或以单质，或以金属化合物的形式析出，这样铜合金的强度得到弥散强化而且还能保持高的导电导热性，这也是高强高导合金的合金化原则之一。其中 Cu-Fe-P、Cu-Ni-Si、Cu-Cr-Zr 系合金是著名的高强高导铜合金。

普通耐蚀铜合金的组织以单相为主，因为出现多相组织时，各相之间会产生电位差，从而出现相间腐蚀，为此，合金化的原则是加入的元素在铜中应该有极大的固溶度，最好是无限固溶，在工程应用中，单相黄铜、单相青铜、白铜都具有优良的耐蚀性。

铜基耐磨合金组织中通常存在软相和硬相。因此合金化原则是确保加入的元素有一部分固溶于铜中，还希望有硬相析出，铜合金中典型的硬相有 Ni_3Si、$FeAlSi$ 化合物等。

有的合金元素的加入可以改变铜的颜色，加入不同含量的锌、铝、锡、镍等元素使铜合金颜色发生红—青—黄—白的变化。合理地控制合金元素的含量会获得仿金和仿银合金。

有的合金元素对性能有针对性改善，如 Cu-Mn 系合金可提高铜的阻尼性能，Cu-Zn-Al、Cu-Al-Mn 系合金具有一定的形状记忆性能。

为了改善铜合金的应力腐蚀或脱成分腐蚀和冲刷腐蚀性能，会采取相应的合金化措施，这些将在后面腐蚀类型中列举。

在满足性能要求的前提下，铜合金化所选用的元素应该是常用、廉价、环保的，并尽量做到多元少量，合金原料能综合利用，合金化后的铜合金除满足使用性能应尽量具有优良的加工成形性能。

铜及其合金材料的成分确定后，其后的加工过程（冶炼、热冷加工、热处理、焊接等）就决定了该材料的金相组织结构，而材料的组织结构对性能有着重大的影响。

材料的初始组织是铸造组织，一般由柱状晶、等轴晶所组成，压力加工后铸造晶粒被破坏，并沿着加工方向被拉长，在热加工和热处理过程中，这些被破碎的晶粒发生多边化、再结晶、聚集再结晶，同时随着温度的下降，还伴随着固态相变，这时材料的晶粒大小、均匀程度、晶粒取向，合金相的形态、大小、组成、分布等，都对材料的性能有着决定性的影响。一般而言，晶粒及析出相细小、均匀、没有方向性，则材料的综合性能优良，这对任何一类铜合金都有大致相同的规律。但每类铜合金的组织结构与相变的具体细节却是不同的，所以每类合金的性能也各不相同。

研究相变的基础是合金的相图，相图表示在平衡状态下合金成分、温度、合金相之间的关系。在实际工况下要达到平衡状态是很困难的，所以实际相图与平衡相图相比会发生变化，但规律和趋势是普遍遵循的。

铜合金相图有二元、三元、四元和多元，其中铜合金的二元相图中合金成分在不同温度发

生的主要相变过程有：

铜合金液相向固相转变过程中有固溶体析出、共晶、包晶等相变，铜合金在固态下可以发生固溶体分解、共析转变、包析反应等相变，还有共格分解和马氏体转变等相变。表 1-2 是重要铜合金相变的举例。表 1-3 则给出了铜锌合金随锌含量变化所形成的不同相。

表 1-2　重要铜合金相变举例

合金系	相变反应公式	合金系	相变反应公式
Cu-Ag	$L_{71.9} \xrightarrow{780℃} \alpha_{7.9} + \alpha_{91.2}$	Cu-Sn	$\delta_{32.5} \xrightarrow{350℃} \alpha_{11} + \beta_{35}$
Cu-Al	$L_{8.5} \xrightarrow{1037℃} \alpha_{7.5} + \beta_{9.5}$ $\beta_{11.5} \xrightarrow{565℃} \alpha_{9.5} + \gamma_{15.6}$	Cu-Zn	$L_{37.5} + \alpha_{32.5} \xrightarrow{903℃} \beta_{36.8}$ $L_{59.8} + \beta_{56.3} \xrightarrow{835℃} \gamma_{59.8}$ $\beta_{48.9} \xrightarrow{465℃} \beta_{48.9}$ 有序转变
Cu-Sn	$L_{25.5} + \alpha_{13.5} \xrightarrow{798℃} \beta_{22.0}$ $\beta_{24.6} \xrightarrow{585℃} \alpha_{15.8} + \gamma_{25.4}$ $\gamma_{27.0} \xrightarrow{520℃} \alpha_{15.8} + \delta_{32.4}$	Cu-Cr	$\alpha_{0.65} \xrightarrow{1070℃ \to 400℃} \alpha_{<0.03} + Cr$
		Cu-Zr	$\alpha_{0.15} \xrightarrow{965℃ \to 500℃} \alpha_{<0.01} + ZrCu_3$

表 1-3　铜-锌合金不同锌含量形成不同的相

锌含量(原子分数)/%	相的名称	电子化合物		晶格类型	晶格常数/Å
		分子式	价电子数比原子数		
0～38	α	—	—	面心立方	3.608～3.693
45～49	β	CuZn	3/2	无序体心立方	2.942～2.949
	β′	—	—	有序体心立方	
56～66	γ	Cu₅Zn₈	21/13	有序体心立方	8.83～8.85
74.5～75.4	δ	CuZn₃	7/4	有序体心立方	3.006～3.018
77～86	ε	CuZn₃	7/4	密集六方	2.74～2.76
98～100	η	—	—	密集六方	2.172～2.659

注：1Å=0.1nm，下同。

在相变研究中可发现，纯铜和白铜的相组织比较单纯，它们都是单一的 α 相，晶体结构则为面心立方体，而广泛使用的简单黄铜按结构可分为 α、α+β、β 三种，复杂黄铜、青铜的相图表现很复杂，会随合金成分的变化而有不同的相图和不同的合金相。典型的黄铜和青铜的相图在后面章节说明。

1.4　舰船和海洋工程用铜合金的腐蚀

1.4.1　海洋环境的腐蚀特性

海水是一种类电解质溶液，溶有一定的氧，含盐量、海水电导率、溶解物质、pH 值、温度、海水流速和海生物等都会对腐蚀产生影响，这就决定海水腐蚀的电化学特征：①海水中的氯离子等卤素离子能阻碍和破坏金属的钝化；②海水腐蚀的阴极去极化剂是氧，阴极过程是腐蚀反应的控制性环节；③海水腐蚀的电阻性阻滞较小，异种金属的接触能造成显著的电偶腐蚀；④在海水中由于钝化的局部破坏，很容易发生点蚀和缝隙腐蚀等局部腐蚀。

所谓海洋环境是指从海洋大气到海底泥浆这一范围内任一种物理状态，包括海洋大气区、飞溅区、潮汐区、全浸区、海泥区，每个区带都有其特有的腐蚀环境，铜及铜合金在同一海域的不同区域内的腐蚀性是不同的，如图1-3所示。而全球不同地区的海洋，表现的腐蚀性也有差异，这些差异是由以下的腐蚀因素造成的：温度、风速、流速、日照、盐度、pH值、海生物种类等，可归纳为化学因素、物理因素、生物因素，如表1-4所示。

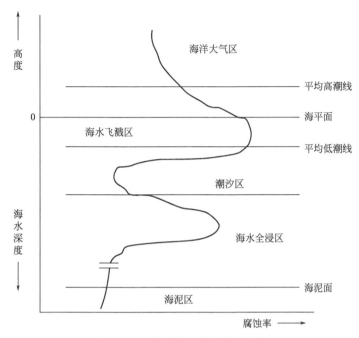

图1-3 海洋腐蚀环境划分示意图

表1-4 海水环境中的诸因素

化学因素	物理因素	生物因素
溶解的气体(氧、二氧化碳)	流速	生物污损(硬壳型、无硬壳型、迁移和半迁移型)
化学平衡	空气泡	植物的活力(氧的产生、二氧化碳的消耗)
盐度	悬浮泥沙	动物的活力(氧的消耗、二氧化碳的产生)
pH值	温度	
碳酸盐溶解度	压力	

而对于舰船或海洋工程中某一具体部件，尽管它们处于海洋环境这个大环境中，但部件的实际使用工况可能更需要考虑。铜及铜合金海水管系材料腐蚀破损的主要腐蚀环境有：系统运行期间的流动海水冲刷腐蚀，管内排空及关闭期间的滞留海水腐蚀、沉积腐蚀，异金属间电偶腐蚀，法兰间的缝隙腐蚀，焊缝腐蚀，以及污染海水造成的腐蚀破坏。在流动海水体系中，与其他腐蚀类型相比，冲刷腐蚀是最重要的，导致管路腐蚀破损频率最高，造成的腐蚀危害最大。材料的腐蚀程度一般随流速的增大而增大，海水流速超过管路材料临界流速值时冲击腐蚀破坏将十分严重，若海水中含有固体粒子，造成的磨损腐蚀将更会加剧腐蚀破坏。因此各国对于铜及铜合金海水管路材料，都规定有允许的设计流速值。

1.4.2 铜及铜合金在海洋环境中的耐蚀性

铜及铜合金在海水中耐蚀性优良有多方面的原因。

第一，铜的热力学稳定性，即铜的离子化困难。形成 Cu^{2+} 和 Cu^+ 的标准电位分别是

0.337V（SHE）和 0.521V（SHE）[5]。铜在海水中腐蚀时，阴极反应不是析氢的阴极去极化反应，而是发生氧的阴极去极化。铜的腐蚀受氧的离子化过程影响。

第二，铜合金在海水中，表面直接形成氧化亚铜保护薄膜，上面还沉积有其他腐蚀产物，如氯化铜、氢氧化铜、碳酸铜或碱式碳酸铜和含钙物质。

第三，铜离子有毒性，能阻止海生动、植物的聚集，阻止海生物腐蚀。

铜在海水中的腐蚀大多属于均匀腐蚀。但由于海洋环境的复杂性，加上舰船和海洋工程中使用的部件经受的工况条件变化很大，铜合金有可能发生各种局部腐蚀，它们的危害远远大于均匀腐蚀。

1.4.3 铜合金的局部腐蚀类型

1.4.3.1 电偶腐蚀

当两种电偶序相差较大的金属相连接并暴露于海洋环境时，通常会产生严重的电偶腐蚀，在相连的电偶中，一种金属是阳极，另一种是阴极，阳极将被腐蚀。腐蚀程度取决于两种金属的电位差，电位差越大，则腐蚀越严重，阳极和阴极的面积比也是关键，小阳极、大阴极则腐蚀速度快。典型的电偶腐蚀例子是远洋船的青铜螺旋桨和钢船体的裸露面之间产生的腐蚀，青铜的电位约是 -0.31V（SCE），船钢板约为 -0.61V，如果船板钢有一块裸露，那么就是阳极，而螺旋桨是阴极。

要控制电偶腐蚀则需恪守几项原则。首先，应考虑在两种金属之间加上绝缘层，如不能，则应在电偶的阴极上覆上不导电的保护层，再者，可减小阴极面积。

1.4.3.2 缝隙腐蚀

金属部件安装在一起时难免有缝隙，在海水中这种缝隙对于能产生氧化膜的金属而言就有可能产生缝隙腐蚀，在缝隙中，氧不足，钝化膜逐渐退化，缝隙外氧充足，钝化膜完整，于是缝隙外是腐蚀的阴极，缝隙内是腐蚀的阳极。由于设计和安装的特点（如密封垫、垫圈、铆钉等），金属部件的缝隙难免会产生，当海生物附着或涂层局部脱落时缝隙也会产生。有些铜合金的缝隙腐蚀则有不一样的特点，即在缝隙外的铜离子被流动海水去除了，而缝隙内的铜离子浓度更高，形成了铜的浓度差电池，缝隙内是阴极，缝隙外是阳极。

控制缝隙腐蚀的措施是，改进设计，尽量减少缝隙，实施阴极保护减轻腐蚀，减小缝隙外部的金属面积，减小阴极面积来控制缝隙内部的腐蚀。

1.4.3.3 点蚀

铜合金制品表面往往存在多种缺陷，如化学成分不均匀，金相组织不均匀，夹杂物，表面附着物或沉积物，这些不均匀性会破坏铜合金表面的氧化膜，形成点蚀源，这些点蚀源与表面膜完整的地方形成了电偶腐蚀，点蚀源是阳极，不断被腐蚀，最后可使部件穿孔泄漏。

防止点蚀的方法是减少表面缺陷，经常清洗构件，对一些管件，早期预成膜的办法是十分有效的，根据部件特点还可采用缓蚀剂或电化学保护。

1.4.3.4 脱成分腐蚀

脱成分腐蚀是某些铜合金的特殊腐蚀形式，如最常见的是锌含量大于15%的黄铜，尤其是 α+β 双相黄铜，还有含有 γ-2 相的铝青铜的脱铝腐蚀和铜镍合金的脱镍腐蚀。

黄铜是铜和锌的固溶体，锌是固溶体中的阳极成分，锌被优先地选择性溶解，铜合金变成了脱锌的海绵铜，从而引起材料破坏。铝青铜中含有 γ-2 相时，当 γ-2 相沿晶界形成网状时，脱铝腐蚀最严重。

抑制黄铜脱锌腐蚀的方法是选用含 Zn 量较低的黄铜，也可根据情况加入抑制脱锌的合金元素如砷、硼、锡、磷或锑。抑制铝青铜脱铝的方法是通过热处理消除 γ-2 相的沿晶界析出，或添加 1%～2% 的铁或 4.5% 以上的镍。运用搅拌摩擦处理也可大大改善组织结构，抑制铝青铜的脱铝腐蚀，第 4 章中将有介绍。

1.4.3.5 应力腐蚀

应力腐蚀断裂（或开裂）（stress corrosion cracking，SCC）是指受拉伸应力作用的金属材料在某些特定的介质中，由于腐蚀介质与应力的协同作用而发生的断裂（或开裂）现象。在这里，开裂和断裂分别对应于 cracking 和 fracture，前者突出开始出现裂纹，而后者包括从裂到断，似可通用，因问题而异，不必强调一致。一般认为发生应力腐蚀断裂需具备三个基本条件，即敏感材料、特定介质和拉伸应力。这说明应力腐蚀是一种较为复杂的现象：当应力不存在时，敏感材料在该特定介质环境中腐蚀甚微；施加应力后，经过一段时间，该敏感材料会在腐蚀并不严重而应力又不够大的情况下发生断裂。一般认为纯金属不会发生应力腐蚀断裂，而每种合金的应力腐蚀断裂只是对某些特定的介质敏感。随着合金使用环境不断拓展，现已发现能引起各种合金发生应力腐蚀的环境非常广泛。

铜合金在外界拉应力或自身残余应力作用下，遇到与之匹配的腐蚀介质（含 NH_4^+ 的溶液或蒸气、汞盐溶液），就有可能产生应力腐蚀，这是一种能产生贯穿性裂纹的破坏，危害性极大。四大类铜合金中，紫铜和白铜在海洋环境中抗应力腐蚀性能最佳，黄铜对应力腐蚀最敏感，青铜次之。黄铜的"季裂"是典型的应力腐蚀现象，潮湿、含氧的氨气、铵盐、汞盐等都能使黄铜发生应力腐蚀，SO_2 有加速作用。黄铜发生应力腐蚀的机理是，首先铜的表面产生保护膜，然后保护膜在应力下开裂，促进了沿晶的阳极性溶解，溶解处再形成保护膜，再开裂，再溶解，而沿晶界的阳极性溶解是由于黄铜中的锌被选择性溶解造成的[6]。当黄铜在介质中不生成膜时，有可能产生穿晶应力腐蚀。一般来说 α 黄铜的 SCC 是沿晶的，β 黄铜是穿晶的，而 α+β 黄铜可以是穿过 β 相又沿着 α 相晶界扩展的。

降低黄铜应力腐蚀敏感性的措施除了降低残余应力、改善环境介质以外，降低锌的含量，或加入适量的抑制应力腐蚀的微量元素 Si 也是有效的。

部分青铜也有相当的应力腐蚀敏感性，如锰青铜、铝青铜、铍青铜、螺旋桨用复合青铜在污染海水中也有应力腐蚀。但青铜的应力腐蚀抗力高于黄铜。

1.4.3.6 腐蚀疲劳

腐蚀疲劳是指材料或构件在交变应力与腐蚀环境的共同作用下产生的脆性断裂。交变应力与腐蚀环境共同作用所造成的破坏要比单纯的交变应力造成的破坏（即疲劳）或单纯的腐蚀作用造成的破坏严重得多。船舶推进器、涡轮及涡轮叶片、泵轴和泵杆、海洋平台等常出现这种破坏。腐蚀疲劳与应力腐蚀有共同之处，都涉及应力和腐蚀介质的共同作用，但也有很大区别：腐蚀疲劳是在交变应力作用下发生，而应力腐蚀通常在拉应力作用下发生；纯金属也会发生腐蚀疲劳，且金属构件发生腐蚀疲劳不需要材料-介质环境的特殊组合，只要存在腐蚀介质，在交变应力作用下就会发生。

正常情况下，设计人员总会赋予动态的铜合金关键部件较高的安全系数，发生腐蚀疲劳断裂的可能性小，但一旦发生，后果很严重。为避免腐蚀疲劳应注意如下方面：

① 合理选材，一般来说抗点蚀能力高的材料，抗腐蚀疲劳的性能也较高，应力腐蚀敏感的材料，腐蚀疲劳的性能也较差。还要注意，材料强度高的，腐蚀疲劳强度未必高。

② 精心设计，尽量降低部件的应力水平，避免部件出现尖锐缺口，减少应力集中。

③ 如有可能，可以采用消除内应力的热处理，而对工件采用喷丸处理，使工件表层有残

余压应力则多半是有益的。

④ 针对性地采用涂层、缓蚀剂或电化学保护也可产生很好的效果。

1.4.3.7 空泡腐蚀

与流体相对高速运动的铜合金部件其周围的流体压力分布是不均匀的，如舰船推进器，泵阀的进出口或换热器管的进出口，在低压区金属表面局部区域，形成流体的空泡，随后这些空泡在下游溃灭，产生高压的冲击波或微射流，压力可达 400atm（1atm＝101325Pa，下同），甚至更高，损坏金属表面的保护膜，加速了腐蚀的进行，这种空泡形成和溃灭的多次循环所引起的金属的累积损伤叫空泡腐蚀。

空泡腐蚀是冲击波或微射流力学因素和腐蚀介质腐蚀的协同作用造成的。力学作用可破坏铜合金的保护膜，促进腐蚀，而进一步的腐蚀又产生蚀坑或使蚀坑变深、变粗糙，这又反过来促进空泡的形核。表 1-5 列举了一些常用铜合金的相对空泡腐蚀速度，表 1-6 则列出了一些螺旋桨铜材空泡腐蚀试验结果。

表 1-5　一些常用铜合金的相对空泡腐蚀速度

材料	主要成分/%				状态	失重/(mg/h)	
	Cu	Zn	Ni	其他		淡水	海水
黄铜	60	39	—	1Sn	轧	69.5	65.2
黄铜	60	40	—	—	轧	77.8	68.7
黄铜	85	15	—	—	轧	115.2	101.3
黄铜	90	10	—	—	轧	134.9	122.8
青铜	89	—	<1	10Al,<1Fe	铸	15.3	14.5
青铜	87.5	—	1.5	11Sn	铸	54.6	62.4
铝青铜	88	—	—	10Sn,2Pb	铸	60.4	48.5
硅青铜	92～94	<1	—	3～4Si,<1Fe,<1Al	铸	42.6	40.4
青铜	94	—	—	5Si,1Mn	铸	52.4	54.5
黄铜	60～70	20～30	—	<1Al,<1Fe	锻	19.2	19.9
黄铜	58	40	—	1Fe,<1Al	铸	53.0	55.4
青铜	88	2	—	10Sn	铸	65.8	57.4

表 1-6　螺旋桨铜材空泡腐蚀试验结果

试验材料	质量损失/(mg/18h)	体积损失/(mm³/18h)	空蚀比值(以铍青铜为例1)
铍青铜	29	3.6	1.0
ZQAl 12Mn-8Al-3Fe-2Ni	58	7.8	2.2
ZQAl 14Mn-8Al-3Fe-2Ni	55	7.8	2.2
TA7(Ti-5Al-2.5Zn)	49	10.9	3.0
ZQAl 9Al-4Fe-4Ni	91	12.1	3.4
ZHAl 67Cu-5Al-2Mn-2Fe	143	16.8	4.7
ZQAl 13Mn-7Al-4Fe-3Zn-1Sn	154	20.5	5.4
ZHMn 55Cu-3Mn-1Al	522	61.4	17
H59Cu-1Sn	1146	134.8	37

抑制空泡腐蚀的主要措施有：

① 改进设计，从水力学角度降低流体的压力差，减少空泡的形成。

② 提高部件表面光洁度，降低空泡形成概率。

③ 采用弹性高的橡胶或塑料涂层，吸收冲击波。

④ 采用阴极保护，在工件部位产生氢气泡以缓冲空泡的冲击波。

⑤ 合理选用材料。

1.4.3.8 冲刷腐蚀

金属表面与腐蚀性流体之间由于高速相对运动而引起的金属损坏现象，称冲刷腐蚀。腐蚀性流体可以是单相流，也可能是含有气相和固相的多相流。无论是单相或多相流引起的冲刷腐蚀，一般来说，相对速度越高，流体中悬浮的固体颗粒越多、越硬，质量越大，则冲刷腐蚀越严重。表 1-7 给出了几种铜合金在几种流速下的单相海水中的腐蚀速率。

表 1-7　海水流动速度对腐蚀速率的影响

材　　料	下列流动速度(m/s)下的腐蚀速率/[mg/(dm² · d)]		
	0.30	1.22	8.23
硅青铜	1	2	343
海军黄铜	2	20	170
铝青铜(10%Al)	5	—	236
铝黄铜	2	—	105
90Cu-10Ni(0.8Fe)	5	—	99
70Cu-30Ni(0.05Fe)	2	—	199
70Cu-30Ni(0.5Fe)	<1	<1	39
蒙乃尔合金	<1	<1	4

表中数据表明，流速高时腐蚀速率高，也表明了不同的铜合金耐冲刷腐蚀的能力差别很大。

一般情况下，每一种铜合金都有一个耐冲刷腐蚀的极限流速，被称为临界流速，超过临界流速，材料的破坏速度会突然显著加快。当然这个临界流速的值除与材料相关，还与腐蚀流体的各种参数有关。文献 [7] 给出了在简单的流体中，即洁净海水中，几种铜合金的临界流速。紫铜的临界流速为 0.9m/s，含砷海军黄铜为 1.8m/s，含砷铝黄铜为 3m/s，90Cu-10Ni(1.5Fe) 为 3.6m/s，70Cu-30Ni (0.7Fe) 为 4.5m/s，在冷凝器中典型海水流速为 2.4m/s，那么只有后三种铜合金可用于制备海水冷凝器。

如果上述洁净海水流体温度升高，pH 变化，海水被污染，含有泥沙等，那么临界流速还会降低。

冲刷腐蚀的机理说到底是金属表面在腐蚀介质中具有一层保护膜，而冲刷作用使这层膜变薄或被破坏，从而使裸露金属进一步腐蚀，如果冲刷的力学作用进一步加大，大大超过临界流速时，那么金属还会被机械性地直接剥离。鉴于这种机理，减小冲刷腐蚀的措施有：

① 选择耐冲刷腐蚀的材料，如表 1-7 所示，在铜合金中 8m/s 高速冲刷时，耐冲刷腐蚀性能优劣排序为 70Cu-30Ni (0.5Fe)，90Cu-10Ni (0.8Fe)，铝黄铜，海军黄铜，70Cu-30Ni (0.05Fe)，铝青铜，硅青铜。

② 改变腐蚀介质，添加缓蚀剂，过滤掉悬浮固体颗粒，降低操作温度，都可降低冲刷腐蚀。

③ 改进设计，降低流速，减小湍流，加厚易损部位或使这些部位易于更换修补。

④ 采用适当的牺牲阳极或电化学阴极保护，也是有效的措施。

参考文献

[1] 王碧文，王涛，王祝堂编著. 铜合金及其加工技术. 北京：化学工业出版社，2007.

[2] 王海才. 舰船及海洋工程用铜及铜合金//中国铜加工技术创新文集，2006：365-367.

[3] 铜合金在海洋工程领域异军突起. SMM 上海有色网，SMM6 月 4 日讯.

[4] 中国铜加工新材料发展与应用. 新材料在线，2014-8-13.

[5] 中国腐蚀与防护学会主编，肖纪美编著. 应力作用下的金属腐蚀：应力腐蚀·氢致开裂·腐蚀疲劳·磨耗腐蚀. 北京：化学工业出版社，1990.

[6] R. Winston Revie 主编. 尤利格腐蚀手册. 杨武，等译. 北京：化学工业出版社，2005.

[7] 中国腐蚀与防护学会主编，王光雍，李兴濂，银耀德编著. 自然环境的腐蚀与防护：大气·海水·土壤. 北京：化学工业出版社，1997.

第**2**章

紫铜在海水中的腐蚀行为和数据

紫铜是工业纯铜，其熔点为 1083℃，无同素异构转变，密度为 8.9g/cm³，为镁的五倍。同体积的质量比普通钢重约 15%。纯铜的新鲜表面呈浅玫瑰肉红色，大气下则常常覆有一层紫色的氧化膜，故俗称紫铜。它具有极高的导电、导热性和很高的塑性及突出的冷作硬化效应，广泛用于制作导电、导热器材。紫铜在大气、海水和某些非氧化性酸（盐酸、稀硫酸）、碱、盐溶液及多种有机酸（醋酸、柠檬酸）中有良好的耐蚀性，还具有抗磁干扰、可焊等特性，在国民经济各部门有着极为广泛的应用。

2.1 紫铜在海水中的腐蚀行为

2.1.1 常见海洋工程用紫铜的牌号和成分

紫铜按成分可分为普通纯铜（T1、T2、T3）、无氧铜（TU0、TU1、TU2）、磷脱氧铜（TP1、TP2、TP3）、添加少量合金元素的特种铜（硫铜、锆铜、碲铜、银铜）四类。紫铜在不同国家和国际组织的分类和命名各不相同，表 2-1 为国内外紫铜的相近牌号对照表。有代表性且较类似的标准有 GB（中国国家标准）、ASTM（美国材料与试验协会标准）、ISO（国际标准化标准）、DIN（德国标准化学会）、JIS（日本工业标准）等 9 类。这些标准可概括为 3 大类：

表 2-1 紫铜在国内外标准中相近牌号对照表

分类/名称		GB（中国）	ASTM（美国）	DIN（德国）	BS（英国）	JIS（日本）	ISO
纯铜	一号铜	T1	C10200	—	C103	C1020	Cu-OF
	二号铜	T2	C11000	E-Cu58	C102	C1100	Cu-ETP
	三号铜	T3	C12500	—	—	C1221	—
无氧铜	零号无氧铜	TU0	C10100	—	C110	C1011	—
	一号无氧铜	TU1	C10200	OF-Cu	C103	C1020	Cu-OF
	二号无氧铜	TU2	C10200	OF-Cu	C103	C1020	Cu-OF
磷脱氧铜	一号磷脱氧铜	TP1	C12000	SW-Cu	—	C1201	Cu-DLP
	二号磷脱氧铜	TP2	C12200	SF-Cu	—	C1220	Cu-DHP
银铜	0.1 银铜	TAg0.1	C11600	CuAg0.1	—	—	CuAg0.1

（1）按紫、黄、青、白颜色分类标注，如 GB、ГОСТ（俄罗斯标准）等；

（2）以"元素化学符号＋含量"直接标注，如 ISO、DIN 等；

（3）以"字母＋数字"表示，如 ASTM、JIS 等。

普通纯铜是含有一定氧的铜，因而又称含氧铜。有时紫铜特指普通纯铜。其内杂质被氧化而被排出，杂质固溶量减少，这有利于纯铜的电导性，亦可消除有害杂质的影响。但纯铜在 370℃以上还原气氛中易出现脆裂（通常被称为氢气病），不宜在高温（如＞370℃）还原性气氛中加工（退火、焊接等）和使用。尽管如此，纯铜以其极高的导电、导热性，良好的耐腐蚀性和易加工性等特性被广泛应用于工业和生活领域中，如电线、电缆、开关端子等。我国纯铜牌号主要有 T1、T2 和 T3 三种。

无氧铜是以高纯阴极铜为原料，熔体用煅烧木炭覆盖，熔炼、铸造在密封条件下生产的含氧量在 $30×10^{-6}$ 以下的紫铜。无氧铜具有高纯度、优异的导电性、导热性、冷热加工性能和良好的焊接性能，无"氢脆性"或极少"氢脆性"。无氧铜主要用于电真空仪器仪表零件，广泛用于汇流排、导电条、波导管、同轴电缆、真空密封件、真空管、晶体管的部件等。我国无氧铜牌号主要有 TU0、TU1 和 TU2 三种。

磷脱氧铜是以元素磷精炼并残留微量磷的铜。由于磷强烈地降低铜的导电性，因此磷脱氧铜通常作为结构材料使用，若作为导体使用，则应选用低残留磷的脱氧铜。磷脱氧铜一般条件下无"氢脆性"，可以在还原性气氛条件下加工和使用，但不宜在高温氧化条件下加工和使用。磷脱氧铜耐腐蚀、耐高温、抗氧化性能高于无氧铜，主要用作汽油或气体输送管、排水管、冷凝管、水雷用管、冷凝器、蒸发器、热交换器、火车厢零件。我国磷脱氧铜牌号主要有 TP1 和 TP2 两种。TP1 和 TP2 主要以管材应用，也可以板、带或棒、线供应。

表 2-2 是我国标准（GB）中主要的加工铜和其化学成分。表 2-3 主要介绍了纯铜 T2、T3，无氧铜 TU1、TU2 和磷脱氧铜 TP1、TP2 的基本特性与用途。

表 2-2　加工铜化学成分（GB/T 5231—2012）

分类	牌号	化学成分质量分数 / %												
		Cu＋Ag（最小值）	P	Ag	Bi	Sb	As	Fe	Ni	Pb	Sn	S	Zn	O
纯铜	T1	99.95	0.001	—	0.001	0.002	0.002	0.005	0.002	0.003	0.002	0.005	0.005	0.02
	T2	99.90	—	—	0.001	0.002	0.002	0.005	—	0.005	—	0.005	—	—
	T3	99.70	—	—	0.002	—	—	—	—	0.01	—	—	—	—
无氧铜	TU00	99.99	0.0003	0.0025	0.0001	0.0004	0.0005	0.001	0.001	0.0005	0.0002	0.0015	0.0001	0.0005
		Se：0.0003　　Te：0.0002　　Mn：0.00005　　Cd：0.0001												
	TU0	99.97	0.002	—	0.001	0.002	0.002	0.004	0.002	0.003	0.002	0.004	0.003	0.001
	TU1	99.97	0.002	—	0.001	0.002	0.002	0.004	0.002	0.003	0.002	0.004	0.003	0.002
	TU2	99.95	0.002	—	0.001	0.002	0.002	0.004	0.002	0.004	0.002	0.004	0.003	0.003
磷脱氧铜	TP1	99.90	0.004～0.012	—	—	—	—	—	—	—	—	—	—	—
	TP2	99.9	0.015～0.040	—	—	—	—	—	—	—	—	—	—	—
银铜	TAg0.1	99.5	—	0.06～0.12	0.002	0.005	0.01	0.05	0.2	0.01	0.05	0.01	—	0.1

表 2-3 典型纯铜、无氧铜和磷脱氧铜的基本特性与用途

材料	编号	基本特性	典型用途
纯铜	T2	含微量杂质和氧,具有高的导电、导热性,良好的耐腐蚀性和加工性能	除标准圆管外,其他材料可用作:建筑正面装饰、密封垫片、汽车水箱、母线、电线电缆、绞线、触点、无线电元件、开关、接线柱、浮球、铰链、扁销、钉子、铆钉、烙铁、平头钉、化工设备、铜壶、锅、印刷滚筒、膨胀板、容器。在还原气氛中加热到370℃以上,例如在退火、硬钎焊或焊接时材料会变脆。如有 H_2 或 CO 存在则会加速脆化
	T3	含氧和杂质较多,具有较好的导电、导热、耐腐蚀性和加工性能	建筑:正面板、落水管、防雨板、流槽、屋顶材料、网、流道;汽车:密封圈、水箱;电工:汇流排、触点、无线电元件、整流器扇形片、开关、端子;其他:化工设备、釜、锅、印染辊、旋转路基膨胀板、容器。在370℃以上退火、硬钎焊或焊接时若为还原性气氛易发脆,如有 H_2 或 CO 存在则会加速脆化
无氧铜	TU1 TU2	氧和杂质的含量极低,电导率高且延展性好,透气率低,不产生氢脆或放气倾向性小	母线、波导管、阳极、引入真空密封、晶体管元件、玻璃金属密封、同轴电缆、速度调制电子管、微波管
磷脱氧铜	TP1 TP2	工艺性能好,焊接性能好,冷弯性能好,一般无"氢病",可在还原气氛中使用,但不能在氧化气氛中加工使用	气体供应管、排水管、冷凝管、水雷用管、冷凝器、燃气加热器和热交换器用管、火车箱零件等

20 世纪 70 年代以前,海水管路材料主要是紫铜,允许设计流速只有 1.2～1.8m/s,但由于实际流速往往高于其允许设计流速,通常已经达 2.0～2.5m/s,有的达 5～6m/s,甚至更高[1],因此腐蚀泄漏问题众多。20 世纪 90 年代以来,海洋工程和海水管路材料已经逐渐用耐蚀性更好的铜合金(如 B10 、B30 铜镍合金、铝黄铜 HAl70-1 等)替代传统的紫铜材料,目前只有极少数船舶或某些特殊部位由于客观需要仍在使用紫铜,且在这种情况下多数使用耐蚀性较好的磷脱氧铜,少数使用纯铜。

2.1.2 紫铜的组织、力学性能和热处理

2.1.2.1 紫铜的组织

铸态下纯铜的高倍组织为 α 单相晶粒,其低倍组织为发达的柱状晶,含微量元素后形成 α 固溶体,可能出现第二相质点或化合物,严重时出现轻微树枝状晶体。加工变形后多为单相组织及少量均匀分布的弥散质点,低倍组织多为粗大而发达的柱状晶;由于工艺原因或含微量元素,也会形成细小等轴晶。如果制造工艺和冷却不均匀,容易造成结晶组织严重不均匀。表 2-4 列出了常见紫铜的相组成。

表 2-4 常见紫铜的相组成

类别	代表合金	基本相组成	组织特点描述
普通纯铜	T2	α	含氧后出现 Cu_2O 颗粒,含量较多时沿晶界形成共晶网络,含硫后出现 Cu_2S 颗粒,呈网状分布于基体之上
无氧铜	TU1	α	含氧后氢气退火晶界出现开裂
磷脱氧铜	TP1	α+Cu_3P 质点	基体为 α 相,分布少量 Cu_3P 质点,铸造组织显示轻微树枝状,质点附近往往聚集其他夹杂和气孔,导致加工材焊氢退火后鼓泡
银铜	TAg0.1	α	氧含量高时出现 Cu_2O 颗粒
碲铜	TTe0.1	α+Cu_2Te 质点	基体为 α 相,分布少量 Cu_2Te 质点

以 T2 紫铜为例，T2 紫铜棒（ϕ18mm）在 850℃加热挤压工艺下的表面蚀刻形貌如图 2-1 所示。紫铜在挤压及热处理后的组织主要为 α 单相固溶体，是明显的再结晶组织。

图 2-1　T2 紫铜在 850℃下热处理后的蚀刻图（120×）

2.1.2.2　紫铜的力学性能

纯铜有很高的塑性，热轧开坯后的纯铜（纯铜在 400~700℃有一个高温脆性区，热加工必须在 700℃以上进行）板材能一直冷轧至成品而无需中间退火，总加工率可达 99%。纯铜的冷作硬化作用很突出，软态下纯铜的抗拉强度 R_m 仅为 200~250N/mm²，断后伸长率 A 可达 40%~50%，冷变形后 R_m 升到 400~500N/mm²，A 下降至 3%~10%。冷加工再结晶退火后的纯铜呈明显的退火孪晶特征，其再结晶温度很低，通常在 200~280℃，若加入微量元素如 w（Te）为 0.01%，可使再结晶温度提高到 380℃左右，加工率可达 99%，再结晶温度可降至 180℃以下。表 2-5 是纯铜拉制管和纯铜板材的力学性能。

表 2-5　纯铜拉制管和纯铜板材的力学性能

牌号	材料品种	状态	厚度/mm	抗拉强度 R_m/ MPa	伸长率 A/%	维氏硬度(HV)	布氏硬度(HB)
T2、T3 TP1、TP2 TU1、TU2	拉制管	M	所有	≥200	40	40~65	35~60
		M2	所有	≥220	40	45~75	40~70
		Y2	所有	≥250	20	70~100	55~95
		Y	≤6	≥290	—	95~120	90~115
			>6~10	≥265	—	75~110	70~105
			>10~15	≥250	—	70~100	65~95
		T	所有	≥360	—	≥110	≥150
	板材	R	4~14	≥195	≥30	—	—
		M		≥205	≥30	≤70	—
		Y1		215~275	≥25	60~90	—
		Y2	0.3~10	245~345	≥8	80~110	—
		Y		295~380	—	90~120	—
		T		≥350	—	≥110	—

注：表中数据：拉制管引自 GB/T 1527—2006，板材引自 GB/T 2040—2008。

2.1.2.3　合金元素的影响

合金元素对纯铜组织与性能的影响大致可分为如下三类:

(1) 第一类　微量的 Be、Mg、Ti、Cr、Mn、Fe、Ni、Ba、Pb、Au、Ag、Zn、Cd、Al、Ga、In、Si、Ge、Sn、P、Sb 等均可固溶于铜中,而且仍为 α 单相组织,显微镜下不能被发现。它们都不同程度地提高了纯铜的强度和硬度而不降低其塑性;但又都不同程度地降低其导电、导热性。按降低程度由大到小依次为 Ti、P、Fe、Si、Sn、Pi、Al、Sb、Mn、Ni,而 Ag、Cr、Ge、Zn、Zr 降低得更少。

(2) 第二类　Pb、Bi 等。这类元素极少固溶于铜,而与铜形成低熔点的共晶出现于晶界,而此共晶又几乎由纯铅、纯铋所组成。

(3) 第三类　O、S、P、Sn、Sb 等非金属元素。这类元素几乎不固溶于铜而与铜形成熔点较高的共晶或脆性化合物。

① 氧　纯铜中有些牌号允许有微量氧的存在,因为这样会使那些强烈降低导电性的杂质得以氧化,从而降低杂质的危害,但是氧的危害性却更为突出。100℃下氧就能在铜表面生成黑色的氧化铜,随着温度的升高,氧化速度加快,表面生成红色的氧化亚铜。液态下氧化亚铜能溶解于铜液,凝固后与铜生成共晶分布于晶界。随着氧含量的增加,$Cu-Cu_2O$ 共晶网络的数量也在不断增加。

Cu_2O 性硬而脆,显微镜下铸态多呈细粒状并构成细晶网络,经加工变形后共晶网络被破坏而沿加工方向伸长。经退火后可聚成较大颗粒。未浸蚀前呈天蓝色,在偏光(正交)或暗场下呈红宝石色。用氯化高铁盐酸水溶液浸蚀后,Cu_2O 可转为暗黑色。

含氧量较高的纯铜的塑性及韧性均较差,冷拉时表面会出现毛刺。大量 Cu_2O 存在时纯铜有粉红色的韧性断口变成红砖样的脆性断口,造成加工和使用时破裂。含有 Cu_2O 的纯铜在含有 H_2、CH_4、CO 等还原性气氛中加热时,这些气体可扩散至材料内部与 Cu_2O 发生反应而生成水蒸气或 CO_2,它们将产生一定的压力以求析出。当压力大于金属此时的高温强度时,便会引起材料内部出现孔洞及表面沿晶开裂,严重时肉眼即可见到表面的起泡。

② 硫　液态下硫能很好地溶解于铜液中,固态下却几乎全不固溶而与铜生成 Cu_2S 并形成 $Cu-Cu_2S$ 共晶。Cu_2S 在铜液中的聚集作用较大,故多呈较大的圆滴或橄榄状。共晶网络也较粗疏,其颜色在明场下与 Cu_2O 极为相似,但在偏光下不发红,浸蚀后也不变色,高温下铜与 SO_2 可能发生反应生成 Cu_2O 和 Cu_2S,故在显微镜下有时可见二者共存的现象。硫对铜的导电、导热性影响较小,但却能明显降低铜在高温和低温下的塑性。

③ 磷　磷在铜的熔炼中能有效地进行脱氧,提高铜液的流动性,微量磷还能提高成品铜的焊接性。但磷会强烈地降低铜的导电、导热性。高温下磷在铜中的固溶度最高可达 1.75%,温度下降时固溶度也明显下降并析出灰蓝色的 Cu_3P 相。714℃时化合物 Cu_3P 可与铜生成放射状的 $Cu-Cu_3P$ 共晶。

2.1.2.4　紫铜的热处理工艺

紫铜大多只进行再结晶退火,其目的是消除内应力,使铜软化或改变晶粒度。退火温度一般在 600℃左右。为了防止发生氢病,含氧铜不能在木炭或其他还原性保护气氛保护下退火,最好在真空炉中进行,保温完毕,应迅速入水冷却,以防氧化。再结晶退火后的晶粒度取决于退火温度和保温时间,在较低的温度下退火时,保温时间对晶粒影响不大,退火温度高时,则影响就大了。在高温退火时,应寻求最佳的保温时间,既要达到退火效果,又不要使晶粒长大,还要注意节能低耗高效。图 2-2 是紫铜冷轧板经不同退火温度退火后的金相组织[2]。

郭贵中以 T2 紫铜作为实验材料研究了退火工艺对紫铜组织和性能的影响[3]。研究表明退火处理能改变紫铜组织晶粒度大小,从而影响紫铜的力学性能,调节其强度和硬度。由于退火温度不同,导致紫铜的微观组织和硬度不同。退火温度低时硬度高,组织细密,不易于压力加

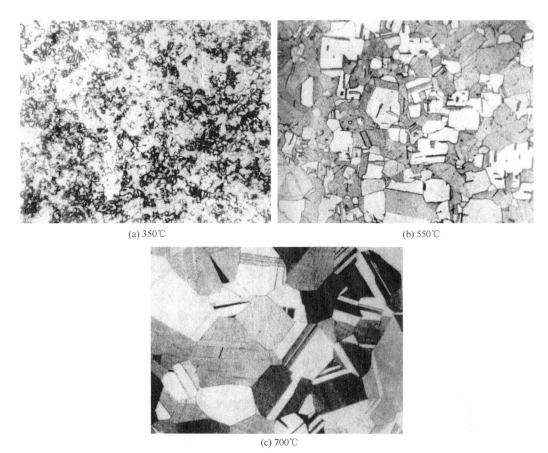

(a) 350℃

(b) 550℃

(c) 700℃

图 2-2　0.5mm 厚 T2 紫铜冷轧板在 350℃、550℃和 700℃下退火 30min 后的结构组织图（120×）

工；退火温度高时硬度低，组织粗大，易于压力加工。为了找到一个最佳退火温度，确保晶粒细小且硬度适中，可从硬度-温度曲线找出适当的硬度对应的温度区间，再利用金相组织照片，找出适当晶粒度的温度区间，两者的交集便是 T2 紫铜的最佳退火温度。其研究结果显示，390℃的退火处理，是 T2 紫铜用于锻造时前处理的首选温度。

2.1.3　海洋工程用紫铜的常见腐蚀类型

按铜表面的腐蚀形态，铜腐蚀可分为均匀腐蚀和局部腐蚀。紫铜在静止海水中主要呈均匀腐蚀形貌，表面形成暗红色膜，并有少量绿色腐蚀产物附着[8]。随着暴露时间的延长，暗红色膜变得越来越致密、牢固。

流动海水腐蚀下的紫铜，除受化学（或电化学）腐蚀外，还可能承受流动海水的冲刷力学作用及化学和力学的交互作用。冲刷腐蚀是一个十分复杂的过程，且影响因素众多，主要影响因素有以下三个方面[4~6]：①材料本身的化学成分、力学性能、组织结构、耐蚀性能、表面粗糙度等；②腐蚀介质的温度、溶氧量、pH 值、各种活性离子的浓度、黏度、密度、固相和气相在液相中的含量、固相颗粒硬度和粒度；③流体力学因素，流体的流态和流速，不同的流态和流速会在材料表面产生不同的力学效果。黄佳典的研究表明[7]，2.3m/s 流速冲刷时，材料就出现了明显的冲击腐蚀特征，主要表现为试样表面呈新鲜紫铜色，无明显 CuO 膜附着，放大 25 倍可见晶粒显出，迎水边部减膜，屏蔽边部有台阶，螺栓迎水侧有半环形沟。随着流速增加，上述特征越来越明显。

海洋工程用紫铜的另一种腐蚀类型是电偶腐蚀。船舶海水冷却系统是由多种材料、设备组成的复杂系统，异种材料接触导致的电偶腐蚀现象非常普遍。目前海水管路材料逐渐用耐蚀性更好的 B10 铜-镍合金替代传统的管系材料紫铜，但有些部位由于客观需要仍然使用紫铜，其与 B10 管的接触不可避免，引发两者间的电偶腐蚀问题。孙保库等的研究显示[8]，B10 铜-镍合金的稳定自腐蚀电位是 −75mV，而 TP 紫铜的稳定自腐蚀电位是 −140mV，说明两种材料有明显的电偶腐蚀倾向；B10 与紫铜偶合时，B10 腐蚀速率小于自然腐蚀速率，紫铜腐蚀速率远大于自然腐蚀速率。

2.1.4　海洋工程用紫铜的腐蚀产物膜

在含氯离子的介质中，铜及铜合金表面可形成一层腐蚀产物膜，而这层腐蚀产物膜的稳定性和致密性决定了材料耐蚀性的好坏，许多学者对铜及铜合金表面产物膜的成分与保护特征进行了大量的研究[9,10]。D. Feron 在他的著作中曾谈到[11]，铜及铜合金在海水中浸泡时，会在其表面形成腐蚀产物膜，而这层膜的形成到致密需要 2～3 个月的时间。有文献指出，在静态条件下紫铜表面会形成内外双层膜结构，外层主要是 $Cu_2(OH)_3Cl$，而内层为 Cu_2O，其中氧化亚铜有很好的耐腐蚀作用，减缓腐蚀性离子的传输速度，起到保护作用。铜及铜合金在海水中发生的反应主要有[12]：

$$Cu + 2Cl^- \Longleftrightarrow CuCl_2^- + e^-$$
$$2CuCl_2^- + 2OH^- \Longleftrightarrow Cu_2O + H_2O + 4Cl^-$$
$$Cu_2O + H_2O \longrightarrow 2CuO + 2e^- + 2H^+$$
$$Cu_2O + 3H_2O \longrightarrow 2Cu(OH)_2 + 2e^- + 2H^+$$
$$Cu_2O + Cl^- + 2H_2O \Longleftrightarrow Cu_2(OH)_3Cl + H^+ + 2e^-$$
$$2CuO + H^+ + Cl^- + H_2O \Longleftrightarrow Cu_2(OH)_3Cl$$

哈尔滨工业大学的李多研究了紫铜在人工海水中的静态腐蚀和冲刷腐蚀行为[13]。研究表明紫铜在人工海水中经长期浸泡，初期时形成了比较完整的腐蚀产物膜，但是产物膜的形成过程比较慢。随着浸泡时间的延长，氯离子等侵蚀性离子不断地在腐蚀产物膜的表面富集，导致最外面的疏松的腐蚀产物膜发生破裂。最外层疏松产物膜随着时间的延长可能会溶解或脱落。长期浸泡后表面腐蚀产物膜的微观形态如图 2-3 所示。

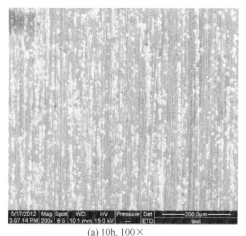

(a) 10h, 100× 　　　　　　　　　　　　(b) 1500h, 1000×

图 2-3　紫铜长期浸泡后表面腐蚀产物膜微观形态

2.1.5　影响紫铜耐蚀性能的因素

2.1.5.1　海洋不同区带的影响

金属位于不同区带的腐蚀状况和影响因素也不尽相同。许多海洋环境因素是随时间发生变化的，对材料的腐蚀过程产生影响，导致材料在短时间的腐蚀行为与长时间的腐蚀行为不同[14]。金属在全浸区的腐蚀主要决定于海水因素和金属的合金成分；在潮差区和飞溅区的腐蚀除了受到海水因素和合金成分的影响，还受到气象因素的影响。

L. Núñez 等报道了铜合金在古巴群岛海洋全浸、水线、飞溅和大气区带的腐蚀情况[15]。铜合金在全浸区的腐蚀特征基本没有区别，由于海浪会冲掉部分表面腐蚀产物膜，导致与氧接触的有效面积增加，铜合金在水线区域的腐蚀速度最大。通过微观形貌和腐蚀产物成分分析发现全浸区水线、飞溅区带腐蚀生成的铜绿主要成分都是副氯铜 $[Cu_2(OH)_3Cl]$。铜合金在轻度污染的海洋大气中生成的铜绿的成分是绿盐铜，也是 $Cu_2(OH)_3Cl$ 的一种。当 SO_2 达到一定浓度时，SO_2 会与大气中的氯化物浮尘"竞争"，铜合金表面形成的铜绿是二价铜基氯化物（副氯铜和绿盐铜）、二价铜基硫酸盐 $Cu_3(SO_4)(OH)_4$ 和 $Cu_4(SO_4)(OH)_6$ 的混合物。铜绿转化为多孔且附着性差的 Cu_2O，是铜合金在全浸和水线区腐蚀速度较大的原因。

2.1.5.2 海水流动状态的影响

紫铜经受海水的冲刷腐蚀时，流速对腐蚀形态有着直接的影响[13]。随着流速的增加腐蚀速率增加，腐蚀类型是由局部腐蚀向均匀腐蚀过渡的。此外，不同速度下，攻角的变化也可以改变腐蚀主要形态。3m/s 和 6m/s 下随着冲刷角的增大，腐蚀速率增加；7m/s 下随着冲刷角的增加，腐蚀减弱；腐蚀都是由局部腐蚀向均匀腐蚀过渡的。随着冲刷时间的延长，腐蚀加剧。紫铜在低流速低冲刷角的条件下，紫铜的表面腐蚀产物膜容易逐渐生成，电化学腐蚀速率逐渐下降。低流速高冲刷角的条件下，膜的生长极为困难。

含沙情况对紫铜冲刷腐蚀有一定的影响。舟山海洋腐蚀研究所的金威贤课题组研究了多种铜及铜合金在海水泥沙中的腐蚀情况[16]。从表面形貌看，泥沙的存在明显加速了铜在流动海水中的冲刷腐蚀，表面形成点蚀、局部腐蚀和蚀坑。TUP 和 T2 两种紫铜表面生成了暗红色膜。通过对比发现，含沙海水中的腐蚀产物膜比清海水中的均匀，且迎水边部都存在明显的膜层减薄区，反映了含沙海水的冲刷作用。但是不同含沙量对不同铜及铜合金的冲刷腐蚀规律并不一致，需要具体情况具体分析。

中国海洋大学的杜娟课题组对 TUP 紫铜在流动海水中的冲刷腐蚀行为进行了研究[17]。研究结果显示紫铜表面形成的腐蚀产物膜层也因海水的冲刷而减薄，由于流动海水的搅动，增加了水的溶解氧含量，表面膜层中物质传输速率增大，材料表面腐蚀反应活性逐渐增强。此外短时间的实验监测发现，流动海水中的动电位极化曲线阳极区没有出现电流平台，即没有钝化现象的出现。这是因为流动海水对金属表面的冲刷使其表面难以形成相对稳定的对基体有保护性的腐蚀产物膜层，这层腐蚀产物膜的形成可以阻碍阴、阳极腐蚀反应物质的传输，造成腐蚀反应速率的降低。流动海水中比静态条件下测量的动电位极化曲线阳极区的极化率要低，但随着流速的增加，阳极区并无明显变化，说明在流动海水中，TUP 紫铜的阳极反应过程并不是腐蚀反应的主要控制因素。而随着流速的增加，阴极反应氧的极限扩散电流密度逐渐增加。静态海水浸泡腐蚀试验和流动海水冲刷腐蚀试验的对比表明：一方面紫铜在流动海水中的阳极反应并不是腐蚀反应的主要控制因素，阴极氧的扩散和离子化过程是整个腐蚀反应的主要控制因素；另一方面紫铜材料表面在腐蚀过程中形成的对基体有一定保护作用的腐蚀产物膜在流动海水中易被冲刷减薄、剥离，腐蚀反应电荷转移和传质速率增大，氧化膜层对材料的保护性能降低，造成材料在流动海水中腐蚀速率增大。

2.1.6 研究新趋势、新技术

2.1.6.1 临界流速

纯铜及铜合金的临界流速问题是一个研究热点。铜及铜-合金是一类耐冲刷腐蚀性能较为优良的海洋用工程材料，但一般认为其在海水中使用存在一个临界流速值，超过临界流速值，材料冲刷腐蚀率明显增大而失效。铜及铜合金相对临界流速值受诸多因素影响，难以精确测定[18]。目前为止，对冲刷腐蚀机制的认识并不统一，提出的可能机制有如下几种：

（1）流动的海水在合金表面产生剪切应力，随流速的增加，剪切应力增加，剪切力超过一定值使得合金表面腐蚀产物膜机械分离。因此，腐蚀产物膜的力学性能决定了临界流速值，即临界流动速度对应的剪切应力略超过腐蚀产物膜与基体的结合力[20]。Efird 计算出了 90Cu-10Ni 合金的临界剪切应力为 43.1 N/m^2。临界剪切力随管径不同而变化，管径越大，铜合金允许海水的流速越高[19]。

（2）高速流动的海水传质系数大，而腐蚀产物或结垢产物膜在铜合金表面不同区域的覆盖程度不同，这使得腐蚀产物掩盖的闭塞腔内的 pH 值降低，且流动海水的传质作用使可溶性的 Cu（I）化合物的溶解度增加，因此在不同覆盖度的区域之间形成了自催化作用很强的腐蚀电偶，铜合金的局部腐蚀就是这种腐蚀电偶作用的结果[20]。

（3）在流动海水中，如果其中气泡的尺寸大于界面层的厚度，则气泡对保护层产生机械破坏作用。所产生的力可能破坏水力学上的界面层。再加上局部液体的直接冲击和保护层破坏等因素，使腐蚀不断发展[21]。

（4）Syrett 和 Wing 等[22] 认为 Cu-Ni 合金在流动的海水中存在一个临界的破裂电位 E_b，即在极化曲线上阳极电流突然上升的电位。当 $E_{corr} > E_b$ 时发生局部腐蚀，腐蚀速度很高；反之，发生均匀腐蚀且腐蚀速度很低。此外，他们二人还测得了不同流速以及不同暴露时间下 90Cu-10Ni 合金的自腐蚀电位和破裂电位，并且加以比较。结果表明：流速越高、暴露时间越长就越易发生局部腐蚀。

2.1.6.2　如何提高铜及铜合金的耐蚀性能

铜及铜合金在海水中的腐蚀性能的研究，正在从缓蚀剂研究和铜合金自身腐蚀敏感性研究两方面发展，两方面相辅相成，共同推动着铜合金的研究发展及更广泛的应用。

铜合金的缓蚀剂可分为两大类：①无机缓蚀剂如铬酸、磷酸和铁离子，铬系缓蚀剂和磷系缓蚀剂由于污染环境和妨碍藻类繁殖已被限制使用；②有机缓蚀剂，包括杂环化合物，也就是苯并三氮唑（BTA）和巯基苯并噻唑（MBT）以及它们的衍生物，目前在各系统中这些是最有效、使用最广泛的缓蚀剂[23]。自 20 世纪 40 年代 MBT 及 20 世纪 60 年代 BTA 被发现以来，BTA 和 MBT 成为久用不衰的两种优异的铜材缓蚀剂，在铜合金缓蚀剂大家族中一直占据主要位置。有人提议二巯基噻二唑（DMTDA）和三嗪二巯醇（TDT）及其衍生物可以作为 BTA 的代用品[24]。在有些腐蚀环境中，DMTDA 和 TDT 的效率比 BTA 好得多。相关学者指出，今后铜合金缓蚀剂的研究可能在两个方向上取得突破性进展，一是在唑类化合物（苯并三氮唑、萘并三唑）的化学结构中引入某些活性基团以提高其在酸性介质中的缓蚀性能，二是合成含氧有机化合物及从天然植物中提取有效组分，可能是探索"绿色"缓蚀剂的途径之一[25]。

改变铜合金腐蚀敏感性的研究又可分为开发耐蚀新合金、改进传统合金的加工热处理工艺以及通过表面处理提高耐蚀性能。在铜合金冷凝管中，国外有耐污染海水的 AP 青铜，中国在加砷黄铜 HSn70-1A 的基础上研制出加砷加硼的 HSn70-1B 新牌号，使黄铜脱锌得到进一步改善。经过适当加工热处理工艺可使铜-镍合金避免出现非连续沿晶析出，并改善其晶界网络结构，可大大提高传统白铜材料的抗局部腐蚀性能。在表面处理方面，黄铜抗变色抗季裂的表面处理，尚未有理想的配方和工艺，尚需进一步研究和开发。事实上，铜合金的表面预成膜处理对延长其使用寿命非常重要，这方面的研究工作尚需投入更多的力量，而研究成果的推广应用同样不可忽视。

2.1.6.3　石墨烯在铜及铜合金防腐上的应用

石墨烯是目前发现的最薄单原子层厚度的二维材料，2008 年 Bunch 等人研究发现单层石墨烯对包括氢气在内的标准气体都是不可穿透的，可作为分离两种相态的最薄屏障[26]，这使研究人员关注到石墨烯膜层结构作为耐腐蚀涂层的可能性。

Chen 等研究了在铜和铜-镍合金基底上运用 CVD 方法制备的单层石墨烯薄膜的抗氧化性能[27]，研究发现单层石墨烯原子层能够成功地隔离基底金属与活性介质环境的接触，即使在空气中加热到 200℃，4h 后，石墨烯晶粒内无明显氧化现象发生，但在晶界处有部分氧化物产生。石墨烯膜的质量完整性在腐蚀防护体系中显得尤为重要，Chen 等的研究还发现石墨烯膜可以防止过氧化物对基体的侵蚀。Prasai 等采用 CVD 方法在铜和镍表面生长出石墨烯膜[28]，与裸铜基体相比，表面长有石墨烯薄膜涂层的铜体系在 Na_2SO_4 溶液中的腐蚀速率降低了约6/7，而化学气相沉积在镍表面生长多层石墨烯膜的体系以及通过转移方法在镍金属表面涂覆四层石墨烯的体系与裸镍金属相比，腐蚀速率分别降低了 19/20 和 3/4，而且转移的膜层越多，体系耐腐蚀性越好；研究电化学阻抗谱发现，尽管石墨烯本身没有发生腐蚀破坏，基底金属仍然会在石墨烯膜的缺陷和断裂处产生腐蚀。Singh Raman 等采用 CVD 方法在铜表面制得了石墨烯薄膜[29]，发现铜基体在涂覆石墨烯薄膜后，在 NaCl 溶液中阳极区的电流和阴极区的电流都有 1~2 个数量级的降低，交流阻抗值也明显增加，裸铜基体上形成的氧化物不能阻挡氯离子对铜基体的侵蚀，而覆盖石墨烯薄膜后，惰性和不透水的石墨烯层能够有效地阻挡氯离子对铜基底的侵蚀。Kirkland 等的研究工作揭示了石墨烯作为耐腐蚀膜的特异性，他们研究发现石墨烯膜能够减弱镍基底的阳极溶解反应，然而对铜基底而言，石墨烯膜减弱的是阴极还原过程。尽管如此，石墨烯膜在基底和环境介质之间还是可以起到屏障的作用来降低和延缓金属基底的腐蚀[30]。Jae-Hoon Huh 等通过在纯铜表面滴加丙酮，再进行快速退火的方法，在纯铜基体上制得了覆盖度接近 100% 的单层石墨烯单分子膜（见图 2-4），他们的研究结果显示，带有石墨烯膜的铜表面在模拟海水中的耐蚀性比机械抛光的铜表面提高 37.5 倍；通过阻止溶解氧和 Cl⁻ 的渗入，单层石墨烯膜对 Cu 基体的缓蚀效率达到 97.4%；增加膜层的厚度可使石墨烯膜的缓蚀效率达 99%，其缓蚀机理是石墨烯膜阻隔了腐蚀发生的离子扩散过程[31]。

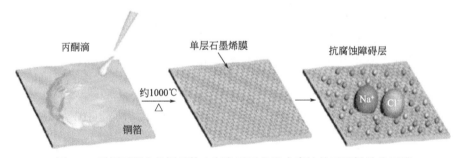

图 2-4　利用丙酮在纯铜基体上制备可抵御海水腐蚀的石墨烯单分子膜

2.2　紫铜在海水中的腐蚀数据

本书中腐蚀数据一部分来自国内外公开发表的期刊文献，另一部分来自中国腐蚀与防护网上的国家材料环境腐蚀数据共享服务平台。中国腐蚀与防护网是国家级的腐蚀与防护专业网站，由国家材料环境腐蚀平台主办。国家材料环境腐蚀平台（简称材料腐蚀平台）是由科技部批准建设的 23 家国家科技基础条件平台之一，由民口部门和国防部门共同建设，是长期从事材料环境腐蚀数据积累和试验研究的基地。本书中引用自中国腐蚀与防护网的数据由分布于我国的黄海、东海和南海的 4 个海水腐蚀试验站，即青岛、舟山、厦门、三亚 4 个海水腐蚀试验站获得，这些数据反映了铜及铜合金在我国不同海域海洋环境中的腐蚀行为特征，对于研究海洋环境腐蚀规律、影响因素和作用机理，对于国家建设都具有重要意义。表 2-6 为铜在海水及其他介质中的腐蚀数据。

表 2-6 铜在海水中及其他介质中的腐蚀数据

牌号/材料	腐蚀介质（溶液，pH值，温度，海水来源）	实验方法（静态/动态，流速，实验时长，测试方法）	腐蚀形式	腐蚀程度（年腐蚀速率，腐蚀电流密度，腐蚀坑深度，自腐蚀电位等）	主要结论	文献出处
T2	青岛天然水，实验室温度18~20℃	实海浸泡，失重法；弱极化法		T2紫铜的自腐蚀电流密度为6.54 μA/cm²；5d后稳定在1.5~2.0 μA/cm²	弱极化方法得到的金属不同时刻的电化学参数与金属试片表面状态的变化是一致的，能很好地反映金属材料在某一时刻的表面状况，而且与挂片实验有比较好的对比性	[51]
	西沙群岛海洋性大气腐蚀现场暴露实验；在3.5% NaCl溶液中对带锈紫铜试样进行电化学阻抗谱测试	暴晒时间1个月,3个月,6个月，失重法测腐蚀速率；SEM,EDS,XRD,EIS	暴露早期出现局部腐蚀	暴露1个月，3个月，6个月后的腐蚀速率分别是85μm/a，48μm/a，35μm/a	大气暴露1个月，3个月，6个月后，表面腐蚀产物均出现裂纹；主要成分为Cu_2O；EIS结果显示，腐蚀产物膜电阻值增大，腐蚀速率降低，产物增多并致密化，对基体起保护作用	[35]
	厦门东海全浸区，潮差区，飞溅区，4a	实海暴露		全浸区腐蚀速率为4.7μm/a，点蚀平均深度/最大深度/最大缝隙腐蚀深度(mm)为0.74/1.09/0.72；潮差区腐蚀速率为0.63μm/a，点蚀平均深度/最大深度(mm)为0.2/0.32 飞溅区腐蚀速率为2.2μm/a，点蚀平均深度/最大深度/最大缝隙腐蚀深度(mm)为0.39/0.98/0.75		中国腐蚀与防护网
	榆林南海水的飞溅区，全浸区，4a			全浸区腐蚀速率为0.53μm/a，点蚀平均深度/最大深度/最大缝隙腐蚀深度(mm)为0.07/0.18/0.15；潮差区腐蚀深度(mm)为0.11μm/a，点蚀平均深度/最大深度/最大缝隙腐蚀深度(mm)为0.25/0.14；飞溅区腐蚀速率为4.9μm/a		

续表

牌号/材料	腐蚀介质(溶液、pH值、温度、海水来源)	实验方法(静态/动态、流速、实验时长、测试方法)	腐蚀形式	腐蚀程度(年腐蚀速率、腐蚀电流密度、腐蚀坑深度、自腐蚀电位等)	主要结论	文献出处
T2	榆林南海海水的飞溅区、全浸区,1a			飞溅区腐蚀速率为 0.26μm/a;潮差区腐蚀速率为 1.9μm/a,全浸区腐蚀速率为 7.4μm/a,点蚀平均深度/最大深度/腐蚀坑深度(mm)为 0.11/0.42/0.26		
	榆林南海海水的飞溅区、全浸区,2a			全浸区腐蚀速率为 3.6μm/a;潮差区腐蚀速率为 1.1μm/a,最大缝隙腐蚀深度为 0.09mm;飞溅区腐蚀速率为 0.26μm/a		
	厦门东海飞溅区、潮差区、全浸区,2a	实海暴露		全浸区腐蚀速率为 7.4μm/a;潮差区腐蚀深度/最大深度(mm)为 0.29/0.52/0.66;飞溅区腐蚀速率 0.51μm/a		中国腐蚀与防护网
	舟山飞溅区、潮差区、全浸区,2a			全浸区腐蚀速率为 8.2μm/a,最大缝隙腐蚀深度为 0.03mm;飞溅区为 4.4μm/a		
	青岛黄海全浸区、潮差区、飞溅区,8a			全浸区腐蚀速率为 2.0μm/a,点蚀平均深度/最大深度(mm)为 0.05/0.05;潮差区为 1.4μm/a,点蚀平均深度/最大深度/最大缝隙腐蚀深度(mm)为 0.3/0.45/1.02;飞溅区为 2.9μm/a,点蚀平均深度/最大深度/最大缝隙腐蚀深度(mm)为 0.46/2.41/0.23		

续表

牌号/材料	腐蚀介质(溶液、pH值、温度、海水来源)	实验方法(静态/动态、流速、实验时长、测试方法)	腐蚀形式	腐蚀程度(年腐蚀速率、腐蚀电流密度、腐蚀坑深度、自腐蚀电位等)	主要结论	文献出处
T2	厦门东海全浸区,潮差区、飞溅区,8a			全浸区腐蚀速率为 8.2μm/a,点蚀平均深度/最大深度(mm)为 1.08/2.48/2.18;飞溅区深度为 1.3μm/a,点蚀平均深度/最大深度(mm)为 0.55/1.37/0.48		中国腐蚀与防护网
	榆林南海海水的飞溅区、全浸区,8a			全浸区腐蚀速率为 0.3μm/a,最大缝隙腐蚀深度 0.18mm;潮差区最大深度为 0.087μm/a/最大缝隙腐蚀深度(mm)为 0.1/0.16/0.15		
	青岛黄海全浸区,潮差区、飞溅区,4a	实海暴露		全浸区腐蚀速率 2.0μm/a;潮差区/最大深度(mm)为 3.6μm/最大缝隙腐蚀深度(mm)为 0.25/0.31/1.7;飞溅区为 1.2μm/a,点蚀平均深度(mm)为 0.38/0.68		
	青岛黄海飞溅区,潮差区、全浸区,2a			全浸区腐蚀速率为 8.4μm/a;潮差区腐蚀速率为 4.2μm/a,点蚀平均深度/最大深度(mm)为 1.5μm/a,最大缝隙腐蚀深度(mm)为 0.15/0.25/0.3		
	舟山飞溅区,潮差区、全浸区,4a			全浸区腐蚀速率为 1.5μm/a;潮差区/最大深度(mm)为 0.66μm/a,最大缝隙腐蚀深度(mm)为 0.18/0.09/0.17;飞溅区 2.5μm/a,点蚀平均深度(mm)为 0.05/0.1		

续表

牌号/材料	腐蚀介质（溶液、pH值、温度、海水来源）	实验方法（静态/动态、流速、实验时长、测试方法）	腐蚀形式	腐蚀程度（年腐蚀速率、腐蚀电流密度、腐蚀坑深度、自腐蚀电位等）	主要结论	文献出处
TUP	3.0%NaCl溶液，流速分别为1m/s、2m/s、3m/s	流动海水模拟试验，进行236d；电化学在线测量；表面分析(XPS)	均匀腐蚀、点蚀	流速分别为1m/s、2m/s、3m/s时对应的腐蚀速率为0.55mm/a、1.01mm/a、1.92mm/a	对于TUP直管部分，在1m/s时呈均匀腐蚀，在2m/s时主要是均匀腐蚀，表面少量麻点，在3m/s时，遭受局部腐蚀状坑蚀占1/2面积，平均腐蚀速率随流速从1m/s时的0.22mm/a增至3m/s时的0.5mm/a	[55]
	模拟海水，流速分别为2.3m/s、3.4m/s、5.0m/s、7.6m/s	静态挂片及冲刷腐蚀试验，周期60d；失重法	冲刷腐蚀	在流速分别是2.3m/s、3.4m/s、5.0m/s时的腐蚀速率分别是0.22mm/a、0.52mm/a、0.69mm/a	流速是2.3m/s时的腐蚀速率比静止海水中的腐蚀速率高一个数量级；海水是否含沙使腐蚀速率增大1.5倍，但再增大含沙量影响很小。3‰含沙量会对材料腐蚀性影响不明显。影响紫铜在流动海水中腐蚀的主要因素是海水流速，遭受流动海水作用时间的累积情况	[7]
	青岛天然海水中，周期20d；流速分别为2.3m/s、3.4m/s、5.0m/s、7.6m/s	静止挂片和冲刷腐蚀实验，周期20d；失重法		静态浸泡5d、20d、60d的腐蚀速率分别是0.096mm/a、0.059mm/a、0.045mm/a；流速分别为2.3m/s、3.4m/s、5.0m/s、7.6m/s，对应的腐蚀速率为0.22mm/a、0.52mm/a、0.69mm/a、2.63mm/a；紫铜在淡水中的腐蚀速率十分低，约为0.0083mm/a，紫铜在20‰盐度的海水中的冲刷腐蚀速率与正常海水相比无明显差异，甚至还腐蚀高一些	紫铜在静止海水中呈均匀腐蚀形貌，能生成暗红色膜，随时间延长膜变厚，致密，牢固。腐蚀率在10^{-2}mm/a数量级，60d时为0.045mm/a；紫铜在流动海水中冲刷腐蚀形貌、影响，紫铜冲刷腐蚀行为的主要因素是海水流速、素流速程度和动水运行时间；含沙与否对紫铜的冲刷腐蚀的海水要影响，但含沙量、海水盐度、温度影响不大	[56]

续表

牌号/材料	腐蚀介质（溶液、pH值、温度、海水来源）	实验方法（静态/动态、流速、实验时长、测试方法）	腐蚀形式	腐蚀程度（年腐蚀速率、腐蚀电流密度、腐蚀坑深度、自腐蚀电位等）	主要结论	文献出处
TUP	模拟海水；含沙量 3‰	静态及冲刷腐蚀试验（流速 0.5m/s、0.9m/s、1.2m/s、1.5m/s、2m/s，时间 2h、8h、24h、72h、120h、168h、240h）；失重法；电化学测试（PD，LP，E-t，EIS；SEM	冲刷腐蚀		TUP 紫铜在不同流速下腐蚀失重随着冲刷时间的延长逐渐减小，流动海水中的腐蚀失重率比静态海水中高出数量级，流速在 0.9~1.2m/s 时出现另一个临界流速范围，紫铜对流动海水腐蚀敏感性较强。在 1.2m/s 时，含砂流动海水冲刷腐蚀后紫铜表面产物膜层很薄，材料表面有马蹄形蚀坑这种典型的冲击腐蚀现象的出现。紫铜对含砂海水的腐蚀敏感性并不强	[17]
	青岛海域海水，试验温度为室温	自然腐蚀、电偶腐蚀和电绝缘控制试验的试验周期均为 720h；失重法测试自腐蚀电位、动电位极化曲线、电偶腐蚀试验		TUP 紫铜的自然腐蚀速率是 0.0287mm/a；TUP 紫铜与 B10 白铜面积比是 1:1 和 1:5 时的电偶腐蚀速率分别是 0.0524mm/a 和 0.0303mm/a	紫铜作为阳极被腐蚀，TUP 面积比为 1:1 时，紫铜发生阳极腐蚀加剧；5:1 时耦合电流反向，电偶腐蚀减弱，串联 20kΩ 以上电阻时，实现电绝缘	[8]
	青岛黄海潮差区、飞溅区、全浸区，4a	实海暴露		潮差区腐蚀速率为 7.5μm/a，点蚀平均深度/最大深度区腐蚀速度（mm）为 0.07/0.14/0.2；全浸区腐蚀速率为 1.5μm/a，飞溅区腐蚀速率为 2.4μm/a		中国腐蚀与防护网
	厦门东海潮差区，8a			潮差区腐蚀速率为 3.5μm/a，点蚀平均深度/最大深度区腐蚀速度（mm）为 0.11/0.27/0.26		
	榆林南海海水的全浸区、潮差区、飞溅区，8a			全浸区腐蚀速率为 2.5μm/a，潮差区腐蚀速率为 4.1μm/a；飞溅区腐蚀速率为 2.2μm/a		

续表

牌号/材料	腐蚀介质（溶液、pH值、温度、海水来源）	实验方法（静态/动态、流速、实验时长、测试方法）	腐蚀形式	腐蚀程度（年腐蚀速率、腐蚀电流密度、腐蚀坑深度、自腐蚀电位等）	主要结论	文献出处
TUP	青岛黄海潮差区、飞溅区，8a			潮差区腐蚀速率为2.5μm/a；飞溅区腐蚀速率为2.2μm/a，点蚀最大深度/最大深度/最大缝隙腐蚀深度(mm)为0.4/1.25/0.52		中国腐蚀与防护网
	舟山全浸区、潮差区，8a			全浸区腐蚀速率为1.4μm/a；潮差区腐蚀速率为0.64μm/a		
	舟山飞溅区，1a			飞溅区腐蚀速率16μm/a，点蚀平均深度/最大深度(mm)为0.14/0.42		
	榆林南海海水的全浸区，1a	实海暴露		全浸区腐蚀速率为11μm/a		
	青岛黄海全浸区、飞溅区，2a			全浸区腐蚀速率为1μm/a		
	青岛黄海潮差区、飞溅区，2a			潮差区腐蚀速率为15μm/a，点蚀平均深度/最大深度/最大缝隙腐蚀深度(mm)为0.08/0.15/.26；飞溅区腐蚀速率为2.6μm/a		
	厦门东海全浸区，2a			全浸区腐蚀速率为0.85μm/a		
	厦门东海全浸区，潮差区、飞溅区，4a			潮差区腐蚀速率为6.9μm/a，点蚀平均深度/最大深度/最大缝隙腐蚀深度(mm)为0.12/0.21/0.45；飞溅区腐蚀速率为4.6μm/a，点蚀平均深度/最大深度/最大缝隙腐蚀深度(mm)为0.06/0.1/0.08		

续表

牌号/材料	腐蚀介质(溶液、pH值、温度、海水来源)	实验方法(静态/动态、流速、实验时长、测试方法)	腐蚀形式	腐蚀程度(年腐蚀速率、腐蚀电流密度、腐蚀坑深度、自腐蚀电位等)	主要结论	文献出处
	榆林南海海水的全浸区、潮差区、飞溅区,4a			全浸区腐蚀速率为3.2μm/a;潮差区腐蚀速率为5.0μm/a;飞溅区腐蚀速率为2.5μm/a		
	舟山全浸区、潮差区、飞溅区,4a			全浸区腐蚀速率为3.1μm/a;潮差区腐蚀速率为16.0μm/a;最大深度/最大平均深度(mm)为0.15/0.25/0.46;点蚀腐蚀速率为1.9μm/a,点蚀平均深度/最大深度/最大缝隙腐蚀深度(mm)为0.01/0.03/0.03		
	青岛黄海潮差区、飞溅区,4a	实海暴露		全浸区腐蚀速率为1.0μm/a,点蚀平均深度/最大深度(mm)为0.03/0.05		中国腐蚀与防护网
	厦门东海全浸区、潮差区、飞溅区,1a			潮差区腐蚀速率为18μm/a,点蚀平均深度/最大深度(mm)为0.07/0.13、0.12;飞溅区腐蚀速率为6.8μm/a;全浸区腐蚀速率为2.3μm/a		
TUP	榆林南海全浸区、潮差区、飞溅区,1a			全浸区腐蚀速率为3.5μm/a;潮差区腐蚀速率为9.2μm/a;飞溅区腐蚀速率为5.2μm/a		
	青岛黄海全浸区、潮差区、飞溅区,1a			潮差区腐蚀速率为4μm/a;飞溅区腐蚀速率为44μm/a;全浸区腐蚀速率为4.5μm/a		

续表

牌号/材料	腐蚀介质(溶液、pH值、温度、海水来源)	实验方法(静态/动态、流速、实验时长、测试方法)	腐蚀形式	腐蚀程度(年腐蚀速率、腐蚀电流密度、腐蚀坑深度、自腐蚀电位等)	主要结论	文献出处
TUP	厦门东海全浸区、潮差区、飞溅区，2a			潮差区腐蚀速率为11.0μm/a，点蚀平均深度/最大深度/最大缝隙腐蚀深度(mm)为0.08/0.15/0.22；飞溅区腐蚀速率为5.2μm/a		中国腐蚀与防护网
	榆林南海海水的全浸区、潮差区、飞溅区，2a	实海暴露		全浸区腐蚀速率为3.5μm/a；潮差区腐蚀速率为5.5μm/a；飞溅区腐蚀速率为3.5μm/a		
	舟山全浸区、潮差区、飞溅区，2a			全浸区腐蚀速率为3.1μm/a；潮差区腐蚀速率为22μm/a，点蚀平均深度/最大深度/最大缝隙腐蚀深度(mm)为0.16/0.64/0.3；飞溅区腐蚀速率为3.1μm/a		
TUP和T2	3.5%NaCl溶液	浸泡实验，电化学测试(PD, LP, EIS)；表面分析(金相显微镜)	均匀腐蚀		T2和TUP的自腐蚀电位都随着浸泡时间的延长先降低后升高；T2的自腐蚀电位高，自腐蚀电位变化规律比TUP的腐蚀速率高，自腐蚀电位的变化规律有良好的对应关系。两种紫铜腐蚀速率的变化与腐蚀产物膜的形成和脱落有关	[37]
	南海榆林站海水	全浸区、潮差区、飞溅区暴露，试验周期为1a, 2a, 4a, 8a, 16a；失重法	均匀腐蚀、点蚀、缝隙腐蚀	暴露1a的腐蚀速率范围是15～31μm/a，8a为7.4～16μm/a，16a为7.3～12μm/a	局部腐蚀倾向T2>TUP；评价腐蚀速率随暴露时间延长而下降，腐蚀动力学规律符合幂函数模型	[53]
	舟山天然海水	冲刷腐蚀实验(冲刷腐蚀试验机)，周期20d；失重法，表面分析(显微镜)	冲刷腐蚀	TUP：清海水的腐蚀率为0.31mm/a，含沙量0.075%的腐蚀率为0.500mm/a，含沙量0.15%的腐蚀率为0.400mm/a。T2：清海水的腐蚀率为0.31mm/a，含沙量0.075%的腐蚀率为0.480mm/a，含沙量0.15%的腐蚀率为0.390mm/a	在流动海水中，悬浮泥沙的存在对铜及铜合金都有明显的加速腐蚀倾向，对不同材料的影响程度不同，泥沙含量对不同成分的铜及铜合金的影响规律是不一致的	[16]

续表

牌号/材料	腐蚀介质(溶液、pH值、温度、海水来源)	实验方法(静态/动态、流速、实验时长、测试方法)	腐蚀形式	腐蚀程度(年腐蚀速率、腐蚀电流密度、腐蚀坑深度、自腐蚀电位等)	主要结论	文献出处
纯铜	印度Mandapam海岸的天然海水	静态实海浸泡(3~6个月)和实验室电化学实验(48h换一次水);失重法、XRD、极化曲线、EIS		无生物附着条件下的纯铜腐蚀速率为0.045mm/a;天然海水浸泡的腐蚀速率0.07~0.21mm/a	腐蚀初期氧化产物为氧化亚铜和氯化铜,随时间的延长多为氯化铜	[46]
	模拟海水、25℃、5mm×5mm	TEM、EIS(25℃、30min电位稳定期)及动电位极化(扫描速度0.333mV/s,频谱范围$1\times10^{-2}\sim1\times10^{5}$Hz,AC激励电流幅值10mV)		原始样品的E_{corr}/i_{corr}:-200.2mV/$0.3514\mu A/cm^2$;5脉冲样品的E_{corr}/i_{corr}:-209.1mV/$0.7139\mu A/cm^2$;10脉冲样品的E_{corr}/i_{corr}:-169.4mV/$0.1166\mu A/cm^2$	辐照严重改变了材料的组织,产生大量空穴缺陷,并显著提高了材料的耐蚀性。10比5的耐蚀性高。中子辐照产生的各种缺陷易于吸氧,并对腐蚀介质产生迷宫效应,最终形成致密且耐蚀的保护膜	[32]
	3.0%~3.5%NaCl	静态电化学实验;动电位极化测试;EIS测量	在有石墨烯涂层条件下,局部伴有氧化活化腐蚀、大面积耐蚀性很好		RTA方法形成的单层石墨膜形成阴极还原层的溶解阻止了氧的溶解和氯离子的扩散,多层膜的抗腐蚀性更明显。除了铜,其他很多金属上有可能实现类似的耐腐蚀性能	[33]
铜	秘鲁西北海岸现场暴露实验:浸没区、潮汐区、飞溅区和海洋大气气溶胶区	实验时长6~12个月;失重、XRD成分分析、腐蚀速率计算		浸没区、潮汐区、飞溅区和大气气溶胶区的腐蚀产物形成速率分别是0.032mm/a、0.071mm/a、0.025mm/a、0.016mm/a	铜绿的主要成分为铜的氧化物和氯化物,但在浸没区腐蚀产物非常相似,为氧化铜;随着浸泡时间延长,赤铜矿减少,硫酸盐腐蚀产物增加	[36]
	模拟海水	在不同浓度的(0.01~0.2mol/L)十四烷酸中浸泡10d预成膜;SEM观察、接触角测量、循环伏安法、EIS			浓度为0.06mol/L的十四烷酸乙醇溶液和10d的浸泡时间是在纯铜表面形成稳定结构的最佳条件。超疏水界面可以极大地提高纯铜的耐腐蚀性,且很有潜力应用在海洋用材料上	[47]

续表

牌号/材料	腐蚀介质（溶液，pH值，温度，海水来源）	实验方法（静态/动态，流速，实验时长，测试方法）	腐蚀形式	腐蚀程度（年腐蚀速率，腐蚀电流密度，腐蚀坑深度，自腐蚀电位等）	主要结论	文献出处
铜	无菌海水（32‰ NaCl, pH 8.02）	样品经硝酸活化处理和 Livingston 溶液粗化处理后，在 0.1mol/L 的十四烷酸乙醇溶液中分别浸泡 10d 和 15d 预成膜；FTIR、SEM、接触角测量、动电位极化曲线、EIS			十四烷酸在纯铜表面形成的超疏水膜具有由花型纳米铜结构、水滴中的空气组成的复合结构，实验结果显示，对耐蚀性能而言，膜的超疏水性比膜层的厚度更重要	[48]
	3% NaCl 溶液，外加浓度为 0，1×10⁻⁶、5×10⁻⁶、10×10⁻⁶ 的 Na₂S 溶液，其 pH 值分别是 6.9、8.3、8.5、8.9	旋转圆盘电极（转速 600r/min）；极化曲线、EIS；电化学石英晶体微天平（EQCM）；SEM/EDS			加入硫化物后极大地加大了铜电极的阳极反应速率，在 1×10⁻⁶ 时速度提升了 10 倍；无缝、高频、高频弧条件下，存在两个容抗弧，高频弧来源于双层膜结构，而低频弧来源于夹杂了腐蚀产物的氧化还原反应。不同硫化物浓度下，氧化膜中硫化亚铜和硫化氢氧化铜的含量不同	[49]
	在十四烷酸乙醇溶液中形成超疏水膜，在无菌海水中进行电化学测试	动电位极化曲线、EIS、SEM		当十四烷酸超疏水膜在铜表面附着时，阴阳极电流密度降低了约三个数量级，超疏水膜只起物理阻隔作用，而不改变铜表面电极动能。阻抗值约为 10⁶ Ω	形成超疏水膜的最佳条件为 0.05mol/L 的十四烷酸溶液，35℃，7d，最大接触角为 153℃。此时的腐蚀产物为 Cu[CH₃(CH₂)₁₂COO]₂	[41]
	秘鲁 Salaverry 港海水和大气	海洋大气区、飞溅区、浸没区现场暴露实验（12个月）		腐蚀速率：大气区 0.016mm/a，飞溅区 0.025mm/a，全浸区 0.032mm/a，潮差区 0.071mm/a	不同区域的腐蚀速率顺序：大气区＜潮差区＜全浸区＜飞溅区；影响腐蚀速率的主要因素是氧含量、潮湿时间、氯离子浓度和干湿交替次数；海洋大气环境下飞溅区的腐蚀失重最大依循 C=Au	[42]
	无菌海水	接触角测量、SEM/EDS、XPS、EIS		无膜层的纯铜阻抗值在 10^3 Ω·cm² 左右，而有疏水膜的试样阻抗值的量级为 10^6 Ω·cm²	通过浸涂法在未经刻蚀的纯铜表面成功制备一种具有高结合力的疏水膜，其具有优异的抗腐蚀性能	[43]

续表

牌号/材料	腐蚀介质（溶液、pH值，温度、海水来源）	实验方法（静态/动态、流速，实验时长、测试方法）	腐蚀形式	腐蚀程度（年腐蚀速率、腐蚀电流密度、腐蚀坑深度、自腐蚀电位等）	主要结论	文献出处
铜 (99.99%)	除氧/不除氧的，缓冲/无缓冲的 NaCl 溶液（0.5mol/L）和人工海水	循环伏安法，失重法，开路电位，SEM		在纯 NaCl 溶液中和在人工海水中浸泡 6 个月的腐蚀速率分别是 255μg/(cm²·d) 和 155 μg/(cm²·d)	在未除氧且无缓冲的人工海水中的纯铜样品在浸泡初期就发生点蚀，但在有缓冲的溶液中浸泡 40d 后才发生点蚀；浸泡 3 个月之后，在纯 NaCl 溶液中的腐蚀速率比在人工海水中的高，且浸泡 6 个月后差别更明显；与在人工海水中浸泡的样品相比，在 NaCl 溶液中浸泡的样品上有更高密度的点蚀坑	[52]
铜、黄铜	在沙特阿拉伯的阿拉伯湾沿岸的大气区、地下土壤和海水飞溅区暴露 15 个月	失重法测腐蚀速率，SEM，EDS，XRD，XRF 分析腐蚀产物		腐蚀速率范围为 4.29~10.84μm/a	温度、湿度、氯离子、硫酸根离子的协同作用是腐蚀的主导原因，地下土壤环境是腐蚀最具侵蚀性的环境，海水飞溅区次之，铜及黄铜不能未做任何保护就应用在阿拉伯湾的环境下	[40]
无氧铜 (>99.99%)	含 Na₂S 的合成海水	浸泡实验（pH 7.9~8.4，353K，30~730d）低应变速率测试	穿晶腐蚀，选择性腐蚀和应力腐蚀	腐蚀速率随 Na_2S 浓度增大而增大：<0.6μm/a~0.001mol/L Na_2S，2~4μm/a~0.005mol/L Na_2S，10~15μm/a~0.1mol/L Na_2S	含硫化物的厌氧环境下，纯铜会发生均匀腐蚀，腐蚀速率随硫化物浓度升高而升高，且慢拉伸测试显示纯铜发生穿晶腐蚀，在 Na_2S 浓度低（0.005mol/L~0.001mol/L）时发生选择性腐蚀，Na_2S 浓度高（0.01mol/L）时易发生应力腐蚀。预计在 0.001mol/L 条件下，纯铜会显示出超好的耐蚀性	[45]

续表

牌号/材料	腐蚀介质(溶液、pH值,温度,海水来源)	实验方法(静态/动态、流速、实验时长、测试方法)	腐蚀形式	腐蚀程度(年腐蚀速率,腐蚀电流密度,腐蚀沉深度,自腐蚀电位等)	主要结论	文献出处
I型紫铜	海水取自甘肃沿海地区,海水pH 8.1,电导率 70000μS/cm,盐度 29.69g/L,Cl⁻浓度 18.12g/L	旋转挂片腐蚀实验(40℃,75r/min,96h);失重法、极化曲线,SEM/EDS、XPS			在唐山天然海水中,单独使用 BTA 达到 150mg/L 的高浓度时,才能对紫铜有较好的缓蚀效果;在 BTA 与柠檬酸钠的复合缓蚀剂中,柠檬酸钠的浓度为 20mg/L 时,有最佳配比,此时的缓蚀率达到了 96.0%。XPS 显示复合缓蚀剂参与了丁表面膜的形成。在加入 BTA 和柠檬酸钠缓蚀剂的海水中的 Cu(Ⅰ),C(Ⅳ),O²⁻ 和 N(Ⅲ)的不溶性膜,它有效地抑制了铜在海水中的腐蚀	[44]
	3.5% NaCl,pH 5.5~8.8;温度 298~328K,腈唑醇和已唑醇两种杀菌剂浓度分别为 5mg/L 和 1.5mg/L	腈唑醇和已唑两种杀菌剂对铜在 3.5% NaCl 中耐蚀性的影响;失重法、电化学法,SEM 和 EDX			加入杀菌剂后阴、阳极反应机理不变,但腐蚀速率降低,两种杀菌剂缓蚀率达 98% 以上,形成吸附性保护膜起作用;在中性环境中比在碱性环境中缓蚀效果更好	[38]
紫铜	洁净紫铜和沉积 5% NaCl 的紫铜在空气气热老化试验箱内于不同温度(80℃和50℃)进行腐蚀实验,实验取样时间为 3d,7d,14d,21d	失重法;显微镜表面观察	均匀腐蚀		紫铜单位面积失重量随暴露时间的延长而增加,但其腐蚀速率随时间的延长而逐渐减小,最后趋于平缓。随着环境温度的升高,紫铜的腐蚀速率会增大。经盐沉积后洁净的紫铜,经盐沉积后开始发生腐蚀,随着时间的延长才展到其临近区域。紫铜暴露在氧化铜组成,而沉积盐后的紫铜其腐蚀产物大气中其腐蚀主要由氧化亚铜组成,而沉积盐后的紫铜腐蚀产物主要由氧化亚铜和碱式氯化铜组成	[39]

牌号/材料	腐蚀介质（溶液、pH值，温度，海水来源）	实验方法（静态/动态，流速，实验时长，测试方法）	腐蚀形式	腐蚀程度（年腐蚀速率，腐蚀电流密度，腐蚀坑深度，自腐蚀电位等）	主要结论	文献出处
紫铜	不同质量分数的NaCl溶液，紫铜试验面积分别为4cm²、8cm²、12cm²、16cm²、20cm²、24cm²；试验温度20℃	测试碳钢和紫铜耦合后电流密度和电位	电偶腐蚀		阴阳极面积比，温度和氯离子对腐蚀影响较大，其中温度的影响最为突出，随温度的增高，阴阳极面积比增加；Cl⁻的存在，明显使E_g负移，I_g增大	[54]
	在(35±2)℃下用质量分数为5%的NaCl溶液连续喷雾48h	失重法；电化学测试(PD)	均匀腐蚀	暴露3d、7d、14d、21d紫铜单位面积的质量损失分别是0.7g/cm²、0.96g/cm²、1.17g/cm²、1.3g/cm²	在中性盐雾环境下，随着暴露时间的延长，紫铜的腐蚀程度越来越严重。紫铜暴露时间越长，质量损失量随暴露时间非线性增加；表明紫铜腐蚀产物的保护性较弱。极化曲线结果分析表明，随着暴露时间的延长，紫铜的自腐蚀电位先高后降低再升高，腐蚀速率先增大后减小	[34]
	人工海水，pH=8，$t=30$℃	不同流速和攻角（流速0~7m/s，攻角0°~90°）浸泡时间10h和3个月（每5d更换一次新鲜海水），腐蚀电位测量、电化学噪声测量	随冲刷角的增大，紫铜表面由局部腐蚀向均匀腐蚀过渡		流速增加腐蚀速率增加，腐蚀由局部腐蚀向均匀腐蚀过渡。3m/s和6m/s下随着冲刷角的增大，腐蚀速率增加，7m/s下随着冲刷角的增加，腐蚀都是由局部腐蚀向均匀腐蚀过渡。随着冲刷时间的延长，紫铜经长时间冲刷可以在表面形成较致密的腐蚀产物膜，紫铜经长期浸泡形成的腐蚀产物膜在静态海水中有较好的防护作用；在不同流速冲刷条件下对基体也有一定的防护作用	[13]
紫铜海洋水管（分别用黄铜和白铜焊条焊接）	在海港试验4个月后，在人工海水中进行阳极极化曲线测试	SEM，金相显微镜；阳极极化曲线	黄铜焊缝发生脱锌腐蚀		黄铜焊缝为树枝状结晶，组织为α+β相。浸泡腐蚀形式为脱锌腐蚀，耐蚀性不如白铜焊缝	[50]

参考文献

[1] 王曰义.海水冷却系统的腐蚀及其控制.北京：化学工业出版社，2006.

[2] 李炳辉，林德成.金属材料金相图谱.北京：机械工业出版社，2006：1507-1509.

[3] 郭贵中.退火处理对紫铜组织和性能的影响.平原大学学报，2006（03）：129-131.

[4] 曾凡伟.B30铜镍合金人工海水中的冲刷腐蚀行为研究.哈尔滨：哈尔滨工程大学，2012.

[5] 迟长云.B30铜镍合金在海水中的腐蚀电化学性能研究.南京：南京航空航天大学，2009.

[6] 雒娅楠.海洋环境中金属材料现场电化学检测及冲刷腐蚀研究.天津：天津大学，2007.

[7] 黄佳典，郭伟，于瑞生，等.海水中紫铜腐蚀影响因素的实验研究.Power System Engineering，1998，6：58-63.

[8] 孙保库，李宁，杜敏，等.B10铜镍合金与Tup紫铜的电偶腐蚀及电绝缘.腐蚀与防护，2010（07）：544-547.

[9] 鲍崇高，高义民，邢建东.水轮机用不锈钢材料的抗冲蚀磨损性能研究.机械工程学报，2002，38（2）：8-10.

[10] 夏兰廷，黄桂桥，张三平.金属材料的海洋腐蚀与防护.北京：化学工业出版社，2003.

[11] Feron D. Corrosion behavior and protection of copper and aluminium alloys in sea water. UK：Woodhead Publishing. 2007：119.

[12] Esielstein L E，Syrett B C，Wing S S. The Accelerated Corrosion of Cu-Ni Alloys in Sulfide-Polluted Sea Water：Mechanism No. 2. Corrosion Science，1983，23：223-232.

[13] 李多.紫铜在人工海水中的冲刷腐蚀行为研究.哈尔滨：哈尔滨工程大学，2013.

[14] 张关根，钱卫忠.舰船海水管系防腐现状和对策.船舶，1997（3）：37-44.

[15] Núñez L，Reguera E，Corvo F，et al. Corrosion of copper in seawater and its aerosols in a tropical island. Corrosion Science，2005，47（2）：461-484.

[16] 金威贤，谢荫寒，靳裕康等.海水中泥沙对铜及铜合金腐蚀的影响.腐蚀与防护，2001，34（1）：22-23.

[17] 杜鹃.TUP紫铜及B10铜镍合金流动海水冲刷腐蚀行为研究.青岛：中国海洋大学，2007.

[18] Sanchez S Rd，Schiffrin D J. The Use of High Speed Rotating Disc Electrodes fof the Study of Erosion-Corrosion of Copper Base in Sea Water. Corrosion Science，1988，27：141-150.

[19] Tuthill A H. Guidelines for the Use of Copper Alloys in Sea Water. Materials Performance，1987（26）：47-52.

[20] Bianchi G，Fiori G，Mazza F. "Horse Shoe" Corrosion of Copper Alloy in Flowing Sea Water：Mechannsim and Possibility of Cathodic Protection of Condenser Tubes in Power Station Corrosion. Corrosion，1978，34：396-399.

[21] Perkins J，Graham K J，Storm G A. Flow Effects on Corrosion of Galvanic Couples in Sea Water. Corrosion，1979，35：23-29.

[22] Barry C，Syrett S，Wing S. Effect of Flow on Corrosion of Copper-Nickel Alloys in Aerated Sea Water and in Sulfide-Polluted Sea Water. Corrosion，1980，36（2）：73-85.

[23] 能登谷武纪，潘兆河.铜和铜合金的缓蚀剂.防腐包装，1979（4）：42-53.

[24] 李冰，周衡，宋焕明等.火电厂铜合金凝汽器氯离子腐蚀及缓蚀剂研究综述.工业水处理，2006，26（11）：4-7.

[25] 黄魁元.铜及铜合金酸洗缓蚀剂的发展，洗净技术，（2003）26-29.

[26] Bunch J S，Verbridge S S，Alden J S，et al. Impermeable atomic membranes from graphene sheets. Nano Lett，2008，8：2458-2462.

[27] Chen S，Brown L，Levendorf M，et al. Oxidation Resistance of Graphene-Coated Cu and Cu/Ni Alloy. Acs Nano，2011，5：1321-1327.

[28] Prasai D，Tuberquia J C，Harl R R，et al. Graphene：Corrosion-Inhibiting Coating. Acs Nano，2012，6：1102-1108.

[29] Tiwari A，Banerjee P C，Raman R K S，et al. CVD Graphene on Metals for Remarkable Corrosion Resistance. Corrosion & Prevention，Melbourne，2012.

[30] Kirkland N T，Schiller T，Medhekar N，et al. Exploring graphene as a corrosion protection barrier. Corrosion Science，2012，56：1-4.

[31] Huh J H，Kim S H，Chu J H，et al. Enhancement of seawater corrosion resistance in copper using acetone-derived graphene coating. Nanoscale，2014，6：4379-4386.

[32] Zhang Z，et al. The microstructures and corrosion properties of polycrystalline copper induced by high-current pulsed electron beam. Applied Surface Science，2014，294（0）：9-14.

[33] Huh J H，et al. Enhancement of seawater corrosion resistance in copper using acetone-derived graphene coating. Nanoscale，2014，6（8）：4379-4386.

[34] 赵娟等.盐雾条件下紫铜的腐蚀行为研究.广东化工，2013，40（243）：17-18.

[35] 吴军.紫铜T2和黄铜H62在热带海洋大气环境中早期腐蚀行为.中国腐蚀与防护学报，2012，32（1）：70-79.

［36］ Veleva，L，Farro W. Influence of seawater and its aerosols on copper patina composition. Applied Surface Science，2012，258 (24)：10072-10076.

［37］ 林育峰，等. 两种紫铜在 3.5％NaCl 溶液中的腐蚀性能比较. 装备环境工程，2011，8 (5)：29-34.

［38］ Li W，et al. Effects of two fungicides on the corrosion resistance of copper in 3.5％ NaCl solution under various conditions. Corrosion Science，2011，53 (2)：735-745.

［39］ 万晔，于欢，孔祥宇. 紫铜在中高温条件下的腐蚀行为. 材料导报，2010，24 (6)：58-61.

［40］ Saricimen H，et al. Performance of Cu and Cu-Zn alloy in the Arabian Gulf environment. Materials and Corrosion，2010，61 (1)：22-29.

［41］ Zhu H，et al. Investigation of the corrosion resistance of n-tetradecanoic acid and its hybrid film with bis-silane on copper surface in seawater. Journal of Molecular Structure，2009，928 (1-3)：40-45.

［42］ Farro N W，Veleva L，Aguilar P. Copper Marine Corrosion：Ⅰ. Corrosion Rates in Atmospheric and Seawater Environments of Peruvian Port. The Open Corrosion Journal，2009，2：130-138.

［43］ Chen S，et al. Novel strategy in enhancing stability and corrosion resistance for hydrophobic functional films on copper surfaces. Electrochemistry Communications，2009，11 (8)：1675-1679.

［44］ 付占达. 海水中紫铜缓蚀剂的缓蚀性能及表面分析. 腐蚀与防护，2008，29.

［45］ Taniguchi N，Kawasaki M. Influence of sulfide concentration on the corrosion behavior of pure copper in synthetic seawater. Journal of Nuclear Materials，2008，379 (1-3)：154-161.

［46］ Palraj S，Venkatachari G. Corrosion behaviour of copper in mandapam seawater. Indian Journal of Chemical Technology，2007，14 (1)：29-33.

［47］ Liu T，et al. Super-hydrophobic surfaces improve corrosion resistance of copper in seawater. Electrochimica Acta，2007，52 (11)：3709-3713.

［48］ Liu T，et al. Corrosion behavior of super-hydrophobic surface on copper in seawater. Electrochimica Acta，2007，52 (28)：8003-8007.

［49］ Rahmouni K，et al. The inhibiting effect of 3-methyl 1，2，4-triazole 5-thione on corrosion of copper in 3％ NaCl in presence of sulphide. Electrochimica Acta，2007，52 (27)：7519-7528.

［50］ 周建齐. 紫铜海水管焊接接头部位的腐蚀研究. 腐蚀与防护，2006，27 (3)：113-117.

［51］ 姜丽娜. 弱极化技术用于海水中金属腐蚀监测的初探. 腐蚀科学与防护技术，2005，7 (3)：192-194.

［52］ Ferreira J P，Rodrigues J A，da Fonseca I T E. Copper corrosion in buffered and non-buffered synthetic seawater：a comparative study. Journal of Solid State Electrochemistry，2004，8 (4)：260-271.

［53］ 李文军，刘大杨，魏开金. 铜合金在热带海水中 16 年的耐蚀性及抗污性. 材料开发与应用，2002，4 (2)：65-69.

［54］ 李淑英. 碳钢/紫铜在 NaCl 介质中的电偶行为. 腐蚀科学与防护技术，2000，12 (5)：300-302.

［55］ 顾桂松，等. 流动海水对铜管腐蚀的研究//中国腐蚀与防护学会成立 20 周年暨'99 学术年会. 北京：1999.

［56］ 王曰义. 紫铜在流动海水中的腐蚀及防护. 材料开发与应用，1994，9 (6).

第**3**章

黄铜在海水中的腐蚀行为和数据

黄铜是以铜、锌为主要元素的合金，是目前应用最为广泛的铜合金。"黄铜"一词最早见于西汉东方朔所撰的《申异经·中荒经》中"西北有宫，黄铜为墙，题曰地皇之宫"，但书中未明确该"黄铜"指的是哪种合金。"黄铜"专指铜-锌合金始于明代，《明会典》中有记载"嘉靖中则例，通宝钱六百万文，合用二火黄铜四万七千二百七十二斤"，通过对明代钱币进行成分分析证实了这种"黄铜"主要含有的 Cu、Zn 元素，这与现在对黄铜的定义是一致的。在古代，黄铜主要用来制造钱币、佛像以及其他艺术品，而今天，黄铜可以制成管材应用于热交换器、冷凝器、低温管路、海底运输管，可以制成线材、板材应用于电器电路，还可以通过压力加工制成合适的电器元件或者大型的结构件。同样，黄铜在现代的工艺品中也有着极为广泛的应用。

按照所含元素种类的多少，黄铜可分为普通黄铜和特殊黄铜（也称简单黄铜和复杂黄铜）。最简单的黄铜是 Cu-Zn 二元合金。为了改善黄铜的某种性能，在二元 Cu-Zn 合金的基础上加入一种或多种其他合金元素，如硅、铝、锡、铅、锰、铁与镍等，组成的多元合金称为特殊黄铜或复杂黄铜。特殊黄铜按照主要添加元素（含量仅次于 Cu 和 Zn）的不同又可分为锡黄铜、铝黄铜、镍黄铜、硅黄铜、铅黄铜、锰黄铜以及铁黄铜等。

特殊黄铜较普通黄铜具有许多优异的性能。在简单黄铜中加入 0.5%～1.5% 的锡不仅能提高合金在海水中的耐蚀性，同时能够改善其切削加工性能，通过采用低温退火（440～470℃）可以提高抗应力腐蚀性能，如有"海军黄铜"之称的锡黄铜 HSn70-1，大量用于制作舰船的冷凝管、船舶零件、焊接件的焊条等。在简单黄铜中加入少量（0.7%～3.5%）的铝可在合金表面形成具有良好耐蚀性的致密 Al_2O_3 薄膜，同时铝有细化晶粒的作用，防止退火时晶粒粗化（铝含量＞2% 会使黄铜铸造组织粗化），此外加入适量的铝还能够显著提高铝黄铜的热塑性，如铝黄铜 HAl77-2，可用于制作船舶和滨海热电站中的冷凝管以及其他耐蚀零件。在简单黄铜中加入适量的镍可以提高黄铜的强度、韧性、耐蚀性和耐磨性，如镍黄铜 HNi65-5，冷热加工性能较好，应力腐蚀开裂倾向小，可用于制造压力表管、船舶用件等。在简单黄铜中加入 1.5%～4.0% 的硅，能显著提高黄铜在大气及海水中的抗应力腐蚀破坏能力，改善合金的铸造性能，如硅黄铜 HSi80-3，可用于制造船舶零件、蒸汽管和水管配件等。在简单黄铜中加入一定量的锰，能起到细化晶粒的作用，同时获得良好的冷、热加工性能，如 HMn58-2 可用于制造海船零件，ZCuZn40Mn3Fe1 可用于制造螺旋桨。铁也能显著改善黄铜的使用性能，铁和锰、铝一样都能细化晶粒，抑制退火时晶粒长大，此外铁还具有析出硬化的效果，能够提高黄铜的强度、硬度，改善耐蚀性，如 HFe59-1-1，可用于制造在摩擦和受海水腐蚀条件下的结构零件。由特殊黄铜制造的接头管件如图 3-1 所示。

黄铜的牌号较多，但在海洋工程中，由于条件特殊，对黄铜的耐蚀性有一定的要求，因此并不是所有黄铜都适合在海洋环境中使用。常见的海洋工程用黄铜的牌号有：HSn70-1（锡黄铜），HAl77-2、HAl59-3-2（铝黄铜），HMn58-2、ZCuZn40Mn3Fe1（锰黄铜），HNi56-3、

图 3-1　黄铜管件接头

HNi65-5（镍黄铜）等。这些黄铜因具有较好的耐蚀性、良好的综合力学性能以及成本优势广泛用于制作舰船的冷凝管、蒸汽管、螺旋桨以及海洋工程中的耐蚀结构件等。尽管黄铜是近代最早使用的海洋工程材料之一，但随着材料科学与工程的不断发展，一大批适应海洋环境的新材料大量涌现，铝青铜、B30 白铜和 B10 白铜等材料在船用螺旋桨、舰船等的输水管路中发挥着越来越重要的作用，成为目前海洋工程用材料的主力军。

3.1　黄铜在海水中的腐蚀行为

在过去的几十年，数以千万吨的黄铜被投入到人们的生产生活当中，特别是在海洋工程、舰船制造业中，黄铜发挥了极其重要的作用。在黄铜的发展过程中，人们通过在简单黄铜中添加少量的合金元素研究了不同合金元素对黄铜组织性能的影响；通过改变热处理的温度、冷却速率研究了热处理对黄铜组织性能的影响；通过电化学设备研究了黄铜脱锌腐蚀、点蚀、电偶腐蚀等常见腐蚀的作用机理；通过 XRD、EDS、XPS、SEM、TEM 研究了黄铜腐蚀产物膜的成分和结构；通过晶界工程研究了黄铜中特殊晶界的分布情况。这一系列的研究使得黄铜已成为一种日益成熟的材料，广泛应用于人们的生产生活中。

3.1.1　常见海洋工程用黄铜的牌号及成分

常见的海洋工程用黄铜的牌号有 HSn70-1、HSn70-1、HSn60-1、HNi65-5、HNi56-3、HA177-2、HMn58-2、HFe59-1-1 和 HFe58-1-1，其成分见表 3-1。

HSn70-1 锡黄铜在舰船制造业当中有着极其广泛的应用，有"海军黄铜"的美誉。该黄铜是通常含有微量砷的铜锌锡三元系的 α 单相黄铜，我们根据主要添加元素（少于 Cu 和 Zn）的多少将该黄铜归为锡黄铜。众所周知，简单黄铜的强度、硬度中等，耐蚀性也一般。然而，通过在简单黄铜中加入 0.5%～1.5% 的 Sn，可提高合金的强度和硬度以及在海水中的耐蚀性，同时还可以改善黄铜的切削加工性能。需要注意的是：HSn70-1 有应力腐蚀开裂倾向，对冷加工管材必须进行去应力低温退火；同时 HSn70-1 热压加工时易裂，因此要严格控制杂质的含量。

HNi65-5 和 HNi56-3 是常见的镍黄铜。通过在简单黄铜中加入适量的 Ni 元素，可以扩大 α 相区，将双相黄铜转变成单相黄铜，提高黄铜的耐蚀性和可加工性。镍黄铜还具有较好的减摩性和良好的力学性能，在冷态和热态下压力加工性能极好，对脱锌和"季裂"比较稳定，导热导电性低，常用于制造海船工业的压力表及冷凝管等。但因镍的价格较贵，故 HNi65-5 和 HNi56-3 应用的范围不是特别广泛。

表3-1 常见海洋工程用黄铜的牌号及成分

材料名称	牌号	化学成分(质量分数不大于(注明不小于和范围值者除外)/%													
		Cu(铜)	Sn(锡)	Ni(镍)	Al(铝)	Fe(铁)	Pb(铅)	Sb(锑)	Bi(铋)	P(磷)	As(砷)	Mn(锰)	Si(硅)	Zn(锌)	杂质总和
镍黄铜	HNi65-5	64~67	—	5~6.5	—	0.15	0.03	0.005	0.002	0.01	—	—	—	余量	0.3
	HNi56-3	54~58	0.25	2~3	0.3~0.5	0.15~0.5	0.2	—	0.002	0.01	—	—	—	余量	0.6
锡黄铜	HSn70-1	69~71	0.8~1.3	—	—	0.1	0.05	0.005	0.002	0.01	0.03~0.06	—	—	余量	0.3
	HSn62-1	61~63	0.7~1.1	—	—	0.1	0.01	0.005	0.002	0.01	—	—	—	余量	0.3
	HSn60-1	59~61	1.0~1.5	—	—	0.1	0.03	0.005	0.002	0.01	—	—	—	余量	1
锰黄铜	HMn58-2	57~60	—	—	—	1	0.1	0.005	0.002	0.01	—	1.0~2.0	—	余量	1.2
铁黄铜	HFe59-1-1	57~60	0.3~0.7	—	0.1~0.5	0.6~1.2	0.2	0.01	0.003	0.01	—	0.5~0.8	—	余量	0.3
	HFe58-1-1	56~58	—	—	—	0.7~1.3	0.7~1.3	0.01	0.003	0.02	—	—	—	余量	0.5
铝黄铜	HAl77-2	76~79	—	—	1.8~2.3	0.06	0.05	0.005	0.002	0.02	0.03~0.06	—	—	余量	0.3

HAl77-2 是典型的铝黄铜。当受到腐蚀介质侵蚀时，黄铜表面会形成一层致密的、与基体紧密结合的 Al_2O_3 氧化膜，这层氧化膜能够保护内部组织结构不受侵蚀破坏。除了具有良好的耐蚀性能，HAl77-2 铝黄铜还具有较高的强度和硬度，良好的塑性，可在冷态、热态下进行压力加工，同时还耐冲击腐蚀，常用于船舶的冷凝管及其他耐蚀零件。需要注意的是 HAl77-2 铝黄铜有脱锌及腐蚀破裂倾向，因此在选用材料时应考虑这点。除了 HAl77-2 之外，ZCuZn25Al6Fe3Mn3、ZCuZn26Al4Fe3Mn3 和 ZCuZn31Al2 等铸造铝黄铜在海洋工程当中也有着较为广泛的应用[1]。

HMn58-2 是常见的锰黄铜。Mn 元素的加入细化了晶粒，提高了黄铜的强度、硬度及在海水、热蒸汽中的耐蚀性，因此，HMn58-2 在海水、过热蒸汽和氯化物中有较高的耐蚀性。此外，HMn58-2 的力学性能良好，易于在热态下进行压力加工，冷态下压力加工性尚可。需要注意的是 HMn58-2 有腐蚀破裂倾向，在选材及设计零部件时应考虑到这点。在海洋工程中锰黄铜也常常以铸造态的形式出现。例如，ZCuZn40Mn3Fe1 可用于制造耐海水腐蚀的零件、300℃以下工作的管配件和船用螺旋桨等大型铸件；ZCuZn40Mn2 能够用于制造在空气、淡水、海水、蒸汽（300℃以下）和各种液体燃料中工作的零件、阀体和接头等。

HFe59-1-1 和 HFe58-1-1 是最常见的两种铁黄铜。铁在黄铜中以富铁相的微粒析出，作为"晶核"细化黄铜的铸造组织，并能阻止再结晶晶粒长大，从而提高黄铜的力学性能和工艺性能。铁黄铜中的铁含量通常不超过 1.5%，铁含量过高，富铁相增加，会由于产生富铁相的偏析而降低合金的耐蚀性。为了避免 Fe 从固溶体中析出造成的危害，Fe 常与 Mn 配合使用，以改善耐蚀性。HFe59-1-1 和 HFe58-1-1 具有较高的强度、韧性，良好的减摩性，在大气、海水中的耐蚀性高（但有腐蚀破裂倾向），热态下塑性良好，常用于制作在摩擦和受海水腐蚀条件下工作的结构零件。

3.1.2 热处理对黄铜组织、性能的影响

热处理是指通过加热、保温、冷却的方式，改变材料内部的组织结构，从而改变材料的性能，以满足服役状态下的使用要求。黄铜的热处理通常是指退火处理，主要包括再结晶退火和去应力退火两种。不同的退火温度会对黄铜的组织、性能产生不同的影响，因此热处理成为改善黄铜组织性能的重要途径之一。

3.1.2.1 黄铜热处理的分类

铜无同素异构转变，且 Cu-Zn 二元合金相图中锌在铜中的溶解度随温度降低而增大，故普通黄铜不能通过热处理强化，因此黄铜的热处理主要采用再结晶退火和去应力退火。

黄铜的再结晶退火可分为中间再结晶退火和最终再结晶退火，其目的是消除冷变形强化，恢复塑性，以利于下一道加工工序的进行。中间再结晶退火是在连续冷变形中间进行的，冷加工使材料产生变形强化，并随着变形程度的增加，在板宽的方向上发生边裂，所以加工黄铜时通常都把冷加工的变形量限制在 50%～70% 的范围内轧制，然后再进行中间再结晶退火使其软化。这样冷轧与退火工序反复进行，最终使工件达到规定的厚度[2]。黄铜的去应力退火通常是在制品加工完成后进行的，主要作用是去铸件、焊接件及冷成型制品的内应力，以防止制品变形与开裂及提高弹性。

关于黄铜热处理中退火的目的，可将其概括为以下几个方面：①提高力学性能和切削加工性能；②增加塑性；③消除成分不均匀性；④消除内部应力；⑤改善组织结构，获得更加稳定的硬化组织[3]。几种黄铜的退火温度如表 3-2 所示。

表 3-2　几种常见海洋工程用黄铜的退火温度

合金名称	牌号	去应力退火温度/℃	再结晶退火温度/℃
锡黄铜	HSn70-1	300~350	560~580
	HSn62-1	350~370	550~650
铝黄铜	HAl77-2	300~350	600~650
镍黄铜	HNi65-5	300~400	600~650

3.1.2.2　热处理对黄铜组织的影响

黄铜是 Cu-Zn 合金，其组织是 α+β 双向组织。图 3-2 是铜锌二元合金相图。Zn 溶入 Cu 中会形成 α 固溶体，在 454℃ 以上，其溶解度随着温度下降而增加；在 454℃ 时，Zn 在 α 固溶体中的溶解度最大，为 39%；而在 454℃ 以下，Zn 在 α 固溶体中的溶解度随温度下降而减小。Zn 含量小于 39% 的黄铜，通过再结晶退火、缓冷，可获得单一 α 固溶体组织，即单相黄铜（面心立方晶格），塑性优良，在热态和冷态下都有很好的成形性；当 Zn 含量在 39%~45% 时，于 454~458℃ 以上为 α+β 双相组织，即双相黄铜，β 相（如图 3-3 所示）是电子化合物 Cu-Zn 为基的固溶体，体心立方晶格；当温度降至 454~458℃ 时发生有序化转变，形成有序固溶体 β′ 相（如图 3-4 所示）。β 相塑性较好，强度与硬度较高，而 β′ 相硬而脆，热处理时应避免出现 β′ 相。因此双相黄铜适宜进行热加工，即在 α+β 双相状态下加工，而 α+β′ 状态下不适宜冷加工。当 Zn 含量大于 46% 时，黄铜组织全部为脆性 β′ 相，塑性很差，无实用价值[4]。

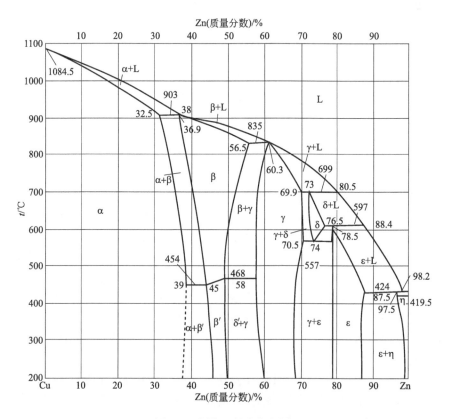

图 3-2　铜锌二元合金相图

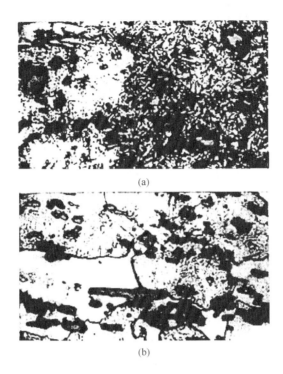

(a)

(b)

图 3-3 LMtsKNS（58-2-2-1-1）黄铜的显微结构[5]（亮色为 α 相，黑色为 β 相）

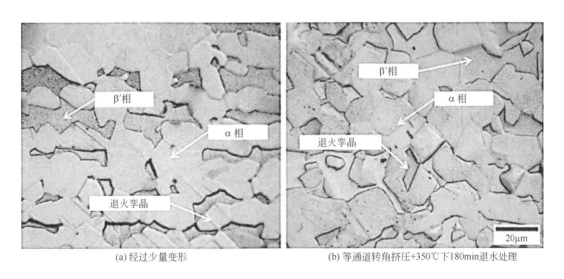

(a) 经过少量变形　　　　　　　　　　(b) 等通道转角挤压+350℃下180min退水处理

图 3-4　Cu-40％Zn 黄铜的微观组织[6]

　　不同的热处理方式对黄铜的组织会产生不同的影响。A. Davoodi 等[7] 研究了热处理对 Cu-30Zn-1Sn 黄铜组织的影响。他们采用了三种热处理方式（A 试样先加热到 800℃保温 20h，然后放在温度为 250℃的盐浴中保温 20h，最后试样随炉冷却到室温；B 试样先加热到 800℃保温 20h，然后在水中淬火；C 试样先加热到 600℃保温 20h，然后在水中淬火）获得了相应的组织图片，如图 3-5～图 3-7 所示。Varli 等[8] 研究了不同热处理温度对 58-2-2-1-1 黄铜组织的影响。他们经过 730℃和 690℃获得了如图 3-8（a）、（b）所示的淬火组织；经过 250℃、450℃和 550℃获得了如图 3-9（a）、（b）、（c）所示的回火组织。L. Ramiandravola 等[9] 研究了热处理过程中铸造 Cu-Zn-Ai-Fe-Mn 铝黄铜结构和亚结构的变化，他们发现特殊黄铜在退火的过程中发生了固溶体中 Fe 的析出以及 α 相的析出，α 相析出呈针形沿着铸造结构结晶的方向沉淀，退火之后，在黄铜中只发现了非附着分散的颗粒，它们不均匀地分布在基体上。M. Kamali 等[10] 研究了含铜 86%，含锌 13%，含铁 0.8% 的黄铜的结构。他们发现当热处理温度为 650℃时，会析出最佳数量的 γ 相 Fe。

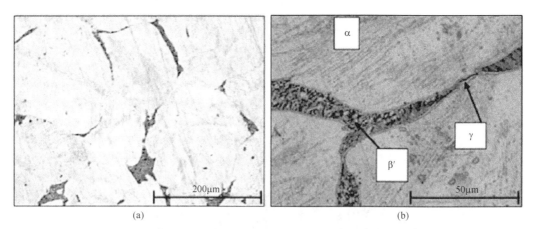

图 3-5　通过 A 热处理工艺获得的不同放大倍数的锡黄铜的组织

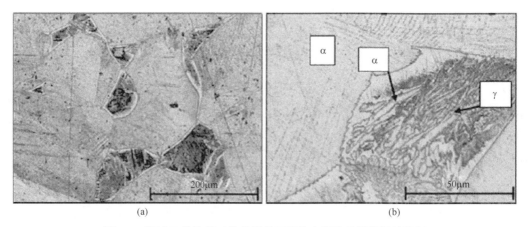

图 3-6　通过 B 热处理工艺获得的不同放大倍数的锡黄铜的组织

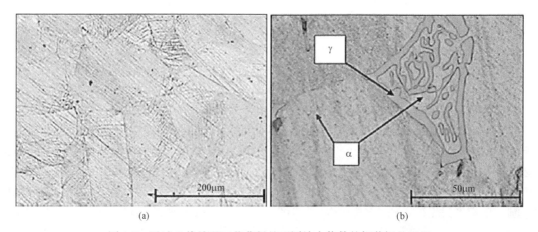

图 3-7　通过 C 热处理工艺获得的不同放大倍数的锡黄铜的组织

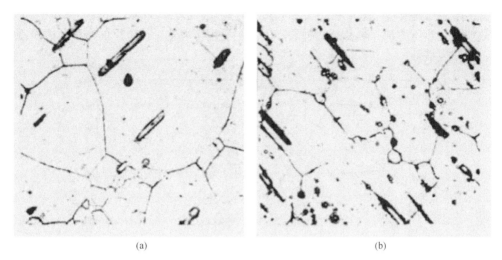

(a)　　　　　　　　　　　　　　　(b)

图 3-8　58-2-2-1-1（LMtsSKA）黄铜经过 730℃（a）和 690℃（b）的淬火组织

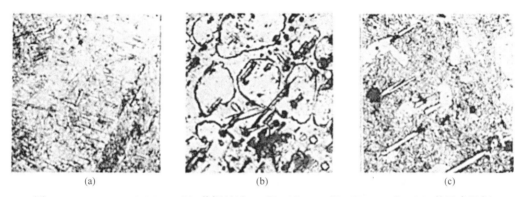

(a)　　　　　　　　　　(b)　　　　　　　　　　(c)

图 3-9　58-2-2-1-1（LMtsSKA）黄铜经过 250℃（a）、450℃（b）、550℃（c）的回火组织

3.1.2.3　热处理对黄铜性能的影响

热处理在黄铜的实际应用中发挥了极其重要的作用。通过热处理工艺可以提高黄铜的耐蚀性、耐磨性和可加工性，还可以通过热处理改变黄铜材料的力学性能和物理性能。针对不同类型黄铜的热处理温度及热处理后相关的组织性能作如下简述。

铝黄铜热加工温度为 720～770℃，退火温度为 600～650℃，消除内应力温度为 270～350℃。在经过上述温度热处理后，当遇到腐蚀介质时，少量铝能在合金表面形成坚固的氧化膜，提高合金对气体、溶液、高速海水的耐蚀性。同时，由于铝的锌当量系数高，形成 β 相的趋势大，强化效果高，能显著提高合金的强度和硬度。铝黄铜以 HAl77-2 用量最大，主要是制成高强、耐蚀的管材，广泛用作海船和发电站的冷凝器等。

镍黄铜热加工温度为 750～870℃，退火温度为 600～650℃，消除内应力的低温退火温度为 300～400℃。以 HNi65-5 镍黄铜为例，其在经过上述温度热处理后力学性能良好，切削性好，易焊接和钎焊，导电、导热性低，耐蚀性高，且无腐蚀开裂倾向，广泛用于船用零件、蒸汽管及水管配件等。

铁黄铜热加工温度通常为 680～730℃，退火温度为 600～650℃。作为最典型的两种铁黄铜，HFe59-1-1 和 HFe58-1-1 经过上述温度热处理具有较高的强度、韧性，良好的减摩性，在大气、海水中的耐蚀性高，热态下塑性良好，常用于制作在摩擦和受海水腐蚀条件下工作的结构零件。

锡黄铜能较好地承受热、冷压力加工。例如 HSn70-1，在 700～720℃热轧或 670～720℃

热挤〔需要严格控制杂质含量如 Pb<0.03%），铜取上限（71%），锡取下限（1.0%～1.2%)〕能够有效地防止热压力加工时易裂问题的产生，主要用于海轮，热电厂的高强耐蚀冷凝管、热交换器，船舶零件等。

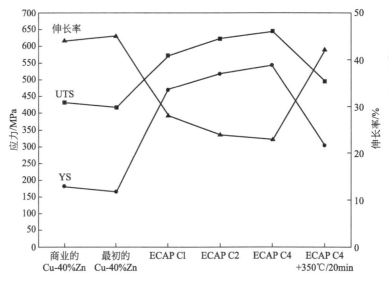

图 3-10 Cu-40%Zn 经等通道转角挤压（ECAP）和再结晶热处理后的拉伸性能

Sadykov 等[11] 研究了形变热处理对 CuZnPb 黄铜耐磨性的影响。他们发现黄铜在进行形变热处理时会发生再结晶，这一过程导致黄铜中形成许多微晶结构，使得黄铜的耐磨性显著提高。Wilborn 等[12] 研究了热处理对机加工工件翘曲变形的影响，他们发现在机加工之前对工件进行适当的热处理，可以在一定程度上减少翘曲变形的发生。Mapelli 等人在研究残余应力对失效件的影响时指出，应力释放热处理可以对残余应力产生有益的影响，能够改善材料表面的张弛度。Kim 等[6] 研究了等通道转角挤压（equal channel angular pressing，ECAP）后的热处理对黄铜力学性能的影响。他们发现，经过等通道转角挤压后在 350℃下进行 20min 的热处理会导致延伸率大幅度增加，屈服强度和极限拉伸强度大幅降低，如图 3-10 所示。K.V.Varli 等[8] 研究了不同热处理温度对 58-2-2-1-1 黄铜性能的影响，他们获得了不同的淬火和回火温度下的 σ_b、$\sigma_{0.2}$ 和 δ_s 数据，如图 3-11 所示。

3.1.2.4 影响黄铜热处理的因素

（1）变形量 H.S.Kim 等[6] 研究了等通道转角挤压后的热处理对黄铜的影响（如图 3-12～图 3-14 所示）。所谓的等通道转角挤压是指将多晶试样压入一个特别设计的模具中以实现大变形量的剪切变形工艺，主要通过变形过程中的近乎纯剪切作用，使材料的晶粒得到细化，从而使材料的机械和物理性能得到显著改善，是一种有效的制备超细晶材料的方法。等通道转角挤压热处理能够有效地改善黄铜的力学性能，在不降低延伸率的情况下提

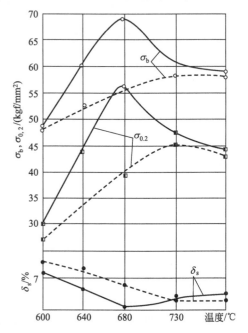

图 3-11 不同淬火温度下 LMtsSKA
黄铜的力学性能
----淬火＋250℃回火 4h；——淬火

高其屈服强度和拉伸强度。不同的变形量，对材料的组织产生不同的影响。F. A. Sadykov 等[13] 对比了不同工艺处理的耐磨黄铜（Cu59.71％，Zn39.40％，Pb0.89％）的亚微观结构，如图 3-15 所示。从图中可以看出原始状态的黄铜组织为 α＋β 相，晶粒较为粗大；经过 840℃ 淬火后获得晶粒粗大的 β 单相组织；若先在 240℃ 下进行轧制，然后在 840℃ 下淬火则会获得晶粒较细的 α＋β 相组织。

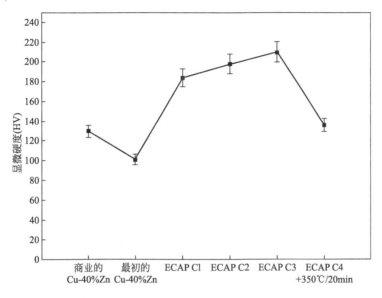

图 3-12　不同道次的等通道转角挤压（ECAP）对 Cu-40％Zn 黄铜显微硬度的影响[6]

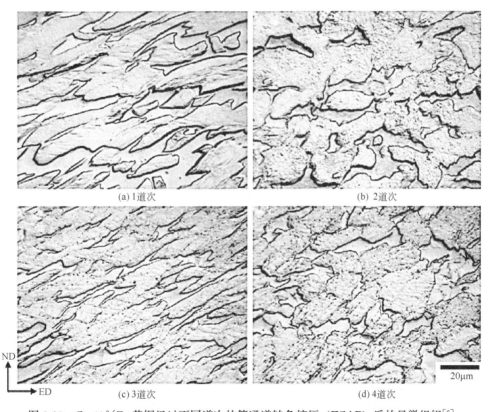

图 3-13　Cu-40％Zn 黄铜经过不同道次的等通道转角挤压（ECAP）后的显微组织[6]

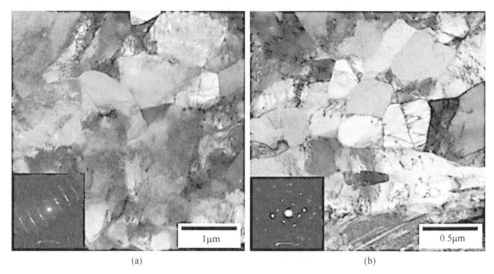

(a) (b)

图 3-14 Cu-40％Zn 黄铜经过 1 道次（a）和 4 道次（b）等通道转角挤压（ECAP）后的 TEM 图片[6]

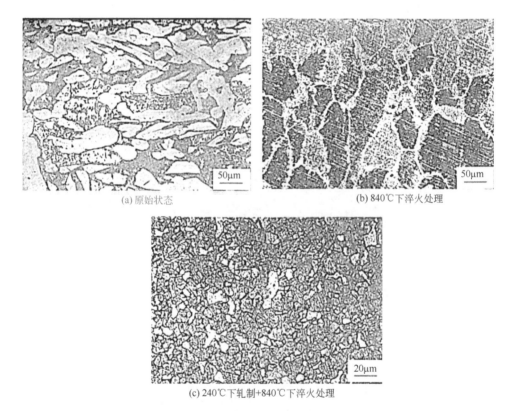

(a) 原始状态 (b) 840℃下淬火处理

(c) 240℃下轧制+840℃下淬火处理

图 3-15 经过不同变形量热处理的黄铜的组织结构

（2）加热温度和保温时间 加热温度和保温时间是黄铜热处理的两个重要的参数。加热温度过高，保温时间过长会导致黄铜的组织粗化，力学性能下降，严重影响黄铜的正常使用；而加热温度过低，保温时间不足则达不到黄铜热处理的目的。因此黄铜的热处理过程通常确定加热温度范围和保温时间：如锡黄铜 HSn70-1，其去应力退火温度为 300～350℃，再结晶退火温度为 560～580℃；铝黄铜 HAl77-2，其去应力退火温度为 300～350℃，再结晶退火温度为 600～650℃。

（3）冷却速率和压力　S. V. Anakhov 和 S. I. Fominykh 研究了 LMtsKNS[5] 黄铜重熔后冷却速率对其组织的影响。他们发现再结晶阶段熔化物的冷却速率会对 LMtsKNS 黄铜的组织和性能产生显著的影响，并借助高速表面热处理技术在黄铜表面获得一层较细的熔覆层，显著地提高该黄铜的强度和耐磨性能。Y. W. Liu 等[14] 研究了高压热处理对黄铜微观结构和耐蚀性能的影响。他们发现当温度不变，热处理压力为 3GPa 时，黄铜显微结构发生了明显的细化，但耐蚀性能却大大降低；当温度不变，热处理压力为 6GPa 时，黄铜的耐蚀性能大大提高，但显微结构没有发生明显的细化。

（4）合金元素　在普通黄铜中加入 Fe、Mn 和 Si 等元素后，经过合适的热处理，可在基体中形成 Mn_5Si_3 或 Fe_3Si 颗粒相，从而可大幅度提高黄铜的强度和耐磨损性能。对这类黄铜进行淬火和回火处理，可改变显微组织中颗粒相的粒度、分布和致密度，从而可进一步改善材料的性能，尤其是当合理地控制回火温度和时间，使显微组织中出现少量 α 相时，可使材料的耐磨损性能达到最佳状态。S. F. Li 等[15] 将合金以粉末冶金的方式，通过提高热处理温度，研究了质量分数为 1.0% 的 Ti 对 Cu40%Zn 黄铜中相转变、析出物行为以及显微硬度的影响。他们发现随着热处理温度的升高 α 相含量增加，但 Ti 的固溶度却不断下降；沉淀相以 Cu_2TiZn 金属间化合物（如图 3-16 所示）的形式均匀地分布在铜基体上，抑制了相和晶粒的长大。Mg 对黄铜的组织也会产生明显的影响。Haruhiko Atsumi 等[16] 通过粉末技术工艺研究了 Mg 元素对 Cu40%Zn 黄铜组织和性能的影响。他们通过 SPS（spark plasma sintering）设备将质量分数为 0.5%～1.5% 纯 Mg 粉末加入简单黄铜当中，并通过光学显微镜观察了该组织的结构，如图 3-17 所示，从中不难发现 Mg 含量对 α 相、β 相及 IMC 相的形态、数量和分布产生显著的影响。此外，在简单黄铜中加入 Al 可起到固溶强化的作用，这是因为 Al 是强烈的 β 相稳定元素，它的加入可以使 Cu-Zn 二元相图的 α+β 相区向富铜的方向移动。

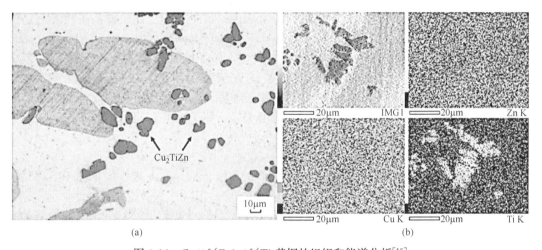

图 3-16　Cu40%Zn1.0%Ti 黄铜的组织和能谱分析[15]

3.1.3　海洋工程用黄铜的常见腐蚀类型

黄铜在许多行业中有着较为广泛的应用，常用于制作冷凝管、热交换管以及制糖、制盐的蒸馏管等[17]。在服役状态下，黄铜会受到各种因素（应力的作用、含有侵蚀性离子的溶液、含氧量、流速、溶液 pH 值等）的影响从而发生多种形式的腐蚀。在常见的腐蚀类型中，黄铜经常会发生脱成分腐蚀、应力腐蚀、点蚀和冲刷腐蚀，其中最常见的是脱成分腐蚀（主要是脱锌腐蚀）和应力腐蚀（包括应力腐蚀破坏和腐蚀疲劳）。

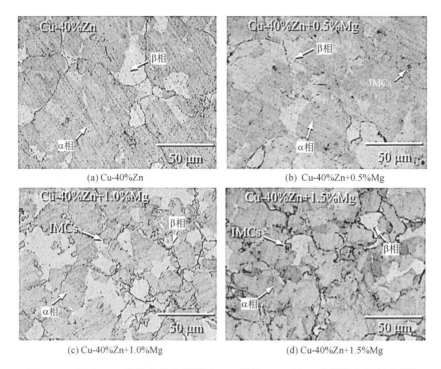

图 3-17 通过 SPS 设备获得的不同含 Mg 量的 Cu40％Zn 黄铜的组织结构[16]

3.1.3.1 脱成分腐蚀

脱成分腐蚀（dealloying corrosion）是指在金属腐蚀过程中，由于表面上某些特定部位产生选择性溶解的现象，又称成分选择性腐蚀（selective corrosion）。比较典型的代表就是黄铜脱锌。

脱成分腐蚀起源于合金组分间的电偶序的差异，但在腐蚀介质的作用下却表现为腐蚀行为各异。与介质反应时活性大的组分会被优先氧化、溶解，稳定组分则残留下来。M. J. Pryor 等[18] 通过相关的实验研究发现，部分铜基二元合金脱成分动力学按照如下的顺序降低：Cu-Al＞Cu-Mn＞Cu-Zn＞Cu-Ni。对于溶质 Al 和 Zn 而言，脱成分动力学可表示成如下的关系式：

$$\lg S_e = KC_s$$

式中，S_e 表示过量溶解的溶质；C_s 表示溶质的原子分数；K 是定性的依赖于溶质元素可逆电势的量。

黄铜的脱锌腐蚀是最为普遍的脱成分腐蚀。黄铜脱锌的表现形式有均匀的层状脱锌和不均匀的带状或栓状脱锌两种。前者导致合金表面层变为力学性能脆弱的铜层，强度下降；后者使得脱锌的腐蚀产物变为丧失强度的疏松多孔的铜残渣，容易早期穿孔，危害性更大。一般而言，简单黄铜多见层状脱锌；而耐腐蚀的复杂黄铜则多见栓状脱锌。黄铜在腐蚀性强的介质中，如弱酸、弱碱或海水，易发生层状脱锌；而在腐蚀性弱的介质中，如河水，反而容易发生栓状脱锌。

影响黄铜脱锌腐蚀的因素主要有合金组织结构因素和外部环境因素。从相组成看，含锌量大于 20％ 的单相黄铜，脱锌后留下多孔的铜。而 α＋β 双相黄铜的脱锌，首先是从 β 相开始的，β 相完全转变为疏松的铜后再扩展到 α 相。北京有色金属研究总院的严宇民、林乐耘等[19] 通过对实海暴露 4 年的 HMn58-2 板进行表面分析和电化学分析得知，HMn58-2 板在海水中的腐蚀是以选择性的脱锌腐蚀为主，脱锌是从 β 相开始然后蔓延至 α 相的。含锌量更高的

ε相或 γ 相黄铜会发生 ε-γ-β-α 的相转变，转变的程度依据脱锌时间、介质和外加电位等外部条件的变化而改变。黄桂桥等人研究了多种牌号的铜合金在青岛海域的脱成分腐蚀特征，发现 HMn58-2 双相黄铜在海水中的脱锌也是从 β 相开始，逐渐向纵深发展，使腐蚀区的 α 相晶粒成为孤岛，腐蚀区的 α 相晶粒也会受到腐蚀；β 相不连续的 HSn62-1 双相黄铜在海水中的脱锌腐蚀也是从 β 相开始，并通过 α 相晶界发展到另一个 β 相晶粒。进入腐蚀区的 α 相晶粒也会发生脱锌腐蚀，但 HSn62-1 的脱锌腐蚀比 HMn58-2 轻得多。在飞溅区暴露的 HSn70-1 脱锌腐蚀沿晶界发展，使晶粒与其基体分开进入腐蚀区。通常，黄铜中含锌值越高，越容易脱锌，脱锌速度也越快。

黄铜脱锌的机理目前主要存在以下几种机制。优先溶解机制认为，在黄铜腐蚀过程中，合金表面的锌首先发生选择性溶解，然后合金内部的锌通过空位扩散继续溶解，电位较正的铜元素被遗留下来而呈疏松状的铜层，但这种理论难以说明脱锌造成的脆性开裂深度（约 5mm）与锌在室温下扩散系数（$10^{-34} \text{cm}^2/\text{s}$）太低之间的矛盾。溶解-再沉积机制认为黄铜表面上的锌和铜一起溶解。锌留在溶液中，而铜在靠近溶解处的表面上迅速析出从而重新沉积在基体上[20]。Pickerin 和 Wagner[21] 提出了锌的优先溶解双空位机制。他们认为在腐蚀过程中表面的锌首先通过阳极溶解产生双空位，然后由于浓度梯度的影响，双空位向合金内部扩散，锌原子向表面扩散，产生锌的优先溶解。此外还存在黄铜脱锌的渗流机制。Sieradzki 和 Newman[22~24] 对无序二元或两相合金如 Cu-Zn 黄铜提出了渗流模型，认为在二元合金或两相合金中，随着溶质原子浓度的增加或某一相所占百分数的增加，当溶质原子浓度或某相所占百分数超过某一临界值（渗流阈值）后，就会在合金内部出现由此溶质原子或某相近邻或次近邻原子组成的无限长的连通的通道，并认为黄铜的脱锌就是沿着这条由 Zn 原子组成的通道发生锌的优先溶解，从而出现坑道状或栓状的脱锌腐蚀特征。

防止黄铜脱锌腐蚀主要从冶金方面入手，其次也可从改善环境方面考虑。改善腐蚀环境如采用阴极保护、降低介质浸蚀性、添加缓蚀剂等，虽然是防止黄铜脱锌较好的措施，但由于受工况条件的限制，并不能完全抑制黄铜的脱锌。只有通过冶金化方法提高黄铜自身的抗脱锌能力，才能从根本上杜绝黄铜脱锌腐蚀的发生。如采用锌含量较低的红黄铜（Zn 质量分数 15%），几乎不产生脱锌（但该合金不耐冲蚀）；或在黄铜中加入砷、硼、锑、磷、锡、铝、稀土等合金元素，这些元素都能在不同程度上防止 α 黄铜的脱锌，但对 α+β 双相黄铜的抑制效果不大。在这些元素中尤以加 As、B 的效果最佳，此外，稀土元素也能较好地抑制脱锌腐蚀。

3.1.3.2 点蚀

点蚀（pitting）是局部腐蚀的一种，指在金属表面部分地区出现向纵深发展的侵蚀小孔（一般孔深大于孔径），其余部分不腐蚀或者轻微腐蚀的现象。点蚀主要有以下四个破坏特征[25]。①破坏高度集中。点蚀在钝态和非钝态金属表面上都能发生，但发生最多、危害最大的是钝态金属表面的孔蚀，在钝态金属表面上，腐蚀集中在狭小的孔内，孔外钝态金属表面腐蚀极小，点蚀造成的失重量是很小的。②点蚀分布不均匀，有的地方密集，有的地方稀疏，点蚀深度也各不相同。点蚀的深度和密度都与暴露面积有关。试样表面积越大，出现某一深度蚀孔的概率越大。③蚀孔通常沿重力方向发展并向金属内部进行深挖，因此水平放置时试样表面蚀孔会较多。④点蚀的发生有一定的孕育期，孕育期越长代表引发点蚀的速率越小。

在钝态金属表面，点蚀会优先在一些较为敏感的位置上形成，这些敏感位置有晶格缺陷、晶界、非金属夹杂、保护膜或钝化膜的薄弱点等。当溶液中含有活性离子，例如 Cl^-、S^{2-}，这些活性离子很容易在这些敏感位置上吸附，将氧原子排挤掉，使钝化膜局部破坏，从而使钝化膜的溶解、生成动态平衡被打破。钝化膜局部溶解，露出基体金属，形成点蚀核，点蚀核长大便成为宏观的蚀孔，并不断向金属内部深挖，点蚀不断增大直至穿孔。

关于铜在充气供水中的点蚀，尤利格腐蚀手册[26]中阐述的腐蚀机制如下所示：

$$Cu^+ + Cl^- \rightleftharpoons CuCl$$

CuCl 经过水解生成 Cu_2O，这种物质会在金属表面沉淀：

$$2CuCl + H_2O \rightleftharpoons Cu_2O + 2HCl$$

维持阳极溶解过程的阴极反应是氧气的还原：

$$O_2 + 2H_2O + 4e^- \rightleftharpoons 4OH^-$$

要使腐蚀进行下去，在阴极区生成的氢氧根离子必须被去除。这种过程在酸性供给水或含有碳酸氢根离子的水中发生得更快：

$$OH^- + HCO_3^- \rightleftharpoons CO_3^{2-} + H_2O$$

最终的反应会产生由碳酸钙和碱式碳酸铜组成的混合沉淀。

点蚀的预防可以通过加入抑制剂来实现。抑制剂对点蚀的抑制效果可以通过测量点蚀电位来评估[27]。在欧洲和日本，通常采用亚铁离子注入的方法来保护污水中的铝、黄铜和白铜管件[26]，亚铁离子的保护作用，是由于 Fe^{2+}-FeOOH 氧化还原电偶，能够使管件表面的电位高于保护电位，且保护电位对铜合金及含有氯化物的水溶液同样有效。同时，当亚铁离子在水中被直接溶解氧化形成胶体时，在电泳的作用下，这些胶体会黏附到管件壁上形成由 FeOOH 组成的保护膜。除了注入亚铁离子进行保护之外，保证氧或氧化性溶液的均匀性，避免卤素离子集中，搅拌溶液和避免有液体不流动的小块区域，在腐蚀性介质中加入钝化剂，采用阴极保护等方法都是行之有效的防止点蚀的方法。在这些方法中，采用阴极保护的方法在工程中经常用到。V. F. Lucey 在对供给水中铜的腐蚀机理进行的研究中，采用将铝作为阳极的牺牲阳极的阴极保护法，将铜的电位控制在 90mV 以下，避免了点蚀的发生[28]。有依据表明，通过把低碳钢、锌或铝与阴极保护下的不锈钢进行电偶合，将不会在海水中出现点蚀。

3.1.3.3 应力腐蚀

应力腐蚀是应力和环境腐蚀的联合作用造成的金属破坏，在一定静应力作用下，称为应力腐蚀断裂（stress corrosion crack），记为 SCC；在循环应力作用下，称为腐蚀疲劳（corrosion fatigue），记为 CF。

（1）应力腐蚀断裂（SCC）　纯金属发生应力腐蚀断裂的情况极少，通常只有合金才会发生应力腐蚀断裂。合金发生应力腐蚀断裂需要特定的环境下。只有拉应力才会引起应力腐蚀断裂，压应力反而阻止或延缓应力腐蚀断裂的发生。拉应力的来源包括载荷和残余应力，在设备加工、安装和焊接过程中造成的残余应力是拉应力的主要来源[25]。除此之外，腐蚀产物体积膨胀的楔入也是一种应力来源。同时发生应力腐蚀断裂需要材料和环境的特殊组合，如铜和铜合金在氨蒸气、汞盐溶液、含 SO_2 的大气中都会发生应力腐蚀断裂，特别是黄铜，其在含有 NH_4^+ 的腐蚀介质中极易发生应力腐蚀断裂。发生应力腐蚀断裂需要三个必要条件：敏感的合金、特殊的介质和一定的静应力。

应力腐蚀断裂的各种特征可以概括为力学特征和断裂特征两个方面。力学特征主要表现为三点：①拉应力和水溶液协同作用引起的开裂；②一种远低于屈服强度作用下发生的开裂；③一种延迟（滞后）断裂。应力腐蚀断裂的断裂特征有：①外表面上的裂纹走向呈"树枝状"，树干为主裂纹，树根指向裂纹源；②裂纹扩展可以是穿晶型的，可以是沿晶型的，也可以是混合型的；③穿晶扩展断口多半呈解理、准解理，有时混有少量沿晶或韧窝；④沿晶扩展断口呈冰糖状，有时也混有少量准解理或沿晶韧窝。对于 α-黄铜而言，若腐蚀介质是具有氧化性的含 NH_4^+ 的水溶液，则发生的应力腐蚀断裂是沿晶型的；然而在非氧化性的含 NH_4^+ 的水溶液中，应力腐蚀断裂是穿晶型的。

应力腐蚀断裂的机理主要有两种：阳极溶解机理和氢致开裂机理。阳极溶解机理认为金属内存在一定的活性区，这种活性区可以是预先存在的，也可以是应变所产生的，活性区在应力与腐蚀的协同作用下加速溶解，使裂纹不断扩展，当应力超过临界应力时材料发生应力腐蚀破坏。该机理有力地说明了应力腐蚀断裂的主要特征——腐蚀介质是特定的。因为只有在活化-钝化或钝化-再活化的很窄的电位范围内，才能产生应力腐蚀断裂，许多实验结果也证实了这种推论。氢致开裂机理（也称氢脆机理）认为蚀坑或裂纹内形成闭塞电池，局部平衡使裂纹根部或蚀坑底部具备低的 pH 值，满足放氢阴极反应的必要条件，使阴极反应产生的氢控制了应力腐蚀裂纹的形核和扩展过程，促进了黄铜的应力腐蚀断裂。氢促进应力腐蚀断裂可能是由于氢的存在降低了表面钝化膜的稳定性，也可能是促进了原子的可动性，从而使腐蚀速率增加。

对于铜合金应力腐蚀断裂的预防，通常是在设备或者部件表面引入压应力层避免裂纹源的扩展，或者通过消除环境中的敏感介质来进行预防。

（2）腐蚀疲劳（CF）　腐蚀疲劳是重复的交变应力与化学介质协同作用下引起的材料破坏现象。黄铜部件发生腐蚀疲劳的现象在海洋工程中屡见不鲜，如船舶推进器、涡轮和涡轮叶片、船用螺旋桨和输水管路的弯管处等都常常发生腐蚀疲劳而破坏。腐蚀疲劳不像应力腐蚀破坏那样需要特定的材料—环境组合，任何金属在任何介质中都能发生腐蚀疲劳。材料的腐蚀疲劳极限几乎取决于材料在使用环境中的耐蚀性，在耐蚀性较强的环境中材料的腐蚀疲劳极限较低，其疲劳裂纹主要为穿晶型，发展速度较慢。

一般用金属材料的疲劳机理和电化学腐蚀作用机理结合来说明腐蚀疲劳的机理。材料的疲劳裂纹起源于蚀孔或其他局部腐蚀。孔蚀或其他局部腐蚀造成缺口、缝隙，引起应力集中，造成滑移，滑移台阶的腐蚀溶解使逆向加载时表面不能复原，成为裂纹源。反复加载使裂纹不断扩展，腐蚀作用使裂纹扩展速度加快。

3. 1. 3. 4　冲刷腐蚀

由于黄铜在舰船、海水淡化厂以及滨海发电站的输水管路中有着较为广泛的应用，而管路中输送的介质往往并非一种，有时甚至含有气相、液相和固相的多种腐蚀介质，因此不可避免地会发生冲刷腐蚀（erosion-corrosion）。所谓的冲刷腐蚀是指高速流动的腐蚀介质（气相或液相）与金属产生的相对运动造成金属材料的腐蚀或者破坏，也称为磨损腐蚀[29]。冲刷腐蚀是机械磨损与介质腐蚀的联合作用造成的腐蚀破坏形态。冲刷导致金属或者合金表面的保护膜减薄甚至破坏，促进了腐蚀介质进入基体，加速了腐蚀进程；同时腐蚀的加剧导致表面膜与基体的结合力下降，使得冲刷效果更加明显，二者相互促进，最终造成材料的严重破坏。

冲刷腐蚀按照介质的不同可分为：单相流冲刷腐蚀、双相流冲刷腐蚀以及多相流冲刷腐蚀。单相流冲刷腐蚀是由单相气体或液体的流动冲刷引起的；双相流冲刷腐蚀是生产过程中最常见的冲刷腐蚀，包括液固两相、气固两相和气液两相冲刷腐蚀；多相流冲刷腐蚀是由三种（如气、液、固三相同时存在）或三种以上的相流引起的冲刷腐蚀破坏。上述三类冲刷腐蚀在工业中出现的实例如表 3-3 所示。

表 3-3　冲刷腐蚀在工业上的实例

冲刷腐蚀类型	工业实例
单相流冲刷腐蚀	弯头、三通、换热器进口等
双相流冲刷腐蚀	换热器、冷凝器、发电厂的汽轮机、海水管道等
多相流冲刷腐蚀	油气开采、泥浆搅拌器等

根据 E. Heitz 的理论，我们可将冲刷腐蚀分为受传递与反应过程控制、受力和化学过程控制两大类。在低流速阶段，冲刷腐蚀主要受传质过程控制；在高流速阶段，介质流动会对金属等材料表面产生明显的力的作用，使得金属或者合金等材料表面保护膜减薄甚至破坏，加速了腐蚀介质进入基体材料，加速了腐蚀过程的进行。

关于冲刷腐蚀造成材料的损失，我们可以用如下公式来表示：

$$W_t = W_c + W_e \tag{3-1}$$

式中，W_t 表示冲刷腐蚀造成的总失重率；W_c 代表以离子形式脱离材料表面的腐蚀分量；W_e 表示以固体颗粒形式脱离材料表面的冲刷分量。

由于冲刷腐蚀是冲刷和腐蚀共同作用的结果，为了探究腐蚀对磨损的作用以及磨损对腐蚀的作用，我们引入如下公式：

$$W_t = W_{co} + W_{eo} + W_{ce} \tag{3-2}$$

式中，W_t 表示冲刷腐蚀造成的总失重率；W_{co} 表示纯腐蚀失重率；W_{eo} 表示纯冲刷失重率；W_{ce} 表示交互作用失重率。用公式（3-1）－式（3-2）得到：

$$W_c + W_e - W_{co} - W_{eo} - W_{ce} = 0 \tag{3-3}$$

变形得：

$$W_{ce} = (W_c - W_{co}) + (W_e - W_{eo}) \tag{3-4}$$

通过用 $\Delta W_c = W_c - W_{co}$ 代表冲刷引起的腐蚀增量，$\Delta W_e = W_e - W_{eo}$ 代表腐蚀引起的冲刷增量[30] 得到如下结果：

$$W_{ce} = \Delta W_c + \Delta W_e \tag{3-5}$$

影响黄铜冲刷腐蚀的因素有很多，其中最为常见的是流速、溶氧量、介质（泥沙）、过流部件的形状等。

（1）流速　流速对冲刷腐蚀的影响是多方面的。若流动的液体有利于金属的钝化，流速的增加会使腐蚀速度下降，同时流动的海水还能消除孔蚀等局部腐蚀的发生。若海水的流速较大，对材料表面产生的剪切力大于保护膜与基体金属的结合力，材料将会产生严重的冲刷腐蚀破坏。因此，金属及其合金会存在一个临界流速，若超过临界速度将会使材料破坏。

（2）溶氧量　在温度较为稳定的海水中，氧到金属表面的扩散含量会随溶解氧浓度的增加而增加，这会使得阴极的吸氧反应速率增加，腐蚀速率增加。

（3）介质　流动的海水中必然含有泥沙等介质，这些介质的存在会使材料的表面产生塑性变形，导致材料表面的粗糙度增加，而粗糙度的增加会使得海水对材料的表面膜的剪切力增加，从而加速冲刷腐蚀的发生。研究发现，随着介质粒子的增大，冲刷腐蚀速率加快。

（4）过流部件的形状[31]　若设备或者构件形状不规则使流动截面突然变化（如换热器进口）、流动方向突然变化（如弯头、三通），造成湍流或者冲击，则磨损腐蚀破坏大大增加[32]。

3.1.3.5　晶间腐蚀

黄铜是由多晶体组成的，由于晶粒之间存在晶界，在适宜的腐蚀性介质中会发生沿晶界发生和发展的局部腐蚀破坏形态，即所谓的晶间腐蚀（intergranular corrosion）。晶间腐蚀是沿着金属晶粒间的分界面向内部扩展的腐蚀，主要由于晶粒表面和内部间化学成分的差异以及晶界杂质或内应力的存在。晶间腐蚀破坏晶粒间的结合，大大降低金属的机械强度。而且腐蚀发生后金属和合金的表面仍保持一定的金属光泽，看不出被破坏的迹象，但晶粒间结合力显著减弱，力学性能恶化，不能经受敲击，所以是一种很危险的腐蚀。

工程实际中，黄铜发生晶间腐蚀的例子屡见不鲜。Zeytin 对海军黄铜在冷凝水中的腐蚀进行了分析，发现腐蚀产物在试样表面沉积易引发晶间腐蚀。造成晶间腐蚀的原因有很多，晶界处杂质的偏聚产生晶界的吸附现象，第二相的沉淀现象，成分的不均匀导致的电化学性质的不均匀等都是造成晶间腐蚀的原因。关于晶间腐蚀的原因很多，贫化理论在实践和理论上都已得到证实。

3.1.4　黄铜的腐蚀产物膜

3.1.4.1　黄铜腐蚀产物膜的成分

　　黄铜发生腐蚀生成的腐蚀产物包括两部分，一部分是在发生化学作用时，在金属表面直接生成的产物；另一部分是由靠近金属表面的液层中的组分变化引起的次生反应所产生并黏附在金属表面的产物，这些腐蚀产物往往成膜覆盖在金属表面。黄铜的腐蚀在许多文献中已经提到过。对于不同类型的黄铜，它们的腐蚀产物膜的结构和腐蚀产物都会有所差异。林高用等[32]通过 EIS 和 SEM 等对添加少量稀土元素的铝黄铜在流动及静止海水中的腐蚀行为及腐蚀产物进行了研究。他们发现含有少量稀土元素的铝黄铜腐蚀产物膜分为两层，外层膜主要含有 Zn 或 Cu 的氯化物 $(Cu，Zn)_2Cl(OH)_3$、$Cu(OH)Cl$ 和 $CuCl_2 \cdot 3Cu(OH)_2$，内层膜主要含有 Al_2O_3 和少量的稀土化合物，该铝黄铜的耐蚀性主要取决于内层膜。Y. C. Su 等[33] 对比研究了浸泡在质量分数为 3.5% 的 NaCl 溶液中的 Cu-30Ni 和 Cu-20Zn-10Ni 的电化学行为，他们发现 Cu-20Zn-10Ni 的腐蚀产物膜也分为两层，内层膜主要是含有 P 型半导体的 Cu_2O 层，这层膜比较完整、致密并且与基体结合比较紧密，是决定该镍黄铜耐蚀性的根本原因；外层膜主要含有 $(Cu，Zn)_2Cl(OH)_3$ 化合物，耐蚀性能一般。他们认为，在一定程度上 Cu-20Zn-10Ni 镍黄铜可以代替 Cu-30Ni 白铜应用于含有 Cl^- 的腐蚀环境中。Bond[34] 研究了手的汗液对黄铜（67%Cu、33%Zn）造成的潜在腐蚀，结果表明在黄铜表面形成的腐蚀产物层是一半导体层，这层半导体由金属的氧化物组成，主要是 P 型 CuO 和 Cu_2O 半导体。Ken Nobe 等[35] 利用旋转圆盘电极研究了富 Cu 的 Cu-Zn 合金在含有苯并三唑缓蚀剂的 NaCl 溶液中的电溶解行为。实验结果表明，在电溶解的过程当中形成了双层膜，内层为无孔的 Cu（Ⅰ）-BTA 层，外层为多孔的 CuCl 层。L. V. Ponce 等[36] 研究了激光处理对表面自然腐蚀的 $Cu_{0.64}Zn_{0.36}$ 黄铜的影响。他们分析了 $Cu_{0.64}Zn_{0.36}$ 黄铜表面的形貌（如图 3-18 所示）和成分（如表 3-4 所示）。Zhu XiaoLoong 等[37] 研究了仿金黄铜——CuZnAlNiSnBRe 在盐雾溅射环境下的腐蚀行为。他们借助 X 射线光电子能谱和电化学工作站等设备，确定腐蚀产物中包含了 CuO、Cu_2O、ZnO、Al_2O_3 和 $Al(OH)_3$，其中 Cu、Zn、Al、O 对应的 XPS 谱图和相应数据分别如图 3-19～图 3-22 所示。

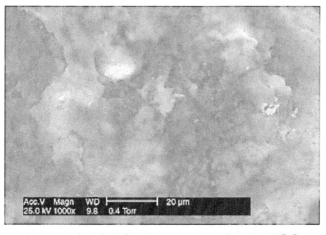

图 3-18　表面自然腐蚀的 $Cu_{0.64}Zn_{0.36}$ 黄铜的形貌[36]

表 3-4　$Cu_{0.64}Zn_{0.36}$ 黄铜表面腐蚀产物的各元素的原子分数

元素	原子分数/%	元素	原子分数/%
Cu	15.52	C	41.18
Zn	20.98	S	2.39
O	18.88	Cl	1.05

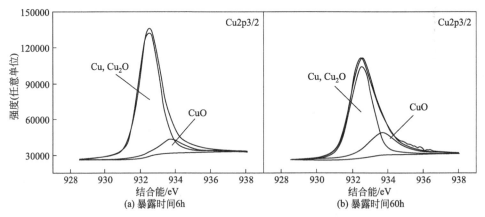

图 3-19　暴露在盐雾溅射环境中的黄铜腐蚀产物膜的 Cu 的 XPS 谱图及分峰

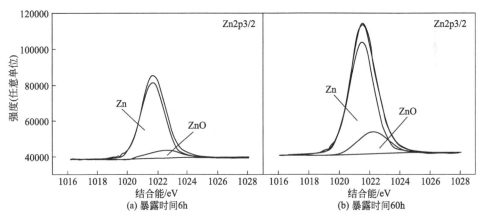

图 3-20　暴露在盐雾溅射环境中黄铜腐蚀产物膜的 Zn 的 XPS 谱图及分峰

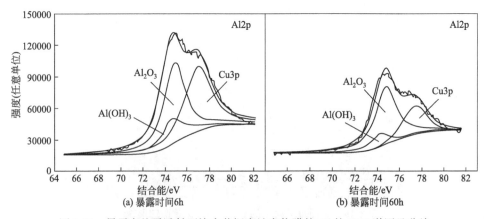

图 3-21　暴露在盐雾溅射环境中黄铜腐蚀产物膜的 Al 的 XPS 谱图及分峰

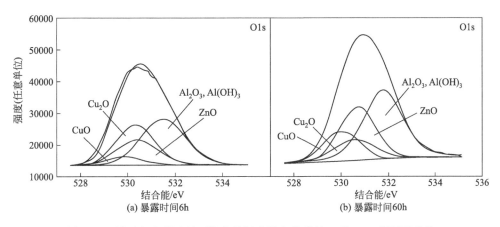

图 3-22　暴露在盐雾溅射环境中黄铜腐蚀产物膜的 O 的 XPS 谱图及分峰

3.1.4.2　黄铜腐蚀产物膜的结构

朱小龙等[37] 研究了仿金黄铜——CuZnAlNiSnBRe 在盐雾溅射环境下的腐蚀行为。他们通过 X 射线光电子能谱和电化学设备发现，该黄铜较目前使用的黄铜——H7211（中国 5 角硬币上使用的黄铜材料）具有更好的耐颜色退化性和耐蚀性。其不同暴露时间的扫描电镜图片如图 3-23 所示，其等效电路及腐蚀产物膜的结构如图 3-24 所示。

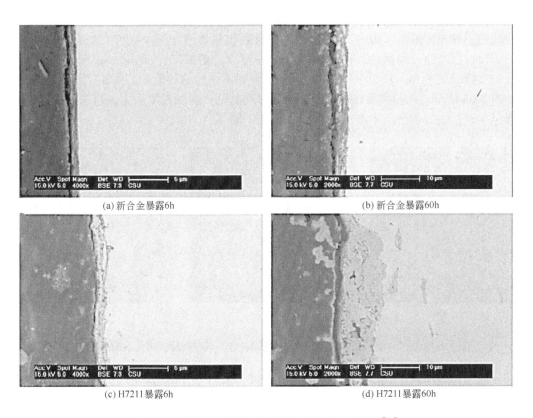

图 3-23　黄铜在盐雾溅射环境中的扫描电镜图片[37]

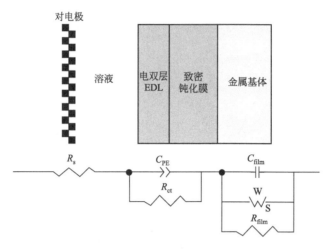

图 3-24　暴露在盐雾溅射环境中的黄铜的物理模型及等效电路[37]

3.1.5　影响黄铜耐蚀性能的因素

3.1.5.1　合金元素

（1）硅　铜-锌合金中加入 1％硅后的组织，即相当于铜-锌合金中增加 10％锌的组织，即称硅的"锌当量系数"为 10。硅的锌当量系数为正值，急剧缩小 α 区。

（2）镍　在铜-锌合金中加入 1％镍，则合金的组织相当于合金中减少 1.5％锌的合金组织，故镍的"锌当量系数"为－1.5，镍的锌当量系数是负值，使 α 区扩大。镍能提高黄铜的强度、韧性、耐蚀性及耐磨性，使得黄铜可以进行冷、热加工。Seungman Sohn 等[38] 通过静态极化实验研究了 Ni（0.5％）对 60Cu-40Zn 黄铜腐蚀行为的影响，其极化不同时间的腐蚀形貌如图 3-25 所示。从图中可以看出随着极化时间的延长腐蚀程度加深，与未添加 Ni 元素的原始合金（如图 3-26 所示）相比合金的耐蚀性能下降了。

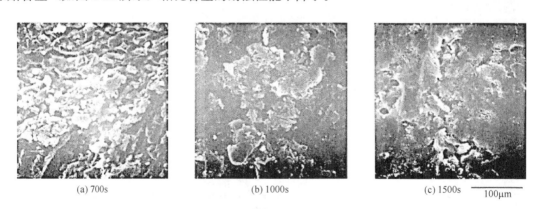

(a) 700s　　　　　　　　　(b) 1000s　　　　　　　　　(c) 1500s　　　100μm

图 3-25　含 Ni（0.5％）的 60Cu-40Zn 黄铜经过不同时间静态极化后的腐蚀形貌

（3）锡　锡抑制黄铜脱锌，提高黄铜的耐蚀性。锡黄铜在淡水及海水中均耐蚀，故称"海军黄铜"。加入 0.02％～0.05％As 可进一步提高耐蚀性。锡还能提高合金的强度和硬度。常用锡黄铜含 1％Sn，含锡量过高会降低合金的塑性。

（4）铝　黄铜中加入少量铝能在合金表面形成坚固的氧化膜，提高合金对气体、溶液、高速海水的耐蚀性；铝的锌当量系数高，形成 β 相的趋势大，强化效果高，能显著提高合金的强度和硬度。铝含量增高时，将出现 γ 相，剧烈降低塑性，使合金的晶粒粗化。为了使

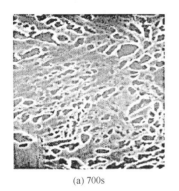 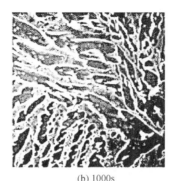 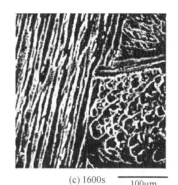

(a) 700s　　　　　　　　　(b) 1000s　　　　　　　　　(c) 1600s　　100μm

图 3-26　原始 60Cu-40Zn 黄铜经过不同时间静态极化后的腐蚀形貌

合金能进行冷变形，铝含量应低于 4%。含 2%Al、20%Zn 的铝黄铜，其热塑性最高。为了进一步提高铝黄铜的抗脱锌腐蚀能力，常加入 0.05%As 及 0.01%Be 或 0.4%Sb 及 0.01%Be。铝黄铜以 HAl77-2 用量最大，主要是制成高强、耐蚀的管材，广泛用作海船和发电站的冷凝器等。铝黄铜的颜色随成分而变化，通过调整成分，可获得金黄色的铝黄铜，作为金粉涂料的代用品。

（5）锰　锰起固溶强化作用，少量的锰可提高黄铜的强度、硬度。锰黄铜能较好地承受热、冷压力加工。锰能显著提高黄铜在海水、氯化物和过热蒸汽中的耐蚀性。锰黄铜特别是同时加有铝、锡或铁的锰黄铜广泛用于造船及军工等部门。Cu-Zn-Mn 系合金的颜色与锰含量有关，随 Mn 含量的增加，其颜色逐渐由红变黄，由黄变白，含 63.5%Cu、24.5%Zn、12%Mn 的黄铜，具有良好的力学性能、工艺性能和耐蚀性，已部分替代含镍白铜应用于工业上。

（6）铁　微量的铁能够细化黄铜铸造组织，并抑制退火时的晶粒长大。铁在 α 中的溶解度为 1%，且溶解度随 Zn 含量的增加而减少。由于铁的溶解度随温度而变化，因而具有析出硬化效果，提高了黄铜的强度、硬度和改善了黄铜的减摩性能，但对黄铜的耐蚀性不利，为了消除这种有害作用，铁常与锰配合使用，以改善耐蚀性。铁黄铜用于制造舰船和电信工业的摩擦件、阀体及旋塞等。

（7）铅　铅元素的加入能够提高黄铜的切削加工性能，然而铅是一种有毒的物质，对于环境和人体都是有害的，所以寻找铅的可替代元素显得尤为重要。Bi、Si、Se 和石墨颗粒作为铅的替代品用于提高黄铜的切削加工性能受到人们的关注[39~42]。Hisashi Imai 等通过在黄铜中加入适量的 Bi 和石墨颗粒，获得了具有良好力学性能和切削加工性能，同时对人体和环境不产生伤害的无铅黄铜。Bi 和石墨颗粒的同时加入克服了单纯加入 Bi 元素导致的切削加工性能差、延伸率低的不足，同时也克服了单纯加入石墨颗粒造成的成分不均匀以及烧损严重的缺陷[43]。

（8）镁　镁元素对黄铜的性能也有重要的影响。Haruhiko Atsumi 等研究了在黄铜（Cu+40% Zn）中添加质量分数为 0.5%~1.5% 的 Mg 对其力学性能的影响。他们通过实验发现在 α+β 双相黄铜中存在平均尺寸为 10~30μm 的含 Mg 金属间化合物，通过在 973K 下保温 15min 的热处理工艺可使这种金属间化合物完全溶于 α+β 相黄铜中。当 Mg 含量为 1.0% 时，通过合适的热处理工艺，黄铜的屈服强度、拉伸强度以及伸长率都有了明显的提高[44]。

（9）钛　钛元素的加入能够显著改善黄铜的力学性能，起到明显的沉淀硬化效果。早期人们很少关注 Ti 在黄铜中的影响，主要是因为 Ti 在黄铜中的溶解度较低，在固溶温度范围内容易产生晶粒粗化，造成固溶强化效果不好[45]。快速凝固技术的出现使得在黄铜基体中获得过饱和量的 Ti 元素成为可能，同时 Ti 元素会以较细的第三相的形式沉淀在基体相当中，起到显著的析出硬化效果[45]。Seungman Sohn 等[38] 通过静态极化实验研究了 Ti（0.7%）对 60Cu-40Zn 黄铜腐蚀行为的影响，其极化不同时间的腐蚀形貌如图 3-27 所示。从图中可以看出极化时间为 700s 时出现一些拉长颗粒，进一步极化时出现了针状、条状颗粒覆盖在整个裸露的表面。通过 EDAX 进行分析得知，这层膜是关于 Ti 的氧化膜，它紧密地覆盖在合金表面增强了合金的耐蚀性能。

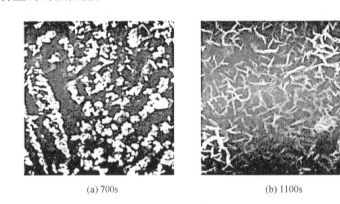
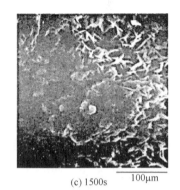

(a) 700s   (b) 1100s   (c) 1500s $\overline{100\mu m}$

图 3-27 含 Ti（0.7%）的 60Cu-40Zn 黄铜经过不同时间静态极化后的腐蚀形貌

（10）硼 1984 年 To Ivanen 首次在铸造 Cu-Zn 双相黄铜中加入微量硼，证实了微量硼能够改善黄铜的抗脱锌能力。王吉会等人对加硼黄铜的组织和性能进行了研究，并取得了有益的实验结果，他们发现硼在黄铜中，一方面能细化黄铜的组织，提高黄铜的强度和硬度；另一方面，硼能占据或扩散进入双空位，减缓双空位的迁移速度，从而提高黄铜的抗脱锌能力。实验中发现硼的添加量在 0.002%～0.01%（质量分数）就能显著地改善黄铜的力学和抗脱锌性能，但是当硼加入量大于 0.02% 后，由于硼在黄铜中的溶解度不大，它将开始以硼化物夹杂的形式析出，黄铜的强度和硬度不再增加，抗脱锌性能开始降低。

（11）砷 自 1924 年 May 首先报道在黄铜中加入微量砷抑制黄铜脱锌腐蚀以来，人们对砷在抑制黄铜脱锌腐蚀过程中的作用和机制进行了大量的实验研究，结果表明添加质量分数为 0.02%～0.06% 的砷就能有效地抑制黄铜脱锌，过量的砷（质量分数为 0.06%～0.12%）会增加黄铜应力腐蚀断裂的敏感性，因此绝大多数国家规定，黄铜中砷的加入量为 0.02%～0.06%（质量分数）。然而，砷是剧毒元素，生产过程中挥发出来的有毒蒸气污染环境，并严重影响工人的身体健康；使用过程中砷也会逐渐渗透出来，危害人类的健康。人们一直在寻找砷的替代元素，然而，仍未有实质性的突破。

（12）稀土元素 由于稀土元素具有独特的物理和化学性质，不少学者开始向黄铜中添加微量的稀土元素来改善黄铜的脱锌腐蚀性能。通常认为稀土在黄铜中起到以下作用：

① 消除黄铜基体杂质，减少原电池数目。黄铜中含有 O、S 等杂质元素，容易和基体形成原电池，加速腐蚀。稀土与 O 之间具有很高的亲和力，能与 O、S 生成高熔点、低密度的稀土化合物，容易上浮到渣中，从而净化基体，降低腐蚀速度。

② 在黄铜表面形成致密的氧化层，阻止 Zn、Cu 原子扩散。稀土加入黄铜中，在其表面氧化层下形成了一层极薄但致密的含稀土氧化层，能阻止 Zn、Cu 原子向外扩散，从而延缓腐蚀，提高合金的耐腐蚀性能。

③ 提高黄铜的电位有利于提高它的耐蚀性能。

除此之外稀土元素还具有净化、强化晶界，对组织进行微合金化的作用。铜及其合金中的低熔点杂质，如铅、铋和硫等，大多不熔于铜，对铜及某些铜合金的加工产生有害影响。原因是铅和铋与铜生成低熔点共晶体（Cu＋Pb）和（Cu＋Bi），以网状沿晶界分布，在热轧时导致开裂，即所谓"热脆性"；硫和氧与铜生成熔点分别为1067℃和1065℃的（Cu＋Cu₂S）及（Cu＋Cu₂O）共晶体脆性相，冷加工时引起"冷脆性"。稀土元素化学活性强，能与许多易熔成分生成难熔的二元或多元化合物。例如稀土与低熔点元素硫（95℃）、磷（44℃）、硒（220℃）、锡（232℃）、铋（271℃）、铅（327℃）、砷（818℃）等能相互作用，结合成各种原子比的熔点很高的稀土化合物和金属化合物，如 PbCe（1160℃）、BiCe（1550℃）等，大多超过或较大超过铜的熔点，并且密度较铜低（Cu8.9g/cm³，La₂O₃ 6.51g/cm³，CeO₂ 7.06g/cm³），易上浮，从而消除了晶界上有害杂质的影响。若在黄铜的冶炼过程中加入稀土元素，稀土原子会在晶界上偏聚与其他元素交互作用，引起晶界的结构、化学成分和能量的变化，并影响其他元素的扩散和新相的成核与长大，引起黄铜组织和性能的变化。

3.1.5.2 温度

腐蚀过程中的阳极和阴极反应速率都随温度的上升而增加。当腐蚀阴极过程为放氢反应并处于活化控制时，温度的影响最显著，主要是增加了交换电流密度值。腐蚀过程若处于溶解氧扩散控制，在一定的氧浓度下，温度每升高30℃，腐蚀速度增加近一倍。虽然，温度的增加既使氧的扩散速度增加，同时又降低了氧的溶解度，但氧的净输运速度还是增加了。实验观察表明，对于许多金属来说，它们的钝化临界电流密度与维持钝化所需的电流密度都随温度的增加而增大，但维钝电流密度要比钝化临界电流密度增加得快。当达到某个温度时，会出现维钝电流密度与钝化临界电流密度相等，这意味着该体系已不发生活化到钝化的转变。

同时，温度分布的不均匀，常对腐蚀反应造成较大的影响。如黄铜制成的热水器管出现传热面的局部过热，引起温差腐蚀，通常高温部成为阳极，腐蚀加速。再如在金属与熔盐相接处的循环系统中，当有温度梯度存在时，由于对应不同的温度，金属电极有不同的电位值，处于高温部位的电极电位较负，成为阳极而被加速溶解，熔盐流动到低温部位，金属离子在作为阴极的低温部位的金属上析出，造成所谓的质量迁移腐蚀。

另外，对于应用于海洋环境中的材料，随着温度的变化，海洋环境中海生物活动能力会改变，海水离子种类和浓度也会发生剧烈变化，这些也会造成材料在海洋中的腐蚀。

3.1.5.3 pH值

pH值会对材料的耐蚀性产生重要的影响。对于钝态金属而言，一般随着pH值的增加更容易产生钝化，表现为金属的钝化临界电位 E_{cr} 负移及钝化临界电流密度 i_{cr} 与维钝电流 i_p 减小的规律。对黄铜而言，由于其做成的器件广泛用于不同的环境中，特别是黄铜管件常用来输送流体介质，而不同的流体介质以及管壁外部环境介质其pH值不同，因此会对材料的耐蚀性造成不同的影响。丁杰等人用表面分析技术和电化学方法研究了HSn70-1B铜管在碱性NaCl溶液中的腐蚀行为。他们研究发现在碱性NaCl溶液中HSn70-1B铜管形成的表面膜随Cl⁻含量的增加，其组成、性质等发生变化，由片状向质点状Cu₂O膜转化，孔隙增加，粗糙度增大，保护性能差。而在此之前，丁杰等人研究了HSn70-1B在中性NaCl溶液中的腐蚀行为，指出，在中性NaCl溶液中，HSn70-1B铜管表面能形成以Cu₂O为主的表面膜，随Cl⁻含量的增加，表面膜溶解速度增大，并且减薄，其腐蚀速率及脱锌程度与表面膜的组成及形成过程等因素有关。

3.1.5.4 海生物

海水环境中的海生物腐蚀主要是由三类海生物附着和污损材料表面造成的。这三类海生物分别为各类细菌和藻类、柔软生长物如海绵体、硬质海洋生物如藤壶。海生物腐蚀的发生主要源于微生物附着于海水环境中的材料表面，微生物繁殖形成微生物膜，之后宏观海生物幼体依附于微生物膜表面逐渐生长，导致材料表面逐渐被海生物覆盖，宏观海生物死亡后腐烂，此时微生物大量繁殖，在海水环境中阻碍材料表面海水流动，增加紊流出现的概率，同时由于海生物膜分布及其本身结构的不均匀，导致氧浓差电池的产生。海生物的新陈代谢产生硫化物，并酸化海水，改变了金属和海水的界面性质，会引起严重的局部腐蚀。

3.1.6 研究新趋势、新技术

3.1.6.1 晶界工程

1984 年 Watanabe 在研究晶间开裂时提出"晶界设计与控制"的构想，继而在 20 世纪 90 年代形成了"晶界工程"（grain boundary engineering，GBE）研究领域[20]。主要是在中低层错能面心立方（face-centred cubic，FCC）金属中，如黄铜、镍基合金、铅合金、奥氏体不锈钢等，通过合适的形变和热处理工艺提高特殊结构晶界［一般指 $\Sigma \leqslant 29$ 的低 ΣCSL 晶界，CSL 是重位点阵（coincidence site lattice）的缩写］比例，从而调整多晶体晶界网络（grain boundary network），能够显著改善材料与晶界有关的性能。

根据晶界特征分布优化的基本原理，可以将晶界工程初步分为"基于孪晶退火""基于织构""基于原位自协调"和"基于合金化改善晶界特性"四大类型。铜合金的晶界工程处理通常会用到"基于孪晶退火"工艺，该工艺通过改变合金化以及选择恰当的形变和热处理在合金中引入大量退火孪晶界（或退火孪晶），即 Σ3 晶界，其中非共格 Σ3 晶界的迁移及其相互之间的一级和二级反应可生成 Σ9 和 Σ27 等低 ΣCSL 晶界，这一过程的不断进行可最终优化合金的晶界特征分布（GBCD）。显然，这一原理只适用于在形变退火过程中容易形成退火孪晶的中低层错能面心立方金属。改变合金化主要是为了进一步降低合金的层错能，以使合金"天然"易于形成大量退火孪晶；选择恰当的形变和热处理则是为了最大限度地激发非共格 Σ3 晶界的形成及其迁移，以实现最佳的 GBCD 优化[46]。

GBE 处理工艺（thermomechanical processing，TMP）主要有单次应变退火（one-step strain annealing）和反复多次应变退火（iterative strain annealing）两类，一般采用小形变量冷加工变形（<30%），退火方式有高温短时间和低温长时间。在 GBE 工艺中退火时间、形变量等是重要的参数指标。杨辉辉等[46]利用电子背散射衍射（EBSD）和取向成像（OIM）技术研究了形变量及退火时间对 H68 黄铜晶界网络的影响。他们发现，H68 黄铜经不同冷轧变形量及在 550℃下退火不同时间后的晶界网络显示，冷轧变形量对 GBE 处理后样品的晶界网络有显著影响，而退火温度的影响较小；经 3%～7% 冷轧及合适时间退火后的样品中形成了高比例的低 ΣCSL 晶界，构成大尺寸"互有 Σ3 取向关系的晶粒团簇"显微组织，尤其是 5% 冷轧及退火后的样品，实现了很好的 GBE 处理效果。H. S. Kim 等[6]研究了等通道转角挤压（ECAP）及后续热处理对黄铜的影响，并借助 EBSD 研究了处理后的黄铜的组织、取向差角分布情况以及 CSL 晶界所占分数的变化，如图 3-28、图 3-29 所示。S. Y. Lee 等[47]研究了不同机械热处理工艺对 α-β′黄铜晶界分布的影响。具体的机械热处理工艺如表 3-5 所示，相应的各晶界所占的百分数如表 3-6 所示。

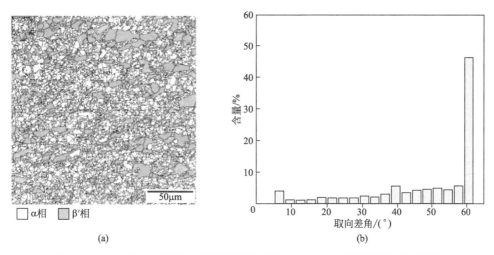

图 3-28　Cu-40％Zn 黄铜经过等通道转角挤压（ECAP）和再结晶热处理后的
组织（a）和取向差角分布（b）

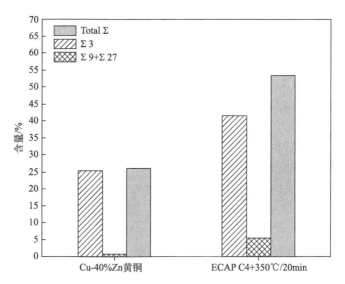

图 3-29　经过等通道转角挤压（ECAP）和再结晶热处理后
Cu-40％Zn 黄铜的 CSL 晶界含量的变化

表 3-5　α-β′黄铜的机械热处理工艺[47]

试样编号	热机械过程
商用黄铜	铸锭＋热挤压＋冷拔
A1	铸锭＋热轧＋800℃/1 h 水淬
B1	A1＋20％冷轧＋680℃/20min
B2	A1＋(20％冷轧＋680℃/20min)×2 个循环
B3	A1＋(20％冷轧＋680℃/20min)×3 个循环
B4	A1＋(20％冷轧＋680℃/20min)×4 个循环

表 3-6　α-β′黄铜经过不同机械热处理工艺后各晶界的百分含量[47]

试样编号	α 相中 CSL 晶界含量/%				β′相中 CSL 晶界含量/%		
	Σ1	Σ3	Σ5～Σ29	随机晶界	Σ1	Σ3～Σ29	随机晶界
商用黄铜	19	41	7	33	92	2	6
B1	23	61	2	14	92	0	8
B2	4	73	6	17	90	3	7
B3	5	68	10	17	81	4	15
B4	5	67	6	22	67	6	27

3.1.6.2　快速凝固技术

快速凝固可以定义为由液相到固相的相变过程进行得非常快,从而得到普通铸件和铸锭无法获得的成分、相结构和显微组织结构的过程。

目前快速凝固技术已经在许多方面显示出其优越性,与常规铸锭材料相比,快速凝固材料的偏析程度大幅度降低,而且在快速凝固材料中获得均匀的化学成分要容易得多。快速凝固工艺可制备具有超高强度、高耐蚀性和磁性的材料。由于快速凝固是通过合金熔体的快速冷却(大于 $10^5 \sim 10^6 \mathrm{K/s}$)或非均质形核被遏制,使合金在很大的过冷度下发生高生长速率的凝固,因此可制备非晶、准晶、微晶和纳米晶合金。目前,快速凝固技术已成为一种挖掘金属材料潜在性能与发展前景的开发新材料的重要手段,同时也成了凝固过程研究的一个特殊领域。快速凝固技术作为一种研制新型合金材料的技术已开始研究合金在凝固时的各种组织形态的变化以及如何控制才能得到符合实际生活、生产要求的合金[48]。

快速凝固材料的主要组织特征[49] 如下。

① 细化凝固组织,使晶粒细化。结晶过程是一个不断形核和晶核不断长大的过程。随凝固速度增加和过冷度加深,可能萌生出更多的晶核,而其生长的时间极短,致使某些合金的晶粒度可细化到 $0.1 \mu \mathrm{m}$ 以下。

② 减小偏析。很多快速凝固合金仍为树枝晶结构,但枝晶臂间距可能只有 $0.25 \mu \mathrm{m}$。在某些合金中可能发生平面型凝固,从而获得完全均匀的显微结构。

③ 扩大固溶极限。过饱和固溶快速凝固可显著扩大溶质元素的固溶极限。因此既可以通过保持高度过饱和固溶以增加固溶强化作用,也可以使固溶元素随后析出,提高其沉淀强化作用。

④ 快速凝固可导致非平衡相结构的产生,包括新相和扩大已有的亚稳相范围。

⑤ 形成非晶态。适当选择合金成分,以降低熔点和提高玻璃态的转变温度,这样合金就可能失去长程有序结构,而成为玻璃态或称非晶态。

⑥ 高的点缺陷密度。金属熔化以后,由于原子有序程度的突然降低,液态金属中的点缺陷密度要比固态金属高很多,在快速凝固过程中,由于温度的骤然下降而无法恢复到正常的平衡状态,则会较多地保留在固态金属中,造成了高的点缺陷密度。

3.1.6.3　激光表面处理

激光表面处理技术,可在材料表面形成一定厚度的处理层,可以改善材料表面的力学性能、冶金性能、物理性能,从而提高零件、工件的耐磨、耐蚀、耐疲劳等一系列性能。目前激光表面处理技术，大体分为激光表面硬化、激光表面熔覆、激光表面合金化、激光冲击硬化和激光非晶化。

激光表面处理是采用大功率密度的激光束，以非接触的方式加热材料表面，借助于材料表面本身传导冷却，来实现其表面改性的工艺方法。它在材料加工中的优点如下：①能量传递方便，可以对被处理工件表面有选择地局部强化；②能量作用集中，加工时间短，热影响区小，激光处理后，工件变形小；③可处理表面形状复杂的工件，而且容易实现自动化生产线；④改性效果比普通方法更显著，速度快，效率高，成本低；⑤通常只能处理一些薄板金属，不适宜处理较厚的板材；⑥由于激光对人眼的伤害性影响工作人员的安全，因此要致力于发展安全设施。

Amit Bandyopadhyay 等[50] 通过借助激光工程净化成形系统借助高能激光将黄铜涂层熔覆到 AISI410 不锈钢表面，不仅使 AISI410 不锈钢的电导率提高了 50％，同时也显著提高了该不锈钢的热转换率。L. V. Ponce 等[36] 研究了激光处理对 $Cu_{0.64}Zn_{0.36}$ 黄铜表面的影响。他们发现激光处理能够显著提高黄铜表面的物理、化学性能，同时改善表面的形貌，其表面形貌如图 3-30 所示。

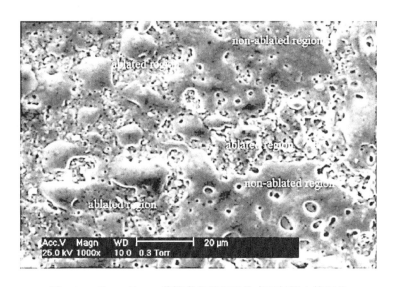

图 3-30　$Cu_{0.64}Zn_{0.36}$ 黄铜激光处理后的表面扫描电镜图片

3.2　黄铜在海水中的腐蚀数据

黄铜在海水及其他介质中的腐蚀数据见表 3-7。

表 3-7 黄铜在海水及其他介质中的腐蚀数据

牌号/材料	化学成分/%	加工/热处理状态	力学性能	腐蚀介质（溶液，pH值，温度，海水来源）	实验方法（静态/动态，流速，实验时长，测试方法）	腐蚀形式	腐蚀程度（年腐蚀速率，腐蚀电流密度，腐蚀坑深度，自腐蚀电位等）	文献出处
60Cu-40Zn	Cu60，Zn40			Boc-Phe-Met-OCH₃作为缓蚀剂加入0.5mol/L硝酸溶液，(303±1)K	浸泡腐蚀实验，失重法，电化学分析，表面分析	选择性腐蚀	腐蚀速率为(8.01±0.08) mg/(cm²·h)	[87]
67/33 黄铜	Cu 66.92，Zn32.52，Fe0.12，St0.02，Ni0.06，Sn0.1，Al 0.098，Pb0.05和Mn0.05	在600℃下完全退火1h		浓度分别为10^{-1}mol/L，10^{-3}mol/L，10^{-4}mol/L，10^{-5}mol/L的NaF溶液，25℃，pH6.8	浸泡腐蚀实验，电化学分析，表面分析	应力腐蚀	NaF溶液的浓度分别为10^{-1}mol/L，10^{-2}mol/L，10^{-3}mol/L，10^{-4}mol/L，10^{-5}mol/L时：（1）对应的裂纹扩展速率依次约为8×10^{-5}mm/s，3×10^{-5}mm/s，9×10^{-6}mm/s，4.2×10^{-6}mm/s，0mm/s （2）对应的最大断裂深度依次约为640μm，400μm，200μm，138μm，0μm	[79]
(α+β)-B58	标准成分			静态 0.5mol/L NaCl溶液，25℃	浸泡腐蚀实验30d，失重法，电化学测试（PD，EIS），表面分析（SEM）等	均匀腐蚀，脱锌腐蚀	腐蚀速率：0.8/1.1×10^{-3}g/(dm²·d)；脱锌系数 Z=∞	[72]
				静态 0.5mol/L HCl溶液，25℃	浸泡腐蚀实验15d，失重法，电化学测试（PD，EIS），表面分析（SEM）等		腐蚀速率：40/63×10^{-3}g/(dm²·d)；脱锌系数 Z=∞	
				流动的0.5mol/L NaCl溶液，流速为128mL/(cm²·min)，25℃	浸泡腐蚀实验，电化学测试（PD，EIS），表面分析（SEM）等	冲刷腐蚀、脱锌腐蚀、点蚀	腐蚀速率：14.0×10^{-3}g/(dm²·d)；α和β相均匀发生	
				流动的自来水（含46mg/L NaCl和100mg/L Na₂SO₄），流速为181mL/(cm²·min)，25℃	浸泡腐蚀实验30d，失重法，电化学测试（PD，EIS），表面分析（SEM）等		腐蚀速率：9.8×10^{-3}g/(dm²·d)；α和β相均匀发生	

续表

牌号/材料	化学成分/%	加工/热处理状态	力学性能	腐蚀介质（溶液、pH值、温度、海水来源）	实验方法静态/动态、流速实验时长、测试方法）	腐蚀形式	腐蚀程度（年腐蚀速率、腐蚀电流密度、腐蚀坑深度、自腐蚀电位等）	文献出处
(α+β)-B62	标准成分			静态 0.5mol/L NaCl 溶液,25℃	浸泡腐蚀实验 30d,失重法、电化学测试（PD、EIS）、表面分析(SEM)等	均匀腐蚀、脱锌腐蚀	腐蚀速率：0.7/1.1×10^{-3} g/(dm²·d);脱锌系数 Z=52.0	[72]
				静态 0.5mol/L HCl 溶液,25℃	浸泡腐蚀实验 15d,失重法、电化学测试（PD、EIS）、表面分析(SEM)等		腐蚀速率:22/35×10^{-3} g/(dm²·d);脱锌系数 Z=∞	
				流动的 0.5mol/L NaCl 溶液,流速为 128mL/(cm²·min),25℃	浸泡腐蚀实验 30d,失重法、电化学测试（PD、EIS）、表面分析(SEM)等	冲刷腐蚀、脱锌腐蚀、点蚀	腐蚀速率:9.8×10^{-3} g/(dm²·d);只发生在β相上	
				流动的自来水（含46mg/L NaCl 和 100mg/L Na₂SO₄）;流速为 181mL/(cm²·min),25℃			腐蚀速率:6.1×10^{-3} g/(dm²·d);只发生在β相上	
α-B50	标准成分			静态 0.5mol/L NaCl 溶液,25℃	浸泡腐蚀实验 30d,失重法、电化学测试（PD、EIS）、表面分析(SEM)等	均匀腐蚀、脱锌腐蚀	腐蚀速率:1.7/2.5×10^{-3} g/(dm²·d);脱锌系数 Z=∞	
				静态 0.5mol/L HCl 溶液,25℃	浸泡腐蚀实验 15d,失重法、电化学测试（PD、EIS）、表面分析(SEM)等		腐蚀速率:34/51×10^{-3} g/(dm²·d);脱锌系数 Z=∞	

续表

牌号/材料	化学成分/%	加工/热处理状态	力学性能	腐蚀介质（溶液，pH值，温度，海水来源）	实验方法（静态/动态，流速，实验时长，测试方法）	腐蚀形式	腐蚀程度（年腐蚀速率，腐蚀电流密度，腐蚀坑深度，自腐蚀电位等）	文献出处
α-B50	标准成分			流动的 0.5mol/L NaCl 溶液，流速为 128mL/(cm²·min)，25℃	浸泡腐蚀实验 30d，失重法、电化学测试（PD，EIS），表面分析（SEM）等	冲刷腐蚀、脱锌腐蚀、点蚀	腐蚀速率：13.9×10^{-3} g/(dm²·d)	[72]
				流动的自来水（含 46mg/L NaCl 和 100mg/L Na₂SO₄），流速为 181mL/(cm²min)，25℃			腐蚀速率：8.6×10^{-3} g/(dm²·d)；α 和 β 相均发生	
				静态 0.5mol/L NaCl 溶液，25℃	浸泡腐蚀实验 30d，失重法、电化学测试（PD，EIS），表面分析（SEM）等	均匀腐蚀、脱锌腐蚀	腐蚀速率：$1.5/2.4 \times 10^{-3}$ g/(dm²·d)；α 和 β 相；脱锌系数 $Z=\infty$	
				静态 0.5mol/L HCl 溶液，25℃	浸泡腐蚀实验 15d，失重法、电化学测试（PD，EIS），表面分析（SEM）等		腐蚀速率：$30/47 \times 10^{-3}$ g/(dm²·d)；脱锌系数 $Z=\infty$	
				流动的 0.5mol/L NaCl 溶液，流速为 128mL/(cm²·min)，25℃	浸泡腐蚀实验 30d，失重法、电化学测试（PD，EIS），表面分析（SEM）等	冲刷腐蚀、脱锌腐蚀、点蚀	腐蚀速率：17.9×10^{-3} g/(dm²·d)；α 和 β 相均发生	
				流动的自来水（含 46mg/L NaCl 和 100mg/L Na₂SO₄），流速为 181mL/(cm²min)，25℃			腐蚀速率：7.0×10^{-3} g/(dm²·d)	

续表

牌号/材料	化学成分/%	加工/热处理状态	力学性能	腐蚀介质(溶液、pH值、温度、海水来源)	实验方法(静态/动态、流速,实验时长、测试方法)	腐蚀形式	腐蚀程度(年腐蚀速率、腐蚀电流密度、腐蚀坑深度、自腐蚀电位等)	文献出处
α-B65	标准成分			静态 0.5mol/L NaCl 溶液,25℃	浸泡腐蚀实验 30d,失重法,电化学测试(PD,EIS),表面分析(SEM)等	均匀腐蚀、脱锌腐蚀	腐蚀速率:3.0×10^{-3} g/(dm²·d);脱锌系数 $Z=1.5$	[72]
				静态 0.5mol/L HCl 溶液,25℃	浸泡腐蚀实验 15d,失重法,电化学测试(PD,EIS),表面分析(SEM)等		腐蚀速率:55.0×10^{-3} g/(dm²·d);脱锌系数 $Z=2.5$	
				流动的 0.5mol/L NaCl 溶液,流速为 128mL/(cm²·min),25℃	浸泡腐蚀实验 30d,失重法,电化学测试(PD,EIS),表面分析(SEM)等	点蚀	腐蚀速率:14.2×10^{-3} g/(dm²·d)	
				流动的自来水(含 46mg/L NaCl 和 100mg/L Na₂SO₄),流速为 181mL/(cm²·min),25℃			腐蚀速率:5.0×10^{-3} g/(dm²·d)	
α-B70	标准成分			静态 0.5mol/L NaCl 溶液,25℃	浸泡腐蚀实验 30d,失重法,电化学测试(PD,EIS),表面分析(SEM)等	均匀腐蚀、脱锌腐蚀	腐蚀速率:3.4×10^{-3} g/(dm²·d);脱锌系数 $Z=1.2$	
				静态 0.5mol/L HCl 溶液,25℃	浸泡腐蚀实验 15d,失重法,电化学测试(PD,EIS),表面分析(SEM)等		腐蚀速率:51.7×10^{-3} g/(dm²·d);脱锌系数 $Z=1.8$	

续表

牌号/材料	化学成分/%	加工/热处理状态	力学性能	腐蚀介质(溶液,pH值,温度,海水来源)	实验方法(静态/动态,流速,实验时长,测试方法)	腐蚀形式	腐蚀程度(年腐蚀速率,腐蚀电流密度,腐蚀坑深度,自腐蚀电位等)	文献出处
α-B70	标准成分			流动的0.5mol/L NaCl溶液,流速为128mL/(cm²·min),25℃	浸泡腐蚀实验30d,失重法,电化学测试(PD,EIS),表面分析(SEM)等	均匀腐蚀,冲刷腐蚀,脱锌腐蚀	腐蚀速率:12.5×10⁻³g/(dm²·d)	[72]
				流动的自来水(含46mg/L NaCl和100mg/L Na₂SO₄);流速为181mL/(cm²·min),25℃	浸泡腐蚀实验30d,失重法,电化学测试(PD,EIS),表面分析(SEM)等		腐蚀速率:4.8×10⁻³g/(dm²·d)	
				静态0.5mol/L NaCl溶液,25℃	浸泡腐蚀实验30d,失重法,电化学测试(PD,EIS),表面分析(SEM)等	均匀腐蚀,脱锌腐蚀	腐蚀速率:3.7×10⁻³g/(dm²·d);脱锌系数 Z=1.2	
				静态0.5mol/L HCl溶液,25℃	浸泡腐蚀实验15d,失重法,电化学测试(PD,EIS),表面分析(SEM)等		腐蚀速率:50.0×10⁻³g/(dm²·d);脱锌系数 Z=1.2	
α-B75	标准成分			流动的0.5mol/L NaCl溶液,流速为128mL/(cm²·min),25℃		均匀腐蚀,冲刷腐蚀,脱锌腐蚀	腐蚀速率:11.1×10⁻³g/(dm²·d)	
				流动的自来水(含46mg/L NaCl和100mg/L Na₂SO₄);流速为181mL/(cm²·min),25℃	浸泡腐蚀实验30d,失重法,电化学测试(PD,EIS),表面分析(SEM)等		腐蚀速率:4.3×10⁻³g/(dm²·d)	

续表

牌号/材料	化学成分/%	加工/热处理状态	力学性能	腐蚀介质(溶液,pH值,温度、海水来源)	实验方法(静态/动态,流速,实验时长、测试方法)	腐蚀形式	腐蚀程度(年腐蚀速率,腐蚀电流密度,自腐蚀电位、深度,自腐蚀坑等)	文献出处
α-B80	标准成分			静态 0.5mol/L NaCl 溶液,25℃	浸泡腐蚀实验 30d,失重法,电化学测试(PD,EIS),表面分析(SEM)等	均匀腐蚀,脱锌腐蚀	腐蚀速率:4.2×10^{-3} g/(dm²·d);脱锌系数 $Z=0.9$	[72]
				静态 0.5mol/L HCl 溶液,25℃	浸泡腐蚀实验 15d,失重法,电化学测试(PD,EIS),表面分析(SEM)等			
				流动的自来水(含46mg/L NaCl 和100mg/L Na₂SO₄),流速为181mL/(cm²·min),25℃	浸泡腐蚀实验 30d,失重法,电化学测试(PD,EIS),表面分析(SEM)等	均匀腐蚀,冲刷腐蚀,脱锌腐蚀	腐蚀速率:10.0×10^{-3} g/(dm²·d)	
				动态 0.5mol/L NaCl 溶液,流速为128mL/(cm²·min),25℃	浸泡腐蚀实验 30d,失重法,电化学测试(PD,EIS),表面分析(SEM)等		腐蚀速率:3.3×10^{-3} g/(dm²·d)	
α-B87	标准成分			静态 0.5mol/L NaCl 溶液,25℃	浸泡腐蚀实验 30d,失重法,电化学测试(PD,EIS),表面分析(SEM)等	均匀腐蚀,脱锌腐蚀	腐蚀速率:4.3×10^{-3} g/(dm²·d);脱锌系数 $Z=1.1$	
				静态 0.5mol/L HCl 溶液,25℃	浸泡腐蚀实验 15d,失重法,电化学测试(PD,EIS),表面分析(SEM)等		腐蚀速率:54.0×10^{-3} g/(dm²·d);脱锌系数 $Z=1.2$	

续表

牌号/材料	化学成分/%	力学性能	加工/热处理状态	腐蚀介质（溶液，pH值，温度，海水来源）	实验方法（静态/动态，流速，实验时长，测试方法）	腐蚀形式	腐蚀程度（年腐蚀速率，腐蚀电流密度，腐蚀坑深度，自腐蚀电位等）	文献出处
α-B87	标准成分			动态 0.5mol/L NaCl 溶液，流速为 128mL/(cm²·min)，温度 25℃	浸泡腐蚀实验 30d，失重法，电化学测试（PD, EIS），表面分析（SEM）等	均匀腐蚀，冲刷腐蚀，脱锌腐蚀	腐蚀速率：10.5×10^{-3} g/(dm²·d)	[72]
				流动的自来水（含 46mg/L NaCl 和 100mg/L Na₂SO₄），流速为 181mL/(cm²·min)，温度 25℃	浸泡腐蚀实验 30d，失重法，电化学测试（PD, EIS），表面分析（SEM）等		腐蚀速率：2.1×10^{-3} g/(dm²·d)	
AI 黄黄铜	Cu77, Al2.2, Fe0.06, Ni1.0, As0.06, B0.010, Ce无,Zn为余量		铸锭在 1023K 下均匀化 2h，随后进行热轧使厚度由 22mm 变为 2mm，在 837K 下退火 1h	NaCl（35g/L）+ NH₄Cl(26.75g/L)	静态浸泡腐蚀，电化学测试（SEM）等	均匀腐蚀，脱成分腐蚀	平均腐蚀速率 0.016801	[68]
				NaCl(35g/L)			平均腐蚀速率 0.007944	
				NaCl（35g/L）+ NH₄Cl(26.75g/L)			平均腐蚀速率 0.016798	
				NaCl(35g/L)			平均腐蚀速率 0.007732	
Al-黄铜 (MA72)	Cu71.62, Al3.58, Ni1.24, S0.034, Fe0.038, Zn为余量			3.5% NaCl 溶液，温度 24℃±1℃	静态浸泡腐蚀，30d，失重法，电化学分析（PD）分析（SEM）	晶间腐蚀，均匀腐蚀	腐蚀速率(mm/a)：0.23	[64]
				3.5% NaCl 溶液，为 500×10^{-6} 的 Na₂S，温度 24℃±1℃	静态浸泡腐蚀，30d，失重法，电化学分析（PD）分析（SEM）	晶间腐蚀，均匀腐蚀	腐蚀速率(mm/a)：0.422	
				3.5% NaCl 溶液，浓度为 1000×10^{-6} 的 Na₂S，温度 24℃±1℃	静态浸泡腐蚀，30d，失重法，电化学分析（PD）分析（SEM）	晶间腐蚀，均匀腐蚀	腐蚀速率(mm/a)：0.586	

续表

牌号/材料	化学成分/%	加工/热处理状态	力学性能	腐蚀介质（溶液，pH值，温度，海水来源）	实验方法（静态/动态，流速，实验时长，测试方法）	腐蚀形式	腐蚀程度（年腐蚀速率，腐蚀电流密度，腐蚀坑深度，自腐蚀电位等）	文献出处
CuZn21Si3P	Zn21、Si3，P 少量，Cu 为余量			饮用水（87.0×10^{-6} HCO_3^-，34.9×10^{-6} Ca^{2+}，14.8×10^{-6} Mg^{2+}，5.7×10^{-6} O_2，4.4×10^{-6} SO_4^{2-}，3.2×10^{-6} Cl^-，2.1×10^{-6} NO_3^-，0.2×10^{-6} CO_3^{2-}，0×10^{-6} NH_3），pH 6.6			选择性腐蚀最大深度为 0.2mm	
				饮用水（87.0×10^{-6} HCO_3^-，34.9×10^{-6} Ca^{2+}，14.8×10^{-6} Mg^{2+}，5.7×10^{-6} O_2，4.4×10^{-6} SO_4^{2-}，3.2×10^{-6} Cl^-，2.1×10^{-6} NO_3^-，0.2×10^{-6} CO_3^{2-}，0×10^{-6} NH_3），pH7.7	浸泡腐蚀实验，200h，电化学分析，表面分析	κ 相优先移动，然后发生晶间腐蚀	选择性腐蚀最大深度为 0.2mm	[86]
				饮用水（87.0×10^{-6} HCO_3^-，34.9×10^{-6} Ca^{2+}，14.8×10^{-6} Mg^{2+}，5.7×10^{-6} O_2，4.4×10^{-6} SO_4^{2-}，3.2×10^{-6} Cl^-，2.1×10^{-6} NO_3^-，0.2×10^{-6} CO_3^{2-}，0×10^{-6} NH_3），pH 8.7			选择性腐蚀最大深度为 0.2mm	

续表

牌号/材料	化学成分/%	加工/热处理状态	力学性能	腐蚀介质(溶液,pH值,温度,海水来源)	实验方法(静态/动态,流速,实验时长,测试方法)	腐蚀形式	腐蚀程度(年腐蚀速率,腐蚀电流密度,腐蚀坑深度,自腐蚀电位等)	文献出处
CuZn36Pb2As	Zn36,Pb2,As少量,Cu为余量			饮用水（87.0×10^{-6} HCO_3^-，34.9×10^{-6} Ca^{2+}，14.8×10^{-6} Mg^{2+}，5.7×10^{-6} O_2，4.4×10^{-6} SO_4^{2-}，3.2×10^{-6} Cl^-，2.1×10^{-6} CO_3^{2-}，NO_3^-，0.2×10^{-6} CO_3^{2-}，0×10^{-6} NH_3），pH 6.6	浸泡腐蚀实验，200h，电化学分析，表面分析	先发生应力腐蚀，然后发生晶间腐蚀	选择性腐蚀最大深度为0.2mm，裂纹最大长度为1mm	[86]
				饮用水（87.0×10^{-6} HCO_3^-，34.9×10^{-6} Ca^{2+}，14.8×10^{-6} Mg^{2+}，5.7×10^{-6} O_2，4.4×10^{-6} SO_4^{2-}，3.2×10^{-6} Cl^-，2.1×10^{-6} CO_3^{2-}，NO_3^-，0.2×10^{-6} CO_3^{2-}，0×10^{-6} NH_3），pH 7.7			选择性腐蚀最大深度为0.2mm，裂纹最大长度为1.1mm	
				饮用水（87.0×10^{-6} HCO_3^-，34.9×10^{-6} Ca^{2+}，14.8×10^{-6} Mg^{2+}，5.7×10^{-6} O_2，4.4×10^{-6} SO_4^{2-}，3.2×10^{-6} Cl^-，2.1×10^{-6} CO_3^{2-}，NO_3^-，0.2×10^{-6} CO_3^{2-}，0×10^{-6} NH_3），pH 8.7			选择性腐蚀最大深度为0.3mm，裂纹最大长度为0.9mm	

续表

牌号/材料	化学成分/%	加工/热处理状态	力学性能	腐蚀介质（溶液,pH值,温度,海水来源）	实验方法（静态/动态,流速,实验时长,测试方法）	腐蚀形式	腐蚀程度（年腐蚀速率,腐蚀电流密度,腐蚀坑深度,自腐蚀电位等）	文献出处
CuZn37	Cu63,Zn37			饮用水（87.0×10^{-6} HCO_3^-，34.9×10^{-6} Ca^{2+}，14.8×10^{-6} Mg^{2+}，5.7×10^{-6} O_2，4.4×10^{-6} SO_4^{2-}，3.2×10^{-6} Cl^-，2.1×10^{-6} CO_3^{2-}，NO_3^-，0.2×10^{-6} CO_3^{2-}，0×10^{-6} NH_3），pH 6.6			最大腐蚀深度为1.1mm	[86]
				饮用水（87.0×10^{-6} HCO_3^-，34.9×10^{-6} Ca^{2+}，14.8×10^{-6} Mg^{2+}，5.7×10^{-6} O_2，4.4×10^{-6} SO_4^{2-}，3.2×10^{-6} Cl^-，2.1×10^{-6} CO_3^{2-}，NO_3^-，0.2×10^{-6} CO_3^{2-}，0×10^{-6} NH_3），pH 7.7	浸泡腐蚀实验,200h,电化学分析,表面分析	β相优先移动,随后α相发生脱锌腐蚀	最大腐蚀深度为1.1mm	
				饮用水（87.0×10^{-6} HCO_3^-，34.9×10^{-6} Ca^{2+}，14.8×10^{-6} Mg^{2+}，5.7×10^{-6} O_2，4.4×10^{-6} SO_4^{2-}，3.2×10^{-6} Cl^-，2.1×10^{-6} CO_3^{2-}，NO_3^-，0.2×10^{-6} CO_3^{2-}，0×10^{-6} NH_3），pH 8.7			最大腐蚀深度为0.8mm	

续表

牌号/材料	化学成分/%	加工/热处理状态	力学性能	腐蚀介质（溶液，pH值，温度，海水来源）	实验方法（静态/动态、流速、实验时长，测试方法）	腐蚀形式	腐蚀程度（年腐蚀速率，腐蚀电流密度，腐蚀坑深度，自腐蚀电位等）	文献出处
CuZn39Pb3	Zn39，Pb3，Cu 为余量			饮用水（87.0×10^{-6} HCO_3^-，34.9×10^{-6} Ca^{2+}，14.8×10^{-6} Mg^{2+}，5.7×10^{-6} O_2，4.4×10^{-6} SO_4^{2-}，3.2×10^{-6} Cl^-，2.1×10^{-6} NO_3^-，0.2×10^{-6} CO_3^{2-}，0×10^{-6} NH_3），pH 6.6	浸泡腐蚀实验，200h，电化学分析，表面分析	β相优先移动，随后α相发生脱锌腐蚀	最大腐蚀深度为 0.9mm	[86]
				饮用水（87.0×10^{-6} HCO_3^-，34.9×10^{-6} Ca^{2+}，14.8×10^{-6} Mg^{2+}，5.7×10^{-6} O_2，4.4×10^{-6} SO_4^{2-}，3.2×10^{-6} Cl^-，2.1×10^{-6} NO_3^-，0.2×10^{-6} CO_3^{2-}，0×10^{-6} NH_3），pH 7.7		β相优先发生脱锌腐蚀，随后α相发生脱锌腐蚀	最大腐蚀深度为 0.7mm	
				饮用水（87.0×10^{-6} HCO_3^-，34.9×10^{-6} Ca^{2+}，14.8×10^{-6} Mg^{2+}，5.7×10^{-6} O_2，4.4×10^{-6} SO_4^{2-}，3.2×10^{-6} Cl^-，2.1×10^{-6} NO_3^-，0.2×10^{-6} CO_3^{2-}，0×10^{-6} NH_3），pH 8.7			最大腐蚀深度为 0.7mm	

续表

牌号/材料	化学成分/%	加工/热处理状态	力学性能	腐蚀介质(溶液、pH 值、温度、海水来源)	实验方法(静态/动态、流速、实验时长、测试方法)	腐蚀形式	腐蚀程度(年腐蚀速率、腐蚀电流密度、腐蚀坑深度、自腐蚀电位等)	文献出处
CuZn40Pb2	Zn40,Pb2,Cu 为余量			饮用水 $(87.0 \times 10^{-6}$ HCO_3^-,34.9×10^{-6} Ca^{2+},14.8×10^{-6} Mg^{2+},5.7×10^{-6} O_2,4.4×10^{-6} SO_4^{2-},3.2×10^{-6} Cl^-,2.1×10^{-6} CO_3^{2-},NO_3^-,0.2×10^{-6} NH_3),pH 6.6			最大腐蚀深度为 1.2mm	
				饮用水 $(87.0 \times 10^{-6}$ HCO_3^-,34.9×10^{-6} Ca^{2+},14.8×10^{-6} Mg^{2+},5.7×10^{-6} O_2,4.4×10^{-6} SO_4^{2-},3.2×10^{-6} Cl^-,2.1×10^{-6} CO_3^{2-},NO_3^-,0.2×10^{-6} NH_3),pH7.7	浸泡腐蚀实验,200h,电化学分析,表面分析	β 相优先移动,随后发生 α 相脱锌腐蚀	最大腐蚀深度为 1.6mm	[86]
				饮用水 $(87.0 \times 10^{-6}$ HCO_3^-,34.9×10^{-6} Ca^{2+},14.8×10^{-6} Mg^{2+},5.7×10^{-6} O_2,4.4×10^{-6} SO_4^{2-},3.2×10^{-6} Cl^-,2.1×10^{-6} CO_3^{2-},NO_3^-,0.2×10^{-6} NH_3),pH8.7			最大腐蚀深度为 1.3mm	

续表

牌号/材料	化学成分/%	加工/热处理状态	力学性能	腐蚀介质(溶液、pH值、温度、海水来源)	实验方法(静态/动态、流速、实验时长、测试方法)	腐蚀形式	腐蚀程度(年腐蚀速率、腐蚀电流密度、腐蚀坑深度、自腐蚀电位等)	文献出处
		在773K氮气氛中热处理2h,然后随炉冷却	屈服强度133MPa,抗拉强度360MPa	Mattsson's溶液(MS):包含0.05mol/L Cu^{2+}($CuSO_4 \cdot 5H_2O$)和1mol/L NH_4^+[$(NH_4)_2SO_4$]	静态浸泡腐蚀,电化学测试,表面分析(SEM)等	应力腐蚀,脱锌腐蚀	I($\mu A/cm^2$):9.50±0.05	[67]
				MS + 0.01mol/L DHP(缓蚀剂)			I($\mu A/cm^2$):0.86±0.09	
				MS + 0.03mol/L DHP			I($\mu A/cm^2$):0.15±0.07	
				MS + 0.05mol/L DHP			I($\mu A/cm^2$):0.37±0.04	
				MS + 0.08mol/L DHP			I($\mu A/cm^2$):0.48±0.05	
H62	Cu62.0,Zn38.0			0.05mol/L Na_2SO_4,25℃,浸泡2min	浸泡腐蚀实验,电化学分析		当Pb含量(质量分数)分别为0.1%、1.4%、2.0%、2.7%、3.4%时,腐蚀电流密度 I_{corr} 分别为:8.2$\mu A/cm^2$、4.4$\mu A/cm^2$、4.8$\mu A/cm^2$、3.2$\mu A/cm^2$、2.8$\mu A/cm^2$、3.2$\mu A/cm^2$	[81]
				0.05mol/L Na_2SO_4,25℃,浸泡180min			当Pb含量(质量分数)分别为0.1%、1.4%、2.0%、2.7%、3.4%时,腐蚀电流密度 I_{corr} 分别为2.0$\mu A/cm^2$、1.0$\mu A/cm^2$、0.9$\mu A/cm^2$、0.6$\mu A/cm^2$、0.4$\mu A/cm^2$、0.5$\mu A/cm^2$	

续表

牌号/材料	化学成分/%	加工/热处理状态	力学性能	腐蚀介质(溶液,pH 值,温度,海水来源)	实验方法(静态/动态,流速,实验时长,测试方法)	腐蚀形式	腐蚀程度(年腐蚀速率,腐蚀电流密度,自腐蚀电位等)	文献出处
H64	Co.020, So.0025, S0.0046, P0.0014, Mn<0.0005, Ni0.0043, Cr0.0006, Mg0.0018, Ag<0.0010, Sb0.015, Bi0.0035, As0.0043, Sn<0.0005, Co0.020, Al0.027, Cd0.0006, Zn35.31, Pb0.0041, Fe0.0050, Be<0.0001, Zr<0.0000, B<0.0005%, Au0.0060, Ti0.0013, Cu64.6			3mol/L HNO$_3$ + 3.5% NaCl	浸泡腐蚀实验,电化学分析,表面分析	均匀腐蚀	平均年腐蚀速率(mm/a): 2.028	[78]
				2mol/L HNO$_3$ + 3.5% NaCl			平均年腐蚀速率(mm/a): 0.58838	
				1mol/L HNO$_3$ + 3.5% NaCl			平均年腐蚀速率(mm/a): 0.23692	
				0.5mol/L HNO$_3$ + 3.5% NaCl			平均年腐蚀速率(mm/a): 2.3747	
H65	Cu65,Zn35			3.5%NaCl 溶液	浸泡腐蚀实验,浸泡时间 20min,电化学分析,表面分析	选择性腐蚀	平均年腐蚀速率: 0.985mm/a	[83]
	基体 Cu65,Zn35,涂层:PVC 纳米纤维涂层					均匀腐蚀	平均年腐蚀速率: 0.107mm/a	
	基体 Cu65,Zn35,涂层:PS 纳米纤维涂层						平均年腐蚀速率: 0.278mm/a	
H68A			变化:σ$_b$(%),δ(%)/ 2.0,-14.0	青岛天然海水	实海全浸区浸泡,12 个月,失重法	均匀腐蚀,缝隙腐蚀	平均腐蚀速率(mm/a):24;点蚀平均深度(mm):0;点蚀最大深度(mm):0;最大缝隙腐蚀深度(mm):0.05	中国腐蚀与防护网

续表

牌号/材料	化学成分/%	加工/热处理状态	力学性能	腐蚀介质(溶液、pH值、温度、海水来源)	实验方法(静态/动态、流速、实验时长、测试方法)	腐蚀形式	腐蚀程度(年腐蚀速率、腐蚀电流密度、腐蚀坑深度、自腐蚀电位等)	文献出处
H68A				青岛潮差区	实海潮差区放置，12个月，失重法		平均腐蚀速率(mm/a):18	中国腐蚀与防护网
				青岛飞溅区	实海飞溅区放置，12个月，失重法		平均腐蚀速率(mm/a):3.6	
				厦门全浸区	实海全浸区浸泡，12个月，失重法	均匀腐蚀	平均腐蚀速率(mm/a):20.0	
				厦门潮差区	实海潮差区放置，12个月，失重法		平均腐蚀速率(mm/a):5.3	
				厦门飞溅区	实海飞溅区放置，12个月，失重法		平均腐蚀速率(mm/a):5.1	
			变化：σ_b(%)、δ(%)/ 2.0、4.0	榆林全浸区	实海全浸区浸泡，12个月，失重法	均匀腐蚀，点蚀	平均腐蚀速率(mm/a):12.0；点蚀平均深度(mm):0.04，点蚀最大深度(mm):0.12	
				榆林潮差区	实海潮差区放置，12个月，失重法		平均腐蚀速率(mm/a):4.7	
				榆林飞溅区	实海飞溅区放置，12个月，失重法	均匀腐蚀	平均腐蚀速率(mm/a):1.8	
			变化：σ_b(%)、δ(%)/ 1.0、0.0	青岛全浸区	实海全浸区浸泡，24个月，失重法	均匀腐蚀，缝隙腐蚀	平均腐蚀速率(mm/a):12.0；最大缝隙腐蚀深度(mm):0.04	

续表

牌号/材料	化学成分/%	加工/热处理状态	力学性能	腐蚀介质（溶液，pH值，温度，海水来源）	实验方法（静态/动态，流速，实验时长，测试方法）	腐蚀形式	腐蚀程度（年腐蚀速率，腐蚀电流密度，腐蚀坑深度，自腐蚀电位等）	文献出处
H68A			变化：σ_b (%)、δ (%)/ 0.0、1.0	青岛潮差区	实海潮差区放置，24个月，失重法	均匀腐蚀	平均腐蚀速率（mm/a）：11.0	中国腐蚀与防护网
				青岛飞溅区	实海飞溅区放置，24个月，失重法		平均腐蚀速率(mm/a):2.8	
				厦门全浸区	实海全浸区浸泡，24个月，失重法		平均腐蚀速率(mm/a):13.0	
				厦门潮差区	实海潮差区放置，24个月，失重法		平均腐蚀速率(mm/a):3.7	
				厦门飞溅区	实海飞溅区放置，24个月，失重法		平均腐蚀速率(mm/a):3.2	
				榆林全浸区	实海全浸区浸泡，24个月，失重法	均匀腐蚀，点蚀，缝隙腐蚀	平均腐蚀速率（mm/a）：9.2；点蚀平均深度（mm）：0.15；点蚀最大深度（mm）：0.38；最大缝隙腐蚀深度（mm）：0.13	
				榆林潮差区	实海潮差区放置，24个月，失重法		平均腐蚀平均深度（mm）：2.6；点蚀平均深度（mm）：0.02；点蚀最大深度（mm）：0.06；最大缝隙腐蚀深度（mm）：0.05	
				榆林飞溅区	实海飞溅区放置，24个月，失重法	均匀腐蚀	平均腐蚀速率(mm/a):1.3	

续表

牌号/材料	化学成分/%	加工/热处理状态	力学性能	腐蚀介质（溶液，pH值，温度，海水来源）	实验方法（静态/动态，流速，实验时长，测试方法）	腐蚀形式	腐蚀程度（年腐蚀速率，腐蚀电流密度，腐蚀坑深度，自腐蚀电位等）	文献出处
				舟山全浸区	实海全浸区浸泡，24个月，失重法		平均腐蚀速率（mm/a）：22.0	
				舟山潮差区	实海潮差区放置，24个月，失重法	均匀腐蚀	平均腐蚀速率（mm/a）：8.3	
				舟山飞溅区	实海飞溅区放置，24个月，失重法		平均腐蚀速率（mm/a）：0.39	
H68A			变化：σ_b（%）、δ（%）/1.0，-2.0	青岛全浸区	实海全浸区浸泡，48个月，失重法	均匀腐蚀、点蚀、缝隙腐蚀	平均腐蚀速率（mm/a）：8.9；点蚀最大深度（mm）：0.06；最大缝隙腐蚀深度（mm）：0.12	中国腐蚀与防护网
				青岛潮差区	实海潮差区放置，48个月，失重法		平均腐蚀速率（mm/a）：4.9；点蚀平均深度（mm）：0.08；点蚀最大深度（mm）：0.12；最大缝隙腐蚀深度（mm）：0.07	
				青岛飞溅区	实海飞溅区放置，48个月，失重法	均匀腐蚀	平均腐蚀速率（mm/a）：2.2	
				厦门全浸区	实海全浸区浸泡，48个月，失重法	均匀腐蚀、点蚀、缝隙腐蚀	平均腐蚀速率（mm/a）：10.0；点蚀最大平均深度（mm）：0.19；点蚀最大深度（mm）：0.32	
				厦门潮差区	实海潮差区放置，48个月，失重法	均匀腐蚀	平均腐蚀速率（mm/a）：2.6	
				厦门飞溅区	实海飞溅区放置，48个月，失重法		平均腐蚀速率（mm/a）：2.8	

续表

牌号/材料	化学成分/%	加工/热处理状态	力学性能	腐蚀介质(溶液,pH值,温度,海水来源)	实验方法(静态/动态,流速,实验时长,测试方法)	腐蚀形式	腐蚀程度(年腐蚀速率,腐蚀电流密度,腐蚀坑深度,自腐蚀电位等)	文献出处
H68A			变化: σ_b(%),δ(%)/1.0,-2.0	榆林全浸区	实海全浸区浸泡 48个月,失重法	均匀腐蚀,点蚀,缝隙腐蚀	平均腐蚀速率(mm/a):5.8;点蚀平均深度(mm):0.11;点蚀最大深度(mm):0.35;最大缝隙腐蚀深度(mm):0.28	中国腐蚀与防护网
				榆林潮差区	实海潮差区放置 48个月,失重法		平均腐蚀速率(mm/a):1.9;点蚀平均深度(mm):0.07;点蚀最大深度(mm):0.36;最大缝隙腐蚀深度(mm):0.36	
				榆林飞溅区	实海飞溅区放置 48个月,失重法		平均腐蚀速率(mm/a):0.69	
				舟山全浸区	实海全浸区浸泡 48个月,失重法	均匀腐蚀	平均腐蚀速率(mm/a):15.0	
				舟山潮差区	实海潮差区放置 48个月,失重法		平均腐蚀速率(mm/a):4.4	
				舟山飞溅区	实海飞溅区放置 48个月,失重法		平均腐蚀速率(mm/a):0.98	
			变化: σ_b(%),δ(%)/0.6,-0.7	青岛全浸区	实海全浸区浸泡 96个月,失重法	均匀腐蚀,点蚀,缝隙腐蚀	平均腐蚀速率(mm/a):6.0;点蚀平均深度(mm):0.41;点蚀最大深度(mm):1.1;最大缝隙腐蚀深度(mm):0.1	
			变化: σ_b(%),δ(%)/-2.4,1.4	青岛飞溅区	实海飞溅区放置 96个月,失重法		平均腐蚀速率(mm/a):1.9;点蚀平均深度(mm):0.08;点蚀最大深度(mm):0.12	

续表

牌号/材料	化学成分/%	加工/热处理状态	力学性能	腐蚀介质(溶液、pH值、温度、海水来源)	实验方法(静态/动态、流速、实验时长、测试方法)	腐蚀形式	腐蚀程度(年腐蚀速率、腐蚀电流密度、腐蚀坑深度、自腐蚀电位等)	文献出处
H68A				厦门全浸区	实海全浸区浸泡，96个月，失重法		平均腐蚀速率(mm/a):6.9	中国腐蚀与防护网
				厦门潮差区	实海潮差区放置，96个月，失重法	均匀腐蚀	平均腐蚀速率(mm/a):2.2	
				厦门飞溅区	实海飞溅区放置，96个月，失重法		平均腐蚀速率(mm/a):2.2	
			变化:σ_b(%),δ(%)/0.4,-8.0	榆林全浸区	实海全浸区浸泡，96个月，失重法	均匀腐蚀、点蚀、缝隙腐蚀	平均腐蚀平均深度(mm/a):3.8;点蚀平均深度(mm):0.23;点蚀最大深度(mm):0.41;最大缝隙腐蚀深度(mm):0.45	
			变化:σ_b(%),δ(%)/-3.2,7.2	榆林潮差区	实海潮差区放置，96个月，失重法		平均腐蚀速率(mm/a):1.1;点蚀平均深度(mm):0.09;点蚀最大深度(mm):0.15;最大缝隙腐蚀深度(mm):0.09	
			变化:σ_b(%),δ(%)/5.9,-10.1	榆林飞溅区	实海飞溅区放置，96个月，失重法		平均腐蚀速率(mm/a):0.6	
			变化:σ_b(%),δ(%)/-23.0,-58.0	青岛全浸区	实海全浸区浸泡，12个月，失重法	均匀腐蚀	平均腐蚀速率(mm/a):34.0	
				青岛潮差区	实海潮差区放置，12个月，失重法		平均腐蚀速率(mm/a):13.0	
				青岛飞溅区	实海飞溅区放置，12个月，失重法		平均腐蚀速率(mm/a):3.4	

续表

牌号/材料	化学成分/%	加工/热处理状态	力学性能	腐蚀介质(溶液,pH值,温度,海水来源)	实验方法(静态/动态,流速,实验时长,测试方法)	腐蚀形式	腐蚀程度(年腐蚀速率,腐蚀电流密度,腐蚀坑深度,自腐蚀电位等)	文献出处
H68A				厦门全浸区	实海全浸区浸泡12个月,失重法		平均腐蚀速率(mm/a):57.0	中国腐蚀与防护网
				厦门潮差区	实海潮差区放置12个月,失重法		平均腐蚀速率(mm/a):7.6	
				厦门飞溅区	实海飞溅区放置12个月,失重法	均匀腐蚀	平均腐蚀速率(mm/a):2.2	
			变化: σ_b (%),δ(%)/ -11.0,-69.0	榆林全浸区	实海全浸区浸泡12个月,失重法		平均腐蚀速率(mm/a):29.0	
				榆林潮差区	实海潮差区放置12个月,失重法	均匀腐蚀,缝隙腐蚀	平均腐蚀速率(mm/a):3.6;最大缝隙腐蚀深度(mm):0.34	
				榆林飞溅区	实海飞溅区放置12个月,失重法	均匀腐蚀	平均腐蚀速率(mm/a):1.7	
			变化: σ_b (%),δ(%)/ -19.0,-49.0	青岛全浸区	实海全浸区浸泡24个月,失重法	均匀腐蚀,缝隙腐蚀	平均腐蚀速率(mm/a):20.0;最大缝隙腐蚀深度(mm):0.59	
				青岛潮差区	实海潮差区放置24个月,失重法	均匀腐蚀,点蚀	平均腐蚀速率(mm/a):9.7;点蚀平均深度(mm):0.1;点蚀最大深度(mm):0.18;最大缝隙腐蚀深度(mm):0.25	
				青岛飞溅区	实海飞溅区放置24个月,失重法	均匀腐蚀	平均腐蚀速率(mm/a):3.3	

续表

牌号/材料	化学成分/%	加工/热处理状态	力学性能	腐蚀介质（溶液,pH值,温度,海水来源）	实验方法（静态/动态、流速,实验时长,测试方法）	腐蚀形式	腐蚀程度（年腐蚀速率,腐蚀电流密度,腐蚀坑深度,自腐蚀电位等）	文献出处
H68A				厦门全浸区	实海全浸区浸泡 24个月，失重法	均匀腐蚀，点蚀	平均腐蚀平均速率（mm/a）：19.0；点蚀最大深度（mm）：0.39；点蚀深度（mm）：0.52	中国腐蚀与防护网
				厦门潮差区	实海潮差区放置 24个月，失重法	均匀腐蚀，缝隙腐蚀	平均腐蚀速率（mm/a）：4.9；最大缝隙腐蚀深度（mm）：0.5	
			变化：σ_b(%)、δ(%)/−32.0、−69.0	厦门飞溅区	实海飞溅区放置 24个月，失重法	均匀腐蚀	平均腐蚀速率（mm/a）：2.0	
				榆林全浸区	实海全浸区浸泡 24个月，失重法	均匀腐蚀	平均腐蚀速率（mm/a）：28.0	
				榆林潮差区	实海潮差区放置 24个月，失重法	均匀腐蚀，缝隙腐蚀	平均腐蚀速率（mm/a）：2.0；最大缝隙腐蚀深度（mm）：0.32	
				榆林飞溅区	实海飞溅区放置 24个月，失重法	均匀腐蚀	平均腐蚀速率（mm/a）：1.1	
			变化：σ_b(%)、δ(%)/−6.0、−24.0	青岛全浸区	实海全浸区浸泡 48个月，失重法	均匀腐蚀，缝隙腐蚀	平均腐蚀速率（mm/a）：16.0；最大缝隙腐蚀深度（mm）：0.95	
				青岛潮差区	实海潮差区放置 48个月，失重法	均匀腐蚀，点蚀，缝隙腐蚀	平均腐蚀速率（mm/a）：6.2；点蚀平均深度（mm）：0.17；点蚀最大深度（mm）：0.5；最大缝隙腐蚀深度（mm）：0.48	

续表

牌号/材料	化学成分/%	加工/热处理状态	力学性能	腐蚀介质（溶液、pH值、温度、海水来源）	实验方法（静态/动态、流速、实验时长、测试方法）	腐蚀形式	腐蚀程度（年腐蚀速率、腐蚀电流密度、腐蚀坑深度、自腐蚀电位等）	文献出处
H68A			变化：σ_b(%)、δ(%)/−15.0、−64.0	青岛飞溅区	实海飞溅区放置，48个月，失重法	均匀腐蚀	平均腐蚀速率（mm/a）：2.3	中国腐蚀与防护网
				厦门全浸区	实海全浸区浸泡，48个月，失重法	均匀腐蚀	平均腐蚀速率（mm/a）：38.0	
				厦门潮差区	实海潮差区放置，48个月，失重法	均匀腐蚀、点蚀、缝隙腐蚀	平均腐蚀速率（mm/a）：3.4；点蚀平均深度（mm）：0.1，点蚀最大深度（mm）：0.29；最大缝隙腐蚀深度（mm）：0.4	
				厦门飞溅区	实海飞溅区放置，48个月，失重法	均匀腐蚀	平均腐蚀速率（mm/a）：2.5	
				榆林全浸区	实海全浸区浸泡，48个月，失重法	均匀腐蚀	平均腐蚀速率（mm/a）：19.0	
				榆林潮差区	实海潮差区放置，48个月，失重法	均匀腐蚀、点蚀、缝隙腐蚀	平均腐蚀速率（mm/a）：1.3；点蚀平均深度（mm）：0.04，点蚀最大深度（mm）：0.15；最大缝隙腐蚀深度（mm）：0.37	
				榆林飞溅区	实海飞溅区放置，48个月，失重法	均匀腐蚀	平均腐蚀速率（mm/a）：0.66；点蚀最大深度（mm）：0.03；点蚀最大深度（mm）：0.06；最大缝隙腐蚀深度（mm）：0.08	
H70	Cu70，Zn30			原位 TM-AFM 测试：模拟大气（相对湿度60%或80%，SO_2 250×10^{-9}）非原位 SIMS 测试：在模拟大气（相对湿度80%，SO_2 250×10^{-9}）中浸渍60h	模拟大气腐蚀实验，原位 TM-AFM 测试，SIMS 测试	均匀腐蚀	腐蚀速率 0.25nm/min	[80]

续表

牌号/材料	化学成分/%	加工/热处理状态	力学性能	腐蚀介质（溶液，pH值，温度，海水来源）	实验方法（静态/动态，流速，实验时长，测试方法）	腐蚀形式	腐蚀程度（年腐蚀速率，腐蚀电流密度，腐蚀坑深度，自腐蚀电位等）	文献出处
H70	Cu70，Zn30			质量分数为4%的NaCl溶液，pH 1.8~2.2	浸泡腐蚀实验，失重法、电化学分析、表面分析等	选择性腐蚀	不同温度下的腐蚀速率是：25℃/1.0mg/(cm²·h)，30℃/1.4mg/(cm²·h)，40℃/1.6mg/(cm²·h)，50℃/2.3mg/(cm²·h)，60℃/4.3mg/(cm²·h)	[85]
H90	Cu90，Zn10			原位 TM-AFM 测试：模拟大气（相对湿度 60% 或 80%，SO_2 250×10⁻⁹）非原位 SIMS 测试：在模拟大气（相对湿度 80%，SO_2 250×10⁻⁹）中浸渍 60h	模拟大气腐蚀实验，原位 TM-AFM 测试，SIMS 测试	均匀腐蚀	腐蚀速率 0.08nm/min	[80]
HAl77-2A（板材）	Cu 76.7，Al 1.81，Zn 为余量	M	σ_b（MPa）350，δ（%）79.2	青岛试验站海水，盐度 32.2‰，温度 13.6℃，pH 8.16，溶氧量 5.6mL/L	实海暴露，暴露时间 4a,8a,16a，失重法	点蚀，均匀腐蚀	浸泡时间（a）/平均腐蚀速率（μm/a）：4/1.9,8/2.0,16/1.7；浸泡时间（a）/平均点蚀深度（mm）：4/0.12,8/0.23,16/0.27；浸泡时间（a）/最大点蚀深度（mm）：4/0.23,8/0.50,16/0.49	[60]
				厦门试验站海水，盐度 27.0‰，温度 20.9℃，pH 8.13，溶氧量 5.3mL/L			浸泡时间（a）/平均腐蚀速率（μm/a）：4/2.4,8/1.9；浸泡时间（a）/平均点蚀深度（mm）：4/0.12；浸泡时间（a）/最大点蚀深度（mm）：4/0.29	
				榆林试验站海水，盐度 33.0‰~35.0‰，温度 27℃，pH 8.30，溶氧量 4.3~5.0mL/L			浸泡时间（a）/平均腐蚀速率（μm/a）：4/2.2,8/2.5,16/4.3；浸泡时间（a）/平均点蚀深度（mm）：4/0.11,8/0.18,16/0.41；浸泡时间（a）/最大点蚀深度（mm）：4/0.12,8/0.34,16/0.91	

续表

牌号/材料	化学成分/%	加工/热处理状态	力学性能	腐蚀介质（溶液,pH值,温度,海水来源）	实验方法（静态/动态,流速,实验时长,测试方法）	腐蚀形式	腐蚀程度（年腐蚀速率,腐蚀电流密度,腐蚀坑深度,自腐蚀电位等）	文献出处
HAl77-2A（板材）	Cu 76.7, Al 1.81, Zn 为余量	M	σ_b (MPa) 350, δ (%) 79.2	舟山港螺头门海域海水,平均盐度24.5‰,平均温度17.4℃,pH 8.1	实海暴露,暴露时间1a,2a,4a,8a,失重法	点蚀、缝隙腐蚀	浸泡时间(a)/平均腐蚀速率(μm/a):1/7.4,2/3.6,4/3.4,8/2.4;浸泡时间(a)/平均点蚀深度(mm):8/0.24;浸泡时间(a)/最大点蚀深度(mm):8/0.88;浸泡时间(a)/最大缝隙腐蚀(mm):8/0.27	[61]
			变化:σ_b(%),δ(%)/1.0,−9.0	舟山天然海水（盐度24.9‰,温度30℃±1℃,pH 8.12,悬浮泥沙含量403.2mg/L,泥沙平均粒径6.202μm,最大粒径为64.791μm,最小粒径为1.288μm)制成海水及泥沙含量为0.75‰和1.5‰的海水	实验室动态冲刷,流速2.1m/s,20d,失重法	冲刷腐蚀	泥沙含量(%)/腐蚀速率(mm/a):0(清海水)/0.0047,0.75/0.033,1.5/0.088	
HAl77-2A				青岛全浸区	实海全浸区浸泡12个月,失重法	均匀腐蚀	平均腐蚀速率(mm/a):4.8	中国腐蚀与防护网
				青岛潮差区	实海潮差区放置12个月,失重法		平均腐蚀速率(mm/a):2.6	
				青岛飞溅区	实海飞溅区放置12个月,失重法		平均腐蚀速率(mm/a):4.1	
				厦门全浸区	实海全浸区浸泡12个月,失重法		平均腐蚀速率(mm/a):42.0	
				厦门潮差区	实海潮差区放置12个月,失重法		平均腐蚀速率(mm/a):1.5	

续表

牌号/材料	化学成分/%	加工/热处理状态	力学性能	腐蚀介质（溶液、pH值、温度、海水来源）	实验方法（静态/动态、流速、实验时长，测试方法）	腐蚀形式	腐蚀程度（年腐蚀速率、腐蚀电流密度、腐蚀坑深度、自腐蚀电位等）	文献出处
				厦门飞溅区	实海飞溅区放置 12个月，失重法	均匀腐蚀	平均腐蚀速率(mm/a):4.9	
			变化：σ_b (%)、δ (%)/3.0、-6.0	全榆林浸区	实海全浸区浸泡 12个月，失重法	均匀腐蚀	平均腐蚀速率(mm/a):5.7	
				榆林潮差区	实海潮差区放置 12个月，失重法	均匀腐蚀、缝隙腐蚀	平均腐蚀速率（mm/a）：1.6；最大缝隙腐蚀深度(mm)：0.09	
				榆林飞溅区	实海飞溅区放置 12个月，失重法	均匀腐蚀	平均腐蚀速率（mm/a）:1.4	
				青岛全浸区	实海全浸区浸泡 24个月，失重法	均匀腐蚀、点蚀	平均腐蚀速率（mm/a）:3.7；点蚀平均深度（mm）：0.08；点蚀最大深度（mm）：0.12	中国腐蚀与防护网
HAl77-2A				青岛潮差区	实海潮差区放置 24个月，失重法		平均腐蚀速率（mm/a）:2.3；点蚀平均深度（mm）：0.07；点蚀最大深度（mm）：0.15	
				青岛飞溅区	实海飞溅区放置 24个月，失重法	均匀腐蚀、点蚀	平均腐蚀速率（mm/a）:4.5	
				厦门全浸区	实海全浸区浸泡 24个月，失重法		平均腐蚀速率（mm/a）:28.0	
				厦门潮差区	实海潮差区放置 24个月，失重法		平均腐蚀速率（mm/a）:1.9	
				厦门飞溅区	实海飞溅区放置 24个月，失重法		平均腐蚀速率（mm/a）:3.9	

续表

牌号/材料	化学成分/%	加工/热处理状态	力学性能	腐蚀介质（溶液、pH值、温度、海水来源）	实验方法（静态/动态、流速、实验时长、测试方法）	腐蚀形式	腐蚀程度（年腐蚀速率、腐蚀电流密度、自腐蚀电位、深度、腐蚀坑深度等）	文献出处
HAl77-2A			变化：σ_b(%)、δ(%)/2.0,-8.0	榆林全浸区	实海全浸区浸泡,24个月,失重法	均匀腐蚀,缝隙腐蚀	平均腐蚀速率（mm/a）:3.3；最大缝隙腐蚀深度（mm）:0.07	中国腐蚀与防护网
				榆林潮差区	实海潮差区放置,24个月,失重法	均匀腐蚀,点蚀,缝隙腐蚀	平均腐蚀速率（mm/a）:1.1；点蚀平均深度（mm）:0.02；点蚀最大深度（mm）:0.08；最大缝隙腐蚀深度（mm）:0.1	
				榆林飞溅区	实海飞溅区放置,24个月,失重法	均匀腐蚀	平均腐蚀速率(mm/a):0.8	
				舟山全浸区	实海全浸区浸泡,24个月,失重法	均匀腐蚀	平均腐蚀速率（mm/a）36.0	
				舟山潮差区	实海潮差区放置,24个月,失重法	均匀腐蚀	平均腐蚀速率(mm/a):1.6	
			变化：σ_b(%)、δ(%)/3.0,-27.0	青岛全浸区	实海全浸区浸泡,48个月,失重法	均匀腐蚀,点蚀	平均腐蚀速率（mm/a）:1.9；点蚀平均深度（mm）:0.12；点蚀最大深度（mm）:0.23	
				青岛潮差区	实海潮差区放置,48个月,失重法	均匀腐蚀,点蚀,缝隙腐蚀	平均腐蚀速率（mm/a）:3.2；点蚀平均深度（mm）:0.08；点蚀最大深度（mm）:0.17；最大缝隙腐蚀深度（mm）:0.12	
				青岛飞溅区	实海飞溅区放置,48个月,失重法	均匀腐蚀	平均腐蚀速率(mm/a):4.4	

续表

牌号/材料	化学成分/%	加工/热处理状态	力学性能	腐蚀介质（溶液、pH值、温度、海水来源）	实验方法（静态/动态、流速、实验时长、测试方法）	腐蚀形式	腐蚀程度（年腐蚀速率、腐蚀电流密度、腐蚀坑深度、自腐蚀电位等）	文献出处
HAl77-2A				厦门全浸区	实海全浸区浸泡，48个月，失重法	均匀腐蚀，点蚀	平均腐蚀速率(mm/a):24.0;点蚀平均深度(mm):0.12,点蚀最大深度(mm):0.29	中国腐蚀与防护网
				厦门潮差区	实海潮差区放置，48个月，失重法	均匀腐蚀	平均腐蚀速率(mm/a):1.0	
				厦门飞溅区	实海飞溅区放置，48个月，失重法	均匀腐蚀	平均腐蚀速率(mm/a):2.6	
			变化：σ_b(%)、δ(%)/ -1.0,2.0	榆林全浸区	实海全浸区浸泡，48个月，失重法	均匀腐蚀，点蚀，缝隙腐蚀	平均腐蚀速率（mm/a）:2.2;点蚀平均深度（mm）:0.11;点蚀最大深度（mm）:0.21;最大缝隙腐蚀深度（mm）:0.05	
				榆林潮差区	实海潮差区放置，48个月，失重法	均匀腐蚀，点蚀	平均腐蚀速率（mm/a）:0.49;点蚀平均深度（mm）:0.02;点蚀最大深度（mm）:0.04	
				榆林飞溅区	实海飞溅区放置，48个月，失重法	均匀腐蚀，点蚀，缝隙腐蚀	平均腐蚀速率（mm/a）:0.57;点蚀平均深度（mm）:0.03;点蚀最大深度（mm）:0.07;最大缝隙腐蚀深度（mm）:0.02	
				舟山全浸区	实海全浸区浸泡，48个月，失重法	均匀腐蚀，点蚀	平均腐蚀速率（mm/a）:34.0	
				舟山潮差区	实海潮差区放置，48个月，失重法	均匀腐蚀	平均腐蚀速率（mm/a）:2.2	
				舟山飞溅区	实海飞溅区放置，48个月，失重法	均匀腐蚀	平均腐蚀速率（mm/a）:0.76	

续表

牌号/材料	化学成分/%	加工/热处理状态	力学性能	腐蚀介质（溶液,pH值,温度,海水来源）	实验方法（静态/动态,流速,实验时长,测试方法）	腐蚀形式	腐蚀程度（年腐蚀速率,腐蚀电流密度,白腐蚀坑深度,自腐蚀电位等）	文献出处
HAl77-2A			变化: σ$_b$(%)、δ(%)/ −3.6、−5.9	青岛全浸区	实海全浸区浸泡 96个月,失重法	均匀腐蚀、点蚀、缝隙腐蚀	平均腐蚀速率（mm/a）: 2.0;点蚀平均深度（mm）: 0.23;点蚀最大深度（mm）: 0.5；最大缝隙腐蚀深度（mm）:0.17	中国腐蚀与防护网
			变化: σ$_b$(%)、δ(%)/ 3.6、−10.0	青岛潮差区	实海潮差区放置 96个月,失重法			
			变化: σ$_b$(%)、δ(%)/ 2.9、−10.1	青岛飞溅区	实海飞溅区放置 96个月,失重法	均匀腐蚀、点蚀	平均腐蚀速率（mm/a）: 4.4;点蚀平均深度（mm）: 0.08;点蚀最大深度（mm）: 0.1	
				全浸区,厦门	实海全浸区浸泡 96个月,失重法	均匀腐蚀	平均腐蚀速率（mm/a）: 19.0	
				潮差区,厦门	实海潮差区放置 96个月,失重法	均匀腐蚀	平均腐蚀速率(mm/a):1.9	
				飞溅区,厦门	实海飞溅区放置 96个月,失重法	均匀腐蚀	平均腐蚀速率（mm/a）: 2.47	
			变化: σ$_b$(%)、δ(%)/ 0.0、−12.2	全浸区,榆林	实海全浸区浸泡 96个月,失重法	均匀腐蚀、点蚀、缝隙腐蚀	平均腐蚀速率（mm/a）: 2.5;点蚀平均最大深度（mm）: 0.18;最大缝隙腐蚀深度（mm）: 0.34;最大缝隙腐蚀深度（mm）: 0.25	
			变化: σ$_b$(%)、δ(%)/ 2.1、−6.7	潮差区,榆林	实海潮差区放置 96个月,失重法	均匀腐蚀、缝隙腐蚀	平均腐蚀速率（mm/a）: 0.53;最大缝隙腐蚀深度（mm）: 0.23	

续表

牌号/材料	化学成分/%	加工/热处理状态	力学性能	腐蚀介质（溶液、pH值、温度、海水来源）	实验方法（静态/动态、流速、实验时长、测试方法）	腐蚀形式	腐蚀程度（年腐蚀速率、腐蚀电流密度、腐蚀坑深度、腐蚀电位等）	文献出处
			变化：σ_b(%)、δ(%)/4.3，−11.6	飞溅区，榆林	实海飞溅区放置，96个月，失重法	均匀腐蚀	平均腐蚀速率（mm/a）：0.43	
			变化：σ_b(%)、δ(%)/−8.0,0.0	全浸区，青岛	实海全浸区浸泡，12个月，失重法	均匀腐蚀、点蚀	平均腐蚀速率（mm/a）：4.3；点蚀平均深度（mm）：0.04	
				飞溅区，青岛	实海飞溅区放置，12个月，失重法	均匀腐蚀	平均腐蚀速率(mm/a)：5.1	
				全浸区，厦门	实海全浸区浸泡，12个月，失重法		平均腐蚀速率(mm/a)：2.1	中国腐蚀与防护网
				潮差区，厦门	实海潮差区放置，12个月，失重法		平均腐蚀速率(mm/a)：1.8	
HA177-2A			变化：σ_b(%)、δ(%)/−6.0,5.0	飞溅区，厦门	实海飞溅区放置，12个月，失重法		平均腐蚀速率(mm/a)：2.2	
				全浸区，榆林	实海全浸区浸泡，12个月，失重法	均匀腐蚀	平均腐蚀速率(mm/a)：2.4	
				潮差区，榆林	实海潮差区放置，12个月，失重法		平均腐蚀速率(mm/a)：0.95	
				飞溅区，榆林	实海飞溅区放置，12个月，失重法		平均腐蚀速率(mm/a)：0.87	
				全浸区，舟山	实海全浸区浸泡，12个月，失重法	均匀腐蚀、点蚀、缝隙腐蚀	平均腐蚀速率（mm/a）：14.0；点蚀平均深度（mm）：0.1；最大缝隙腐蚀深度（mm）：0.2；最大缝隙腐蚀深度（mm）：0.15	

续表

牌号/材料	化学成分/%	加工/热处理状态	力学性能	腐蚀介质（溶液、pH值、温度、海水来源）	实验方法（静态/动态、流速、实验时长、测试方法）	腐蚀形式	腐蚀程度（年腐蚀速率，腐蚀电流密度，腐蚀坑深度，自腐蚀电位等）	文献出处
HAl77-2A				潮差区，舟山	实海潮差区放置12个月，失重法	均匀腐蚀	平均腐蚀速率（mm/a）：3.0	中国腐蚀与防护网
				飞溅区，舟山	实海飞溅区放置12个月，失重法		平均腐蚀速率（mm/a）：0.77	
			变化：σ_b(%)、δ(%)/−1.0、−2.0	全浸区，青岛	实海全浸区浸泡24个月，失重法	均匀腐蚀，点蚀	平均腐蚀速率(mm/a):2.7；点蚀平均深度(mm):0.05；点蚀最大深度(mm):0.12	
				潮差区，青岛	实海潮差区放置24个月，失重法	均匀腐蚀	平均腐蚀速率(mm/a):1.9	
				飞溅区，青岛	实海飞溅区放置24个月，失重法		平均腐蚀速率(mm/a):4.1	
				全浸区，厦门	实海全浸区浸泡24个月，失重法	均匀腐蚀，缝隙腐蚀，点蚀	平均腐蚀速率（mm/a）:2.8；点蚀平均深度（mm）0.13；点蚀最大深度（mm）0.19；最大缝隙腐蚀深度（mm）:0.54	
				潮差区，厦门	实海潮差区放置24个月，失重法	均匀腐蚀	平均腐蚀速率（mm/a）:1.2	
				飞溅区，厦门	实海飞溅区放置24个月，失重法		平均腐蚀速率（mm/a）:2.6	
			变化：σ_b(%)、δ(%)/−2.0、0.0	全浸区，榆林	实海全浸区浸泡24个月，失重法	均匀腐蚀，点蚀，缝隙腐蚀	平均腐蚀速率（mm/a）:3.5；点蚀平均深度（mm）:0.16；点蚀最大深度（mm）:0.25；最大缝隙腐蚀深度（mm）:0.27	

续表

牌号/材料	化学成分/%	加工/热处理状态	力学性能	腐蚀介质（溶液，pH值，温度，海水来源）	实验方法（静态/动态、流速、实验时长、测试方法）	腐蚀形式	腐蚀程度（年腐蚀速率，腐蚀电流密度，腐蚀坑深度，自腐蚀电位等）	文献出处
				潮差区，榆林	实海潮差区放置，24个月，失重法	均匀腐蚀	平均腐蚀速率（mm/a）：0.68	
				飞溅区，榆林	实海飞溅区放置，24个月，失重法	均匀腐蚀	平均腐蚀速率（mm/a）：0.65	
				全浸区，舟山	实海全浸区浸泡，24个月，失重法	均匀腐蚀，点蚀，缝隙腐蚀	平均腐蚀速率（mm/a）：0.8；点蚀平均深度（mm）：0.06，点蚀最大深度（mm）：0.1；最大缝隙腐蚀深度（mm）：0.1	
				潮差区，舟山	实海潮差区放置，24个月，失重法	均匀腐蚀	平均腐蚀速率（mm/a）：1.9	中国腐蚀与防护网
				飞溅区，舟山	实海飞溅区放置，24个月，失重法	均匀腐蚀	平均腐蚀速率（mm/a）：0.43	
HAl77-2A			变化：σ_b(%)、δ(%)/0.0、1.0	全浸区，青岛	实海全浸区浸泡，48个月，失重法	均匀腐蚀，缝隙腐蚀	平均腐蚀速率（mm/a）：1.9；点蚀最大深度（mm）：0.11；点蚀最大深度（mm）：0.21；最大缝隙腐蚀深度（mm）：0.15	
				潮差区，青岛	实海潮差区放置，48个月，失重法	均匀腐蚀，缝隙腐蚀	平均腐蚀速率（mm/a）：1.8；点蚀平均深度（mm）：0.06，点蚀最大深度（mm）：0.12；最大缝隙腐蚀深度（mm）：0.09	
				飞溅区，青岛	实海飞溅区放置，48个月，失重法	均匀腐蚀	平均腐蚀速率（mm/a）：4.0	
				全浸区，厦门	实海全浸区浸泡，48个月，失重法	均匀腐蚀，点蚀，缝隙腐蚀	平均腐蚀速率（mm/a）：2.7；点蚀平均深度（mm）：0.13；点蚀最大深度（mm）：0.22；最大缝隙腐蚀深度（mm）：0.06	

续表

牌号/材料	化学成分/%	加工/热处理状态	力学性能	腐蚀介质（溶液、pH值、温度、海水来源）	实验方法（静态/动态、流速、实验时长、测试方法）	腐蚀形式	腐蚀程度（年腐蚀速率、腐蚀电流密度、腐蚀坑深度、自腐蚀电位等）	文献出处
				潮差区，厦门	实海潮差区放置，48个月，失重法	均匀腐蚀	平均腐蚀速率(mm/a):1.1	
				飞溅区，厦门	实海飞溅区放置，48个月，失重法	均匀腐蚀	平均腐蚀速率(mm/a):2.6	
			变化：σ_b(%)、δ(%)/ -1.0、-10.0	全浸区，榆林	实海全浸区浸泡，48个月，失重法	均匀腐蚀，点蚀，缝隙腐蚀	平均腐蚀速率（mm/a）：2.1；点蚀平均深度（mm）0.15；点蚀最大深度（mm）0.37；最大缝隙腐蚀深度（mm）：0.24	
				潮差区，榆林	实海潮差区放置，48个月，失重法	均匀腐蚀	平均腐蚀速率（mm/a）：0.36	中国腐蚀与防护网
				飞溅区，榆林	实海飞溅区放置，48个月，失重法	均匀腐蚀	平均腐蚀速率（mm/a）：0.48	
HAl77-2A				全浸区，舟山	实海全浸区浸泡，48个月，失重法	均匀腐蚀，点蚀，缝隙腐蚀	平均腐蚀速率（mm/a）：0.67，点蚀平均深度（mm）0.31，点蚀最大深度（mm）0.47；最大缝隙腐蚀深度（mm）：0.5	
				潮差区，舟山	实海潮差区放置，48个月，失重法	均匀腐蚀	平均腐蚀速率（mm/a）：2.0	
				飞溅区，舟山	实海飞溅区放置，48个月，失重法	均匀腐蚀	平均腐蚀速率（mm/a）：0.42	
			变化：σ_b(%)、δ(%)/ 10.0、-16.0	全浸区，青岛	实海全浸区浸泡，12个月，失重法	均匀腐蚀	平均腐蚀速率（mm/a）：4.8	

续表

牌号/材料	化学成分/%	加工/热处理状态	力学性能	腐蚀介质(溶液,pH值,温度,海水来源)	实验方法(静态/动态,流速,实验时长,测试方法)	腐蚀形式	腐蚀程度(年腐蚀速率,腐蚀电流密度,腐蚀坑深度,自腐蚀电位等)	文献出处
HAl77-2A			变化:σ_b(%),δ(%)/10.0,—14.0	潮差区,青岛	实海潮差区放置,12个月,失重法		平均腐蚀速率(mm/a):1.9	中国腐蚀与防护网
				飞溅区,青岛	实海飞溅区放置,12个月,失重法		平均腐蚀速率(mm/a):3.0	
				全浸区,厦门	实海全浸区浸泡,12个月,失重法		平均腐蚀速率(mm/a):4.7	
				潮差区,厦门	实海潮差区放置,12个月,失重法		平均腐蚀速率(mm/a):1.7	
				飞溅区,厦门	实海飞溅区放置,12个月,失重法	均匀腐蚀	平均腐蚀速率(mm/a):1.9	
				全浸区,榆林	实海全浸区浸泡,12个月,失重法		平均腐蚀速率(mm/a):3.7	
				潮差区,榆林	实海潮差区放置,12个月,失重法		平均腐蚀速率(mm/a):0.97	
				飞溅区,榆林	实海飞溅区放置,12个月,失重法		平均腐蚀速率(mm/a):0.93	
				全浸区,舟山	实海全浸区浸泡,12个月,失重法	均匀腐蚀,点蚀,缝隙腐蚀	平均腐蚀速率(mm/a):14.0;点蚀平均深度(mm):0.1;最大点蚀深度(mm):0.2;最大缝隙腐蚀深度(mm):0.15	
				潮差区,舟山	实海潮差区放置,12个月,失重法	均匀腐蚀	平均腐蚀速率(mm/a):3.0	

续表

牌号/材料	化学成分/%	加工/热处理状态	力学性能	腐蚀介质（溶液,pH值,温度,海水来源）	实验方法（静态/动态,流速,实验时长,测试方法）	腐蚀形式	腐蚀程度（年腐蚀速率,腐蚀电流密度,腐蚀坑深度,自腐蚀电位等）	文献出处
				飞溅区,舟山	实海飞溅区放置,12个月,失重法	均匀腐蚀	平均腐蚀速率（mm/a）:0.77	
			变化: σ_b (%), δ (%)/6.0,−31.0	全浸区,青岛	实海全浸区浸泡,24个月,失重法	均匀腐蚀,点蚀,缝隙腐蚀	平均腐蚀速率（mm/a）:2.4;点蚀平均深度（mm）:0.12;点蚀最大深度（mm）:0.22;最大缝隙腐蚀深度（mm）:0.05	
				潮差区,青岛	实海潮差区放置,24个月,失重法	均匀腐蚀,点蚀	平均腐蚀速率（mm/a）:1.5;点蚀最大深度（mm）:0.05	
				飞溅区,青岛	实海飞溅区放置,24个月,失重法	均匀腐蚀	平均腐蚀速率（mm/a）:4.3	中国腐蚀与防护网
HAl77-2A				全浸区,厦门	实海全浸区浸泡,24个月,失重法	均匀腐蚀,点蚀,缝隙腐蚀	平均腐蚀速率（mm/a）:3.7;点蚀平均深度（mm）:0.08;点蚀最大深度（mm）:0.13;最大缝隙腐蚀深度（mm）:0.04	
				潮差区,厦门	实海潮差区放置,24个月,失重法	均匀腐蚀	平均腐蚀速率（mm/a）:1.2	
				飞溅区,厦门	实海飞溅区放置,24个月,失重法	均匀腐蚀	平均腐蚀速率（mm/a）:1.5	
			变化: σ_b (%), δ (%)/5.0,−24.0	全浸区,榆林	实海全浸区浸泡,24个月,失重法	均匀腐蚀,点蚀,缝隙腐蚀	平均腐蚀速率（mm/a）:3.7;点蚀平均深度（mm）:0.13;点蚀最大深度（mm）:0.37;最大缝隙腐蚀深度（mm）:0.17	

续表

牌号/材料	化学成分/%	加工/热处理状态	力学性能	腐蚀介质(溶液,pH值,温度,海水来源)	实验方法(静态/动态,流速,实验时长,测试方法)	腐蚀形式	腐蚀程度(年腐蚀速率,腐蚀电流密度,腐蚀坑深度,自腐蚀电位等)	文献出处
HA177-2A				潮差区,榆林	实海潮差区放置,24个月,失重法	均匀腐蚀,点蚀,缝隙腐蚀	平均腐蚀速率(mm/a):0.66;点蚀平均深度(mm):0.01;点蚀最大深度(mm):0.05;最大缝隙腐蚀深度(mm):0.07	中国腐蚀与防护网
				飞溅区,榆林	实海飞溅区放置,24个月,失重法	均匀腐蚀	平均腐蚀速率(mm/a):0.57	
				全浸区,舟山	实海全浸区浸泡,24个月,失重法	均匀腐蚀,点蚀,缝隙腐蚀	平均腐蚀速率(mm/a):8.0;点蚀平均深度(mm):0.06;点蚀最大深度(mm):0.1;最大缝隙腐蚀深度(mm):0.1	
				潮差区,舟山	实海潮差区放置,24个月,失重法	均匀腐蚀	平均腐蚀速率(mm/a):1.9	
				飞溅区,舟山	实海飞溅区放置,24个月,失重法	均匀腐蚀,点蚀	平均腐蚀速率(mm/a):0.43;点蚀平均深度(mm):0.04;点蚀最大深度(mm):0.08	
			变化:σ_b(%),δ(%)/-5.0,-58	全浸区,青岛	实海全浸区浸泡,48个月,失重法	均匀腐蚀,点蚀,缝隙腐蚀	平均腐蚀速率(mm/a):2.2;点蚀平均深度(mm):0.24;点蚀最大深度(mm):0.4;最大缝隙腐蚀深度(mm):0.1	
				潮差区,青岛	实海潮差区放置,48个月,失重法	均匀腐蚀,点蚀	平均腐蚀速率(mm/a):2.0;点蚀平均深度(mm):0.07;点蚀最大深度(mm):0.16	

续表

牌号/材料	化学成分/%	加工/热处理状态	力学性能	腐蚀介质（溶液、pH值、温度、海水来源）	实验方法（静态/动态、流速、实验时长、测试方法）	腐蚀形式	腐蚀程度（年腐蚀速率、腐蚀电流密度、腐蚀坑深度、自腐蚀电位等）	文献出处
HAl77-2A				飞溅区，青岛	实海飞溅区放置，48个月，失重法	均匀腐蚀	平均腐蚀速率(mm/a):3.2	中国腐蚀与防护网
				全浸区，厦门	实海全浸区浸泡，48个月，失重法	均匀腐蚀，点蚀，缝隙腐蚀	平均腐蚀速率(mm/a):3.4;点蚀平均深度(mm):0.23;点蚀最大深度(mm):0.3;最大缝隙腐蚀深度(mm):0.23	
				潮差区，厦门	实海潮差区放置，48个月，失重法	均匀腐蚀	平均腐蚀速率(mm/a):1.3	
				飞溅区，厦门	实海飞溅区放置，48个月，失重法		平均腐蚀速率(mm/a):2.3	
			变化：σ_b(%)、δ(%)/5.0、-25	全浸区，榆林	实海全浸区浸泡，48个月，失重法	均匀腐蚀，点蚀，缝隙腐蚀	平均腐蚀速率(mm/a):2.4;点蚀平均深度(mm):0.24;点蚀最大深度(mm):0.5;最大缝隙腐蚀深度(mm):0.28	
				潮差区，榆林	实海潮差区放置，48个月，失重法	均匀腐蚀	平均腐蚀速率(mm/a):0.33	
				飞溅区，榆林	实海飞溅区放置，48个月，失重法	均匀腐蚀，点蚀，缝隙腐蚀	平均腐蚀速率(mm/a):0.43;点蚀(mm):0.01;点蚀最大深度(mm):0.06;腐蚀深度(mm):0.03	
				全浸区，舟山	实海全浸区浸泡，48个月，失重法	均匀腐蚀，点蚀，缝隙腐蚀	平均腐蚀速率(mm/a):6.7;点蚀平均深度(mm):0.31;最大缝隙腐蚀深度(mm):0.47;腐蚀深度(mm):0.5	
				潮差区，舟山	实海潮差区放置，48个月，失重法	均匀腐蚀	平均腐蚀速率(mm/a):2.0	
				飞溅区，舟山	实海飞溅区放置，48个月，失重法	均匀腐蚀	平均腐蚀速率(mm/a):0.42	

续表

牌号/材料	化学成分/%	加工/热处理状态	力学性能	腐蚀介质(溶液,pH值,温度,海水来源)	实验方法(静态/动态,流速,实验时长,测试方法)	腐蚀形式	腐蚀程度(年腐蚀速率,腐蚀电流密度,腐蚀坑深度,自腐蚀电位等)	文献出处
	Cu 76.57, Al 1.81, P<0.01, Pb<0.02, Fe 0.01, Sb 0.069, Zn 为余量			青岛小麦岛海域,海水平均盐度31.5‰,平均温度13.7℃,平均溶解氧浓度8.4mg/L,pH平均值8.3,平均气温12.3℃,平均相对湿度71%,年平均降雨量643mm	海洋飞溅区暴露,暴露时间为1a,2a,4a,8a和16a,失重法,表面分析	均匀腐蚀,点蚀	海洋飞溅区暴露1a,2a,4a,8a和16a的平均腐蚀速率(mm/a):0.004,0.0043,0.0043,0.0043,0.0045	[59]
	Cu 77.0, Al 2.0, As 0.05, Fe 0.06, Pb 0.05, Sb 0.05, Bi 0.002, P 0.02, Zn为余量			塘沽海域的天然海水,Cl-含量为18766mg/L, pH7.78, 温度(25±1)℃,含氧量7.53mg/L	动态冲刷,实验前海水浸泡10min(圆环),介质流速为0～5m/s,电化学分析(EIS, LP),表面分析(电子显微镜)	冲刷腐蚀,点蚀	流速≤2m/s时,腐蚀速率随着流速的增大呈线性增大;流速在2～4m/s范围内,腐蚀速率的变化较小;流速≥4.5m/s时,试样出现腐蚀点蚀,且随着流速的增加腐蚀速率又迅速增大	[53]
	Zn 16.7, Al 1.97, Fe 0.042, Ni 0.035, La 0.018, Ce 0.029, Cu 为余量	经580℃,25min退火处理后,空冷		质量分数为3.5% NaCl溶液,20℃	静态浸泡腐蚀,25d,失重法;表面分析(SEM,EDS等)	脱锌腐蚀	腐蚀速率为7.3mg/(m²·h)	[54]
HAl77-2	Zn 17.4, Al 2.02, Fe 0.046, Ni 0.030, Cu 为余量;成分见文献:王吉会,等. 材料研究学报,1996,10(6)	560℃退火10min成膜,保护气体为氮气		质量分数3.5%的NaCl溶液(60℃恒温±2℃)	静态浸泡腐蚀,188h,失重法;电化学分析(PD)	脱锌腐蚀	随B含量的增加,腐蚀速率先下降后升高;当在相同的B含量的条件下,加入As会使得腐蚀速率继续减小	[55]

续表

牌号/材料	化学成分/%	加工/热处理状态	力学性能	腐蚀介质（溶液、pH值、温度、海水来源）	实验方法（静态/动态、流速、实验时长、测试方法）	腐蚀形式	腐蚀程度（年腐蚀速率、腐蚀电流密度、腐蚀坑深度、自腐蚀电位等）	文献出处
HAl77-2	Cu 77.24, Al 2.14, Ni 0.79, As 0.054, B 0.0073, Zn 为余量				静态浸泡腐蚀, 30d, 失重法; 电化学分析(PD); 表面分析(SEM,EDS等)		年腐蚀速率（mm/a）: 0.00638, R_p（Ω/cm²）: 1387.8, I_{corr}（A/cm²）: 1.8797×10^{-5}, E_{corr} V: -0.2638	[56]
	Cu 77.25, Al 2.15, Ni 0.78, B 0.0075, Ce 0.09, Zn 为余量	经 560 ℃, 30min 退火处理后,随炉冷却		质量分数为 3.5% NaCl 溶液	静态浸泡腐蚀, 30d, 失重法; 电化学分析(PD); 表面分析(SEM,EDS等)	均匀腐蚀, 沿晶腐蚀	年腐蚀速率（mm/a）: 0.00620, R_p（Ω/cm²）: 2668.3, I_{corr}（A/cm²）: 9.7768×10^{-6}, E_{corr} V: -0.3456	
	Cu 77.30, Al 2.12, Ni 0.81, As 0.057, B 0.0076, Ce 0.08, Zn 为余量						年腐蚀速率（mm/a）: 0.00722, R_p（Ω/cm²）: 2632.8, I_{corr}（A/cm²）: 9.9083×10^{-6}, E_{corr} V: -0.2940	
	Cu77.2, Zn 为余量			3.5% NaCl 溶液, pH 6.5	浸泡腐蚀实验 600h, 电化学测试(PD), 表面分析(SEM)等	脱锌腐蚀, 均匀腐蚀	平均腐蚀速率（mm/a） 0.04664	[70]
HAl77-2A (管材)	Cu 76.4, Al 2.3, Zn 为余量	Y2	σ_b (MPa) 377, δ (%) 63.1	青岛试验站海水, 盐度 32.2‰, 温度 13.6℃, pH 8.16, 溶氧量 5.6mL/L	实海暴露, 暴露时间为 1a, 2a, 4a, 失重法	点蚀, 均匀腐蚀	浸泡时间（a）/平均腐蚀速率（μm/a）: 1/4.8, 2/2.4, 4/2.2; 浸泡时间（a）/平均点蚀深度（mm）: 1/—, 2/0.12, 4/0.24; 浸泡时间（a）/最大点蚀深度（mm）: 1/—, 2/0.22, 4/0.40	[60]
				厦门试验站海水, 温度 20.9℃, 盐度 27.0‰, pH 8.13, 溶氧量 5.3mL/L			浸泡时间（a）/平均腐蚀速率（μm/a）: 1/4.7, 2/3.7, 4/3.4; 浸泡时间（a）/平均点蚀深度（mm）: 1/—, 2/0.08, 4/0.23; 浸泡时间（a）/最大点蚀深度（mm）: 1/—, 2/0.13, 4/0.30	

续表

牌号/材料	化学成分/%	加工/热处理状态	力学性能	腐蚀介质（溶液，pH值，温度，海水来源）	实验方法（静态/动态，流速，实验时长，测试方法）	腐蚀形式	腐蚀程度（年腐蚀速率，腐蚀电流密度，腐蚀坑深度，自腐蚀电位等）	文献出处
HAl77-2A（管材）	Cu 76.4、Al 2.3、Zn 为余量	Y2	σ_b（MPa）377，δ（%）63.1	榆林试验站海水，盐度 33.0‰～35.0‰，温度 27℃，溶氧量 4.3～5.0mL/L	实海暴露，暴露时间为 1a、2a、4a，失重法	点蚀、均匀腐蚀	浸泡时间（a）/平均腐蚀速率（μm/a）：1/3.7，2/3.7，4/2.4；浸泡时间（a）/平均点蚀深度（mm）：1/—，2/0.13，4/0.24；浸泡时间（a）/最大点蚀深度（mm）：1/—，2/0.37，4/0.50	[60]
HMn58-2	Cu 58.65，Mn 1.53，P 0.01，Pb 0.02，Fe 0.08，Zn 为余量			青岛小麦岛海域，海水平均盐度 31.5‰，平均温度 13.7℃，平均溶解氧浓度 8.4mg/L，pH 平均值 8.3，平均气温 12.3℃，平均相对湿度 71%，年平均降雨量 643mm	海洋飞溅区暴露，暴露时间为 1a、2a、4a、8a 和 16a，失重法，表面分析	均匀腐蚀	海洋飞溅区暴露 1a、2a、4a、8a 和 16a 的平均腐蚀速率（mm/a）：0.012，0.008，0.004，0.004，0.004	[59]
	Cu 58.65，Zn 39.71，Mn 1.53			天然海水	实海暴露 1a、2a、4a、8a，表面分析（SEM，金相显微镜）	脱锌腐蚀	实海暴露 1a、2a、4a、8a 的平均腐蚀速率（μm/a）：32，33，20，14	[58]
		Y	σ_b（MPa）600，δ（%）10.3	舟山港螺头门海域海水，平均盐度 24.5‰，平均温度 17.4℃，pH 8.1	实海暴露，暴露时间 1a、2a、4a、8a，失重法	点蚀、脱成分腐蚀、缝隙腐蚀	浸泡时间（a）/平均腐蚀速率（μm/a）：1/63，2/30，4/37，8/50	[61]
HMn58-2（板材）	Cu 58.7、Mn 1.53，Zn 为余量	Y	σ_b（MPa）600，δ（%）10.3	舟山天然海水（盐度 24.9‰，温度 30℃±1℃，pH 8.12，悬浮泥沙含量 403.2mg/L，泥沙平均粒径 6.202μm，最大粒径 64.791μm，最小粒径为 1.288μm）制成清海水及泥沙含量为 0.75‰和 1.5‰的海水	实验室动态冲刷，流速 2.1m/s，20d 失重法	冲刷腐蚀	泥沙含量（‰）/腐蚀速率（mm/a）：0（清海水）/0.0073，0.75/0.047，1.5/0.096	[61]

续表

牌号/材料	化学成分/%	加工/热处理状态	力学性能	腐蚀介质(溶液,pH值,温度,海水来源)	实验方法(静态/动态,流速,实验时长,测试方法)	腐蚀形式	腐蚀程度(年腐蚀速率,腐蚀电流密度,腐蚀坑深度,自腐蚀电位等)	文献出处
HMn58-2			变化：σ_b(%)、δ(%)/4.0、15.0	全浸区,青岛	实海全浸区浸泡,12个月,失重法		平均腐蚀速率(mm/a)：17.0	
			变化：σ_b(%)、δ(%)/5.4、12.0	潮差区,青岛	实海潮差区放置,12个月,失重法		平均腐蚀速率(mm/a)：13.0	
				飞溅区,青岛	实海飞溅区放置,12个月,失重法		平均腐蚀速率(mm/a)：6.9	
				全浸区,厦门	实海全浸区浸泡,12个月,失重法		平均腐蚀速率(mm/a)：26.0	
				潮差区,厦门	实海潮差区放置,12个月,失重法	均匀腐蚀	平均腐蚀速率(mm/a)：10.0	
				飞溅区,厦门	实海飞溅区放置,12个月,失重法		平均腐蚀速率(mm/a)：3.2	中国腐蚀与防护网
			变化：σ_b(%)、δ(%)/−1.0、−25.0	全浸区,榆林	实海全浸区浸泡,12个月,失重法		平均腐蚀速率(mm/a)：31.0	
			变化：σ_b(%)、δ(%)/7.0、25.0	潮差区,榆林	实海潮差区放置,12个月,失重法		平均腐蚀速率(mm/a)：11.0	
				飞溅区,榆林	实海飞溅区放置,12个月,失重法		平均腐蚀速率(mm/a)：2.3	
			变化：σ_b(%)、δ(%)/0.0、−35.0	全浸区,青岛	实海全浸区浸泡,24个月,失重法	均匀腐蚀、缝隙腐蚀	平均腐蚀速率(mm/a)：15.0；最大缝隙腐蚀深度(mm)：0.2	

续表

牌号/材料	化学成分 %	加工/热处理状态	力学性能	腐蚀介质(溶液,pH值,温度,海水来源)	实验方法(静态/动态、流速、实验时长、测试方法)	腐蚀形式	腐蚀程度(年腐蚀速率、腐蚀电流密度、腐蚀坑深度、自腐蚀电位等)	文献出处
HMn58-2				潮差区,青岛	实海潮差区放置,24个月,失重法		平均腐蚀速率(mm/a):12.0	中国腐蚀与防护网
				飞溅区,青岛	实海飞溅区放置,24个月,失重法		平均腐蚀速率(mm/a):4.5	
				全浸区,厦门	实海全浸区浸泡,24个月,失重法	均匀腐蚀	平均腐蚀速率(mm/a):26.0	
				潮差区,厦门	实海潮差区放置,24个月,失重法		平均腐蚀速率(mm/a):12.0	
				飞溅区,厦门	实海飞溅区放置,24个月,失重法		平均腐蚀速率(mm/a):4.2	
		变化:σ_b(%),δ(%)/−8.0,−38.0		全浸区,榆林	实海全浸区浸泡,24个月,失重法	均匀腐蚀,点蚀	平均腐蚀速率(mm/a):32.0;点蚀平均深度(mm):0.09;点蚀最大深度(mm):0.26	
				潮差区,榆林	实海潮差区放置,24个月,失重法		平均腐蚀速率(mm/a):8.3	
				飞溅区,榆林	实海飞溅区放置,24个月,失重法	均匀腐蚀	平均腐蚀速率(mm/a):1.6	
				全浸区,舟山	实海全浸区浸泡,24个月,失重法	均匀腐蚀,点蚀,缝隙腐蚀	平均腐蚀速率(mm/a):30.0;点蚀平均深度(mm):0.05;点蚀最大深度(mm):0.09;最大缝隙腐蚀深度(mm):0.05	

续表

牌号/材料	化学成分/%	加工/热处理状态	力学性能	腐蚀介质（溶液、pH值、温度、海水来源）	实验方法（静态/动态、流速、实验时长、测试方法）	腐蚀形式	腐蚀程度（年腐蚀速率、腐蚀电流密度、腐蚀坑深度、自腐蚀电位等）	文献出处
HMn58-2				潮差区，舟山	实海潮差区放置，24个月，失重法		平均腐蚀速率(mm/a)：5.3	中国腐蚀与防护网
			变化：σ_b(%)、δ(%)：−7.0、−56.0	全浸区，青岛	实海全浸区浸泡，48个月，失重法		平均腐蚀速率（mm/a）：14.0	
			变化：σ_b(%)、δ(%)：−9.0、−30.0	潮差区，青岛	实海潮差区放置，48个月，失重法	均匀腐蚀	平均腐蚀速率（mm/a）：15.0	
				飞溅区，青岛	实海飞溅区放置，48个月，失重法		平均腐蚀速率（mm/a）：2.6	
				全浸区，厦门	实海全浸区浸泡，48个月，失重法		平均腐蚀速率（mm/a）：21.0	
				潮差区，厦门	实海潮差区放置，48个月，失重法	均匀腐蚀、点蚀	平均腐蚀速率（mm/a）：14.0；点蚀平均深度（mm）：0.21；点蚀最大深度（mm）：0.42	
				飞溅区，厦门	实海飞溅区放置，48个月，失重法		平均腐蚀速率（mm/a）：4.9	
			变化：σ_b(%)、δ(%)：−1.0、−56.0	全浸区，榆林	实海全浸区浸泡，48个月，失重法	均匀腐蚀	平均腐蚀速率（mm/a）：19.0	
			变化：σ_b(%)、δ(%)：−4.0、−18.0	潮差区，榆林	实海潮差区放置，48个月，失重法		平均腐蚀速率（mm/a）：10.0	
				飞溅区，榆林	实海飞溅区放置，48个月，失重法		平均腐蚀速率（mm/a）：1.4	

续表

牌号/材料	化学成分/%	加工/热处理状态	力学性能	腐蚀介质（溶液，pH值，温度，海水来源）	实验方法（静态/动态，流速，实验时长，测试方法）	腐蚀形式	腐蚀程度（年腐蚀速率，腐蚀电流密度，腐蚀坑深度，自腐蚀电位等）	文献出处
HMn58-2				全浸区，舟山	实海全浸区浸泡，48个月，失重法		平均腐蚀速率（mm/a）：37.0	中国腐蚀与防护网
				潮差区，舟山	实海潮差区放置，48个月，失重法		平均腐蚀速率（mm/a）：8.2	
			变化：σ_b(%)、δ(%)/−48.8，−75.7	全浸区，青岛	实海全浸区浸泡，96个月，失重法		平均腐蚀速率（mm/a）：26.0	
			变化：σ_b(%)、δ(%)/−28.8，−53.9	潮差区，青岛	实海潮差区放置，96个月，失重法	均匀腐蚀	平均腐蚀速率（mm/a）：19.0	
			变化：σ_b(%)、δ(%)/2.1，21.4	飞溅区，青岛	实海飞溅区放置，96个月，失重法		平均腐蚀速率（mm/a）：2.8	
				全浸区，厦门	实海全浸区浸泡，96个月，失重法		平均腐蚀速率（mm/a）：18.0	
				潮差区，厦门	实海潮差区放置，96个月，失重法		平均腐蚀速率（mm/a）：13.0	
			变化：σ_b(%)、δ(%)/−18.8，−51.5	飞溅区，厦门	实海飞溅区放置，96个月，失重法		平均腐蚀速率（mm/a）：3.5	
				全浸区，榆林	实海全浸区浸泡，96个月，失重法	均匀腐蚀，点蚀	平均腐蚀速率(mm/a):14.0；点蚀平均深度(mm):0.13；点蚀最大深度(mm):0.23	
				潮差区，榆林	实海潮差区放置，96个月，失重法		平均腐蚀速率(mm/a):8.0	
			变化：σ_b(%)、δ(%)/4.2，26.2	飞溅区，榆林	实海飞溅区放置，96个月，失重法	均匀腐蚀	平均腐蚀速率(mm/a):0.9	

续表

牌号/材料	化学成分/%	加工/热处理状态	力学性能	腐蚀介质(溶液、pH值、温度、海水来源)	实验方法(静态/动态、流速、实验时长、测试方法)	腐蚀形式	腐蚀程度(年腐蚀速率、腐蚀电流密度、腐蚀坑深度、自腐蚀电位等)	文献出处
	Cu 61.43,Sn 0.89,P 0.05,Fe<0.01,Zn 为余量			青岛小麦岛海域,海水平均盐度31.5‰,平均温度13.7℃,平均溶解氧浓度8.4mg/L,pH平均值8.3,平均气温12.3℃,平均相对湿度71%,年平均降雨量643mm	海洋飞溅区暴露,暴露时间为1a、2a、4a、8a和16a,失重法,表面分析	均匀腐蚀,点蚀,脱锌腐蚀,缝隙腐蚀	海洋飞溅区暴露1a、2a、4a、8a和16a的平均腐蚀速率(mm/a):0.0075,0.0045,0.0025,0.0020,0.0020	[59]
	Cu 61.4,Zn 37.6,Sn 0.9,Pb 0.007,Fe 0.04			万宁的海洋大气(平均气温/℃:24.7,雨时(h/a):6736,雨水 pH:5.0,沉积 Cl⁻[mg/(cm²·d)]:38.7,大气 Cl⁻(mg/cm³):11229	试样与水平面成45°朝南固定于暴晒架上,暴露1a、2a、3a、6a、10a和20a后分批回收试样,失重法;表面分析(SEM)	脱锌腐蚀,沿晶腐蚀	平均年腐蚀速率约为4g/(mm²·a)	[57]
HSn62-1	Cu 61.40,Zn 37.63,Sn 1.01		变化:σ_b(%)、$-\delta$(%)/2.0、12.0	天然海水	实海暴露1a、2a、4a、8a,表面分析(SEM,金相显微镜)	脱锌腐蚀	实海暴露1a、2a、4a、8a、8a的平均腐蚀速率(μm/a):20,16,10,6	[58]
				全浸区,青岛	实海全浸区浸泡,12个月,失重法		平均腐蚀速率(mm/a):18.0	中国腐蚀与防护网
				潮差区,青岛	实海潮差区放置,12个月,失重法		平均腐蚀速率(mm/a):16.0	
				飞溅区,青岛	实海飞溅区放置,12个月,失重法	均匀腐蚀	平均腐蚀速率(mm/a):7.4	
				全浸区,厦门	实海全浸区浸泡,12个月,失重法		平均腐蚀速率(mm/a):24.0	
				潮差区,厦门	实海潮差区放置,12个月,失重法		平均腐蚀速率(mm/a):6.4	

续表

牌号/材料	化学成分/%	加工/热处理状态	力学性能	腐蚀介质(溶液、pH值、温度、海水来源)	实验方法(静态/动态、流速、实验时长、测试方法)	腐蚀形式	腐蚀程度(年腐蚀速率、腐蚀电流密度、腐蚀坑深度、自腐蚀电位等)	文献出处
			变化:σ_b(%)、δ(%)/3.0、7.0	溅区,厦门	实海飞溅区放置,12个月,失重法		平均腐蚀速率(mm/a):2.8	
				全浸区,榆林	实海全浸区浸泡,12个月,失重法	均匀腐蚀	平均腐蚀速率(mm/a):18.0	
				潮差区,榆林	实海潮差区放置,12个月,失重法		平均腐蚀速率(mm/a):3.5	
				飞溅区,榆林	实海飞溅区放置,12个月,失重法		平均腐蚀速率(mm/a):1.3	
HSn62-1			变化:σ_b(%)、δ(%)/3.0、0.0	全浸区,青岛	实海全浸区浸泡,24个月,失重法	均匀腐蚀、点蚀、缝隙腐蚀	平均腐蚀速率(mm/a):16.0;点蚀平均深度(mm)0.06;点蚀最大深度(mm)0.1;最大缝隙腐蚀深度(mm):0.08	中国腐蚀与防护网
				潮差区,青岛	实海潮差区放置,24个月,失重法		平均腐蚀速率(mm/a):9.3	
				飞溅区,青岛	实海飞溅区放置,24个月,失重法		平均腐蚀速率(mm/a):4.4	
				全浸区,厦门	实海全浸区浸泡,24个月,失重法	均匀腐蚀	平均腐蚀速率(mm/a):17.0	
				潮差区,厦门	实海潮差区放置,24个月,失重法		平均腐蚀速率(mm/a):3.9	
				飞溅区,厦门	实海飞溅区放置,24个月,失重法		平均腐蚀速率(mm/a):2.9	

续表

牌号/材料	化学成分/%	加工/热处理状态	力学性能	腐蚀介质(溶液,pH值,温度,海水来源)	实验方法(静态/动态,流速,实验时长,测试方法)	腐蚀形式	腐蚀程度(年腐蚀速率,腐蚀电流密度,腐蚀坑深度,自腐蚀电位等)	文献出处
HSn62-1			变化:σ_b(%),δ(%)/0.0,10.0	全浸区,榆林	实海全浸区浸泡,24个月,失重法	均匀腐蚀	平均腐蚀速率(mm/a):16.0	中国腐蚀与防护网
				潮差区,榆林	实海潮差区放置,24个月,失重法		平均腐蚀速率(mm/a):3.3	
				飞溅区,榆林	实海飞溅区放置,24个月,失重法		平均腐蚀速率(mm/a):0.91	
				全浸区,舟山	实海全浸区浸泡,24个月,失重法		平均腐蚀速率(mm/a):23.0	
				潮差区,舟山	实海潮差区放置,24个月,失重法		平均腐蚀速率(mm/a):3.7	
				飞溅区,舟山	实海飞溅区放置,24个月,失重法		平均腐蚀速率(mm/a):0.32	
			变化:σ_b(%),δ(%)/-4.0,-10.0	全浸区,青岛	实海全浸区浸泡,48个月,失重法	均匀腐蚀,缝隙腐蚀	平均腐蚀速率(mm/a):9.4;最大缝隙腐蚀深度(mm):0.13	
				潮差区,青岛	实海潮差区放置,48个月,失重法	均匀腐蚀,点蚀	平均腐蚀速率(mm/a):5.3;点蚀平均深度(mm):0.07;点蚀最大深度(mm):0.18	
				飞溅区,青岛	实海飞溅区放置,48个月,失重法	均匀腐蚀	平均腐蚀速率(mm/a):2.3	
				全浸区,厦门	实海全浸区浸泡,48个月,失重法		平均腐蚀速率(mm/a):12.0	

续表

牌号/材料	化学成分/%	加工/热处理状态	力学性能	腐蚀介质（溶液，pH值，温度，海水来源）	实验方法（静态/动态，流速，实验时长，测试方法）	腐蚀形式	腐蚀程度（年腐蚀速率，腐蚀电流密度，腐蚀坑深度，自腐蚀电位等）	文献出处
				潮差区，厦门	实海潮差区放置，48个月，失重法		平均腐蚀速率（mm/a）：5.0	
				飞溅区，厦门	实海飞溅区放置，48个月，失重法		平均腐蚀速率（mm/a）：3.6	
			变化：σ_b(%)，δ(%)/3.0，-32.0	全浸区，榆林	实海全浸区浸泡，48个月，失重法	均匀腐蚀	平均腐蚀速率（mm/a）：10.0	
				潮差区，榆林	实海潮差区放置，48个月，失重法		平均腐蚀速率（mm/a）：2.1	
				飞溅区，榆林	实海飞溅区放置，48个月，失重法		平均腐蚀速率（mm/a）：0.75	
HSn62-1				全浸区，舟山	实海全浸区浸泡，48个月，失重法		平均腐蚀速率（mm/a）：18.0	中国腐蚀与防护网
				潮差区，舟山	实海潮差区放置，48个月，失重法		平均腐蚀速率（mm/a）：2.8	
				飞溅区，舟山	实海飞溅区放置，48个月，失重法		平均腐蚀速率（mm/a）：1.2	
			变化：σ_b(%)，δ(%)/-1.8，-38.3	全浸区，青岛	实海全浸区浸泡，96个月，失重法	均匀腐蚀，缝隙腐蚀	平均腐蚀速率（mm/a）：7.7；最大缝隙腐蚀深度（mm）：0.38	
			变化：σ_b(%)，δ(%)/1.0，-14.5	潮差区，青岛	实海潮差区放置，96个月，失重法	均匀腐蚀，点蚀，缝隙腐蚀	平均腐蚀速率（mm/a）：3.9；点蚀平均深度（mm）：0.1；点蚀最大深度（mm）：0.13；最大缝隙腐蚀深度（mm）：0.1	

续表

牌号/材料	化学成分/%	加工/热处理状态	力学性能	腐蚀介质（溶液、pH值、温度、海水来源）	实验方法（静态/动态、流速、实验时长、测试方法）	腐蚀形式	腐蚀程度（年腐蚀速率、腐蚀电流密度、腐蚀坑深度、点蚀最大深度等）	文献出处
HSn62-1			变化: σ_b (%)、δ(%)/ −0.1、−3.1	飞溅区，青岛	实海飞溅区放置，96个月，失重法	均匀腐蚀，点蚀	平均腐蚀速率(mm/a):2.2；点蚀平均深度(mm):0.08；点蚀最大深度(mm):0.12	
				全浸区，厦门	实海全浸区浸泡，96个月，失重法	均匀腐蚀	平均腐蚀速率(mm/a):7.8	中国腐蚀与防护网
				潮差区，厦门	实海潮差区放置，96个月，失重法		平均腐蚀速率(mm/a):3.9	
				飞溅区，厦门	实海飞溅区放置，96个月，失重法		平均腐蚀速率(mm/a):2.0	
			变化: σ_b(%)、δ(%)/ 3.2、−5.6	全浸区，榆林	实海全浸区浸泡，96个月，失重法	均匀腐蚀	平均腐蚀速率(mm/a):7.4	
				潮差区，榆林	实海潮差区放置，96个月，失重法		平均腐蚀速率(mm/a):1.6	
			变化: σ_b(%)、δ(%)/ 3.2、3.5	飞溅区，榆林	实海飞溅区放置，96个月，失重法		平均腐蚀速率(mm/a): 0.49	
HSn62-1 (板材)	Cu 61.4, Sn 0.89, Zn为余量	Y	σ_b(MPa) 453, δ(%) 22.7	舟山港螺头门海域海水（盐度24.5‰，平均盐度24.5‰，平均温度17.4℃，pH 8.1	实海暴露，暴露时间1a,2a,4a,8a，失重法	均匀腐蚀	浸泡时间(a)/平均腐蚀速率(μm/a): 1/32, 2/23, 4/18.8, 8/15	[61]
		Y	σ_b(MPa) 453, δ(%) 22.7	舟山天然海水（盐度24.9‰，温度30℃±1℃，pH 8.12、悬浮泥沙含量403.2mg/L，泥沙平均粒径6.202μm，最大粒径64.791μm，最小粒径1.288μm）制成清海水及泥沙含量为0.75‰和1.5‰的海水	实验室动态冲刷，流速2.1m/s，20d，失重法	冲刷腐蚀	泥沙含量(‰)/腐蚀速率(mm/a):0（清海水）/0.0078, 0.75/0.18, 1.5/0.29	[61]

续表

牌号/材料	化学成分/%	加工/热处理状态	力学性能	腐蚀介质（溶液，pH值，温度，海水来源）	实验方法（静态/动态，流速，实验时长，测试方法）	腐蚀形式	腐蚀程度（年腐蚀速率，腐蚀电流密度，腐蚀深度，自腐蚀电位等）	文献出处
HSn70-1A（板材）	Cu 70.6，Sn 0.9，Zn 为余量	M	σ_b (MPa) 343，δ (%) 73.4	舟山港螺头门海域海水，平均盐度 24.5‰，平均温度 17.4℃，pH 8.1	实海暴露，暴露时间 1a，2a，4a，8a，失重法	缝隙腐蚀	浸泡时间（a）/平均腐蚀速率（μm/a）：1/23，2/17，4/14，8/12	[61]
				舟山天然海水（盐度 24.9‰，温度 30℃±1℃，pH 8.12，悬浮泥沙含量 403.2mg/L，泥沙平均粒径为 6.202μm，最大粒径为 64.791μm，最小粒径为 1.288μm）制成清海水及泥沙含量为 0.75‰ 和 1.5‰ 的海水	实验室动态冲刷，流速 2.1m/s，20d，失重法	冲刷腐蚀	泥沙含量（‰）/腐蚀速率（mm/a）：0（清海水）/0.048，0.75/0.42，1.5/0.31	[61]
HSn70-1A	Cu 69.30，As 0.023，Sn 0.80，Zn 为余量	退火处理	变化：σ_b (%)，δ (%)/−2.0，−1.0	浓度（mol/L）为 0，0.01，0.015，0.02，0.025，0.03，0.035，0.04，0.05 的 NaCl 中性溶液，pH = 7.0~7.5	静态浸泡，1.5 年（管材）；失重法，表面分析（TEM，电子衍射等）	均匀腐蚀，脱锌腐蚀	Cl^- 浓度（mol/L）/腐蚀速率（mm/a）/0/5.23×10^{-4}，0.01/8.41×10^{-4}，0.015/1.46×10^{-3}，0.02/1.69×10^{-3}，0.025/1.84×10^{-3}，0.03/2.05×10^{-3}，0.035/2.23×10^{-3}，0.04/2.45×10^{-3}，0.05/2.64×10^{-3}	[52]
HSn70-1A				全浸区，青岛	实海全浸区浸泡，12 个月，失重法	均匀腐蚀	平均腐蚀速率（mm/a）：23.0	中国腐蚀与防护网
				潮差区，青岛	实海潮差区放置，12 个月，失重法		平均腐蚀速率（mm/a）：18.0	
				飞溅区，青岛	实海飞溅区放置，12 个月，失重法		平均腐蚀速率（mm/a）：3.7	

牌号/材料	化学成分/%	加工/热处理状态	力学性能	腐蚀介质（溶液pH值、温度、海水来源）	实验方法（静态/动态、流速、实验时长、测试方法）	腐蚀形式	腐蚀程度（年腐蚀速率、腐蚀电流密度、腐蚀坑深度、自腐蚀电位等）	文献出处
HSn70-1A				全浸区，厦门	实海全浸区浸泡，12个月，失重法	均匀腐蚀	平均腐蚀速率（mm/a）：18.0	中国腐蚀与防护网
				潮差区，厦门	实海潮差区放置，12个月，失重法		平均腐蚀速率（mm/a）：5.5	
				飞溅区，厦门	实海飞溅区放置，12个月，失重法		平均腐蚀速率（mm/a）：4.4	
			变化：σ_b(%)、δ(%)/−2.0、−1.0	全浸区，榆林	实海全浸区浸泡，12个月，失重法		平均腐蚀速率（mm/a）：20.0	
				潮差区，榆林	实海潮差区放置，12个月，失重法		平均腐蚀速率（mm/a）：4.3	
				飞溅区，榆林	实海飞溅区放置，12个月，失重法		平均腐蚀速率（mm/a）：1.9	
			变化：σ_b(%)、δ(%)/−4.0、−4.0	全浸区，青岛	实海全浸区浸泡，12个月，失重法	均匀腐蚀、缝隙腐蚀	平均腐蚀速率（mm/a）：16.0；最大缝隙腐蚀深度（mm）：0.06	
				潮差区，青岛	实海潮差区放置，24个月，失重法		平均腐蚀速率（mm/a）：9.5	
				飞溅区，青岛	实海飞溅区放置，24个月，失重法		平均腐蚀速率（mm/a）：2.9	
				全浸区，厦门	实海全浸区浸泡，12个月，失重法	均匀腐蚀	平均腐蚀速率（mm/a）：13.0	
				潮差区，厦门	实海潮差区放置，24个月，失重法		平均腐蚀速率（mm/a）：3.6	

续表

牌号/材料	化学成分/%	加工/热处理状态	力学性能	腐蚀介质（溶液、pH值、温度、海水来源）	实验方法（静态/动态、流速、实验时长、测试方法）	腐蚀形式	腐蚀程度（年腐蚀速率、腐蚀电流密度、腐蚀坑深度、自腐蚀电位等）	文献出处
HSn70-1A				飞溅区，厦门	实海飞溅区放置，24个月，失重法	均匀腐蚀	平均腐蚀速率（mm/a）：3.6	
			变化：σ_b（%）、δ（%）/−4.0,0.0	全浸区，榆林	实海全浸区浸泡，12个月，失重法	均匀腐蚀	平均腐蚀速率（mm/a）：15.0	
				潮差区，榆林	实海潮差区放置，24个月，失重法	均匀腐蚀、点蚀、缝隙腐蚀	平均腐蚀速率（mm/a）：2.4；点蚀平均深度（mm）：0.04；点蚀最大深度（mm）：0.13；最大缝隙腐蚀深度（mm）：0.15	中国腐蚀与防护网
				飞溅区，榆林	实海飞溅区放置，24个月，失重法	均匀腐蚀	平均腐蚀速率（mm/a）：1.2	
				全浸区，舟山	实海全浸区浸泡，12个月，失重法	均匀腐蚀、缝隙腐蚀	平均腐蚀速率（mm/a）：17.0；最大缝隙腐蚀深度（mm）：0.27	
				潮差区，舟山	实海潮差区放置，24个月，失重法	均匀腐蚀、缝隙腐蚀	平均腐蚀速率（mm/a）：6.2；最大缝隙腐蚀深度（mm）：0.15	
				飞溅区，舟山	实海飞溅区放置，24个月，失重法	均匀腐蚀、点蚀	平均腐蚀速率（mm/a）：0.41；点蚀平均腐蚀深度（mm）：0.15；点蚀最大深度（mm）：0.9	
			变化：σ_b（%）、δ（%）/−4.0,−2.0	全浸区，青岛	实海全浸区浸泡，48个月，失重法	均匀腐蚀、缝隙腐蚀	平均腐蚀速率（mm/a）：7.5；最大缝隙腐蚀深度（mm）：0.18	

续表

牌号/材料	化学成分/%	加工/热处理状态	力学性能	腐蚀介质(溶液,pH值,温度,海水来源)	实验方法(静态/动态,流速,实验时长,测试方法)	腐蚀形式	腐蚀程度(年腐蚀速率,腐蚀电流密度,腐蚀坑深度,自腐蚀电位等)	文献出处
				潮差区,青岛	实海潮差区放置 48个月,失重法	均匀腐蚀,点蚀,缝隙腐蚀	平均腐蚀速率(mm/a):6.9;点蚀平均深度(mm):0.08;点蚀最大深度(mm):0.15;最大缝隙腐蚀深度(mm):0.05	中国腐蚀与防护网
				飞溅区,青岛	实海飞溅区放置 48个月,失重法	均匀腐蚀	平均腐蚀速率(mm/a):2.2	
				全浸区,厦门	实海全浸区浸泡 48个月,失重法	均匀腐蚀,点蚀	平均腐蚀速率(mm/a):10.0;点蚀平均深度(mm):0.21;点蚀最大深度(mm):0.23	
HSn70-1A				潮差区,厦门	实海潮差区放置 48个月,失重法	均匀腐蚀	平均腐蚀速率(mm/a):2.6	
			变化:σ_b(%)、δ(%)/-2.0、-6.0	飞溅区,厦门	实海飞溅区浸泡 48个月,失重法	均匀腐蚀	平均腐蚀速率(mm/a):2.5	
				全浸区,榆林	实海全浸区浸泡 48个月,失重法	均匀腐蚀,点蚀,缝隙腐蚀	平均腐蚀速率(mm/a):8.6;点蚀平均深度(mm):0.05;点蚀最大深度(mm):0.12;最大缝隙腐蚀深度(mm):0.07	
				潮差区,榆林	实海潮差区放置 48个月,失重法	均匀腐蚀,点蚀,缝隙腐蚀	平均腐蚀速率(mm/a):1.5;点蚀平均深度(mm):0.03;点蚀最大深度(mm):0.15;最大缝隙腐蚀深度(mm):0.26	

续表

牌号/材料	化学成分/%	加工/热处理状态	力学性能	腐蚀介质（溶液，pH值，温度，海水来源）	实验方法（静态/动态，流速，实验时长，测试方法）	腐蚀形式	腐蚀程度（年腐蚀速率，腐蚀电流密度，腐蚀坑深度，自腐蚀电位等）	文献出处
HSn70-1A				飞溅区，榆林	实海飞溅区放置，48个月，失重法	均匀腐蚀	平均腐蚀速率（mm/a）：0.74	中国腐蚀与防护网
				全浸区，舟山	实海全浸区浸泡，48个月，失重法	均匀腐蚀	平均腐蚀速率（mm/a）：14.0	
				潮差区，舟山	实海潮差区放置，48个月，失重法	均匀腐蚀，缝隙腐蚀	平均腐蚀速率（mm/a）：4.0；最大缝隙腐蚀深度（mm）：0.14	
				飞溅区，舟山	实海飞溅区放置，48个月，失重法		平均腐蚀速率（mm/a）：1.1；点蚀平均深度（mm）：0.05；点蚀最大深度（mm）：0.09；最大缝隙腐蚀深度（mm）：0.07	
			变化：σ_b(%)，δ(%)/-2.3，-4.6	全浸区，青岛	实海全浸区浸泡，96个月，失重法	均匀腐蚀，点蚀，缝隙腐蚀	平均腐蚀速率（mm/a）：5.9；点蚀平均深度（mm）：0.2；点蚀最大深度（mm）：0.4	
			变化：σ_b(%)，δ(%)/-0.9，-5.3	潮差区，青岛	实海潮差区放置，96个月，失重法		平均腐蚀速率（mm/a）：3.3；点蚀平均深度（mm）：0.13；点蚀最大深度（mm）：0.44；最大缝隙腐蚀深度（mm）：0.1	
			变化：σ_b(%)，δ(%)/-2.3，-10.1	飞溅区，青岛	实海飞溅区放置，96个月，失重法	均匀腐蚀，点蚀	平均腐蚀速率（mm/a）：1.9；点蚀平均深度（mm）：0.08；0.12	

牌号/材料	化学成分/%	加工/热处理状态	力学性能	腐蚀介质（溶液,pH值,温度,海水来源）	实验方法（静态/动态、流速、实验时长、测试方法）	腐蚀形式	腐蚀程度（年腐蚀速率、腐蚀电流密度、腐蚀坑深度、自腐蚀电位等）	文献出处
HSn70-1A				全浸区，厦门	实海全浸区浸泡96个月，失重法		平均腐蚀速率（mm/a）:6.6	中国腐蚀与防护网
				潮差区，厦门	实海潮差区放置96个月，失重法	均匀腐蚀	平均腐蚀速率(mm/a):2.5	
				飞溅区，厦门	实海飞溅区放置96个月，失重法		平均腐蚀速率(mm/a):2.4	
			变化: σ_b(%)、δ(%)/ −2.3,−5.3	全浸区，榆林	实海全浸区浸泡96个月，失重法	均匀腐蚀、点蚀腐蚀、缝隙腐蚀	平均腐蚀速率（mm/a）:4.6;点蚀平均深度（mm）:0.19;点蚀最大深度（mm）:0.43;最大缝隙腐蚀深度(mm):0.38	
			变化: σ_b(%)、δ(%)/ −1.6,−4.6	潮差区，榆林	实海潮差区放置96个月，失重法		平均腐蚀速率（mm/a）:0.97;点蚀平均深度（mm）:0.06;点蚀最大深度（mm）:0.2;最大缝隙腐蚀深度(mm):0.33	
			变化: σ_b(%)、δ(%)/ −3.1,−6.0	飞溅区，榆林	实海飞溅区放置96个月，失重法		平均腐蚀速率（mm/a）:0.64	
			变化: σ_b(%)、δ(%)/ 7.0,−12.0	全浸区，青岛	实海全浸区浸泡12个月，失重法	均匀腐蚀	平均腐蚀速率（mm/a）:15.0	
				潮差区，青岛	实海潮差区放置12个月，失重法		平均腐蚀速率（mm/a）:16.0	

续表

牌号/材料	化学成分/%	加工/热处理状态	力学性能	腐蚀介质（溶液，pH值，温度，海水来源）	实验方法（静态/动态，流速，实验时长，测试方法）	腐蚀形式	腐蚀程度（年腐蚀速率，腐蚀电流密度，腐蚀坑深度，自腐蚀电位等）	文献出处
HSn70-1A			变化：σ_b (%)，δ (%)/3.0，−5.0	飞溅区，青岛	实海飞溅区放置，12个月，失重法		平均腐蚀速率（mm/a）:4.3	中国腐蚀与防护网
				全浸区，厦门	实海全浸区浸泡，12个月，失重法		平均腐蚀速率（mm/a）:20.0	
				潮差区，厦门	实海潮差区放置，12个月，失重法	均匀腐蚀	平均腐蚀速率（mm/a）:5.9	
				飞溅区，厦门	实海飞溅区放置，12个月，失重法		平均腐蚀速率（mm/a）:2.2	
				全浸区，榆林	实海全浸区浸泡，12个月，失重法		平均腐蚀速率（mm/a）:16.0	
				潮差区，榆林	实海潮差区放置，12个月，失重法	均匀腐蚀，缝隙腐蚀	平均腐蚀速率（mm/a）:4.6；最大缝隙腐蚀深度（mm）:0.19	
				飞溅区，榆林	实海飞溅区放置，12个月，失重法		平均腐蚀速率（mm/a）:1.7	
				全浸区，舟山	实海全浸区浸泡，12个月，失重法	均匀腐蚀	平均腐蚀速率（mm/a）:25.0	
				潮差区，舟山	实海潮差区放置，12个月，失重法		平均腐蚀速率（mm/a）:13.0	

续表

牌号/材料	化学成分/%	加工/热处理状态	力学性能	腐蚀介质(溶液、pH值、温度、海水来源)	实验方法(静态/动态、流速、实验时长、测试方法)	腐蚀形式	腐蚀程度(年腐蚀速率、腐蚀电流密度、腐蚀坑深度、自腐蚀电位等)	文献出处
			变化：σ_b(%)、δ(%)/1.0，−8.0	飞溅区，舟山	实海飞溅区放置，12个月，失重法	均匀腐蚀	平均腐蚀速率(mm/a)：1.7	中国腐蚀与防护网
				全浸区，青岛	实海全浸区浸泡，24个月，失重法	均匀腐蚀、缝隙腐蚀	平均腐蚀速率(mm/a)：10.0；最大缝隙腐蚀深度(mm)：0.06	
				潮差区，青岛	实海潮差区放置，24个月，失重法	均匀腐蚀、缝隙腐蚀	平均腐蚀速率(mm/a)：11.0；最大缝隙腐蚀深度(mm)：0.03	
HSn70-1A				飞溅区，青岛	实海飞溅区放置，24个月，失重法	均匀腐蚀	平均腐蚀速率(mm/a)：3.7	
				全浸区，厦门	实海全浸区浸泡，24个月，失重法	均匀腐蚀、点蚀、缝隙腐蚀	平均腐蚀速率(mm/a)：16.0；点蚀平均深度(mm)：0.11；点蚀最大深度(mm)：0.19；最大缝隙腐蚀深度(mm)：0.54	
				潮差区，厦门	实海潮差区放置，24个月，失重法	均匀腐蚀	平均腐蚀速率(mm/a)：3.4	
				飞溅区，厦门	实海飞溅区放置，24个月，失重法	均匀腐蚀	平均腐蚀速率(mm/a)：1.4	
			变化：σ_b(%)、δ(%)/2.0，−13.0	全浸区，榆林	实海全浸区浸泡，24个月，失重法	均匀腐蚀、点蚀、缝隙腐蚀	平均腐蚀速率(mm/a)：11.0；点蚀平均深度(mm)：0.08；点蚀最大深度(mm)：0.17；最大缝隙腐蚀深度(mm)：0.12	

续表

牌号/材料	化学成分/%	加工/热处理状态	力学性能	腐蚀介质（溶液，pH值，温度，海水来源）	实验方法（静态/动态，流速，实验时长，测试方法）	腐蚀形式	腐蚀程度（年腐蚀速率，腐蚀电流密度，腐蚀坑深度，自腐蚀电位等）	文献出处
HSn70-1A				潮差区，榆林	实海潮差区放置，24个月，失重法	均匀腐蚀、点蚀、缝隙腐蚀	平均腐蚀速率（mm/a）：2.6；点蚀平均深度（mm）0.02；点蚀最大深度（mm）0.14；最大缝隙腐蚀深度（mm）：0.25	中国腐蚀与防护网
				飞溅区，榆林	实海飞溅区放置，24个月，失重法	均匀腐蚀	平均腐蚀速率(mm/a)：1.0	
				全浸区，舟山	实海全浸区浸泡，24个月，失重法	均匀腐蚀、点蚀、缝隙腐蚀	平均腐蚀速率（mm/a）：17.0；点蚀平均深度（mm）0.03；点蚀最大深度（mm）0.06；最大缝隙腐蚀深度（mm）：0.08	
				潮差区，舟山	实海潮差区放置，24个月，失重法	均匀腐蚀、点蚀、缝隙腐蚀	平均腐蚀速率（mm/a）：8.9；点蚀平均深度（mm）0.04；点蚀最大深度（mm）0.12；最大缝隙腐蚀深度（mm）：0.09	
				飞溅区，舟山	实海飞溅区放置，24个月，失重法	均匀腐蚀	平均腐蚀速率(mm/a)：1.0	
			变化：σ_b(%)、δ(%)/4.0、-12.0	全浸区，青岛	实海全浸区浸泡，48个月，失重法	均匀腐蚀、缝隙腐蚀	平均腐蚀速率（mm/a）：7.9；最大缝隙腐蚀深度（mm）：0.15	

续表

牌号/材料	化学成分/%	加工/热处理状态	力学性能	腐蚀介质(溶液、pH值、温度、海水来源)	实验方法(静态/动态、流速、实验时长、测试方法)	腐蚀形式	腐蚀程度(年腐蚀速率、腐蚀电流密度、腐蚀坑深度、自腐蚀电位等)	文献出处
				潮差区，青岛	实海潮差区放置，48个月，失重法	均匀腐蚀、点蚀、缝隙腐蚀	平均腐蚀速率(mm/a)：5.5；最大深度(mm)：0.1；最大缝隙腐蚀深度(mm)：0.06	
				飞溅区，青岛	实海飞溅区放置，48个月，失重法	均匀腐蚀	平均腐蚀速率(mm/a)：2.4	
				全浸区，厦门	实海全浸区浸泡，48个月，失重法	均匀腐蚀、点蚀、缝隙腐蚀	平均腐蚀速率(mm/a)：12.0；点蚀平均深度(mm)：0.18；点蚀最大深度(mm)：0.26；最大缝隙腐蚀深度(mm)：0.52	
HSn70-1A			变化：σ_b(%)、δ(%)/1.0、-12.0	潮差区，厦门	实海潮差区放置，48个月，失重法	均匀腐蚀	平均腐蚀速率(mm/a)：2.0	中国腐蚀与防护网
				飞溅区，厦门	实海飞溅区放置，48个月，失重法	均匀腐蚀	平均腐蚀速率(mm/a)：2.2	
				全浸区，榆林	实海全浸区浸泡，48个月，失重法	均匀腐蚀、缝隙腐蚀	平均腐蚀速率(mm/a)：7.5；最大缝隙腐蚀深度(mm)：0.3；点蚀最大深度(mm)：穿孔	
				潮差区，榆林	实海潮差区放置，48个月，失重法	均匀腐蚀、点蚀、缝隙腐蚀	平均腐蚀速率(mm/a)：1.4；点蚀平均深度(mm)：0.07；点蚀最大深度(mm)：0.44；最大缝隙腐蚀深度(mm)：0.3	

续表

牌号/材料	化学成分/%	加工/热处理状态	力学性能	腐蚀介质（溶液,pH值,温度,海水来源）	实验方法（静态/动态,流速,实验时长,测试方法）	腐蚀形式	腐蚀程度（年腐蚀速率,腐蚀电流密度,腐蚀坑深度,自腐蚀电位等）	文献出处
HSn70-1A				飞溅区，榆林	实海飞溅区放置，48个月，失重法	均匀腐蚀,点蚀,缝隙腐蚀	平均腐蚀速率（mm/a）：0.66；点蚀平均深度（mm）：0.03；点蚀最大深度（mm）：0.11；最大缝隙腐蚀深度（mm）：0.13	中国腐蚀与防护网
				全浸区，舟山	实海全浸区浸泡，48个月，失重法		平均腐蚀速率（mm/a）：15.0；点蚀平均深度（mm）：0.04；点蚀最大深度（mm）：0.04；最大缝隙腐蚀深度（mm）：0.05	
				潮差区，舟山	实海潮差区放置，48个月，失重法		平均腐蚀速率（mm/a）：4.3；点蚀平均深度（mm）：0.08；点蚀最大深度（mm）：0.22；最大缝隙腐蚀深度（mm）：0.2	
				飞溅区，舟山	实海飞溅区放置，48个月，失重法	均匀腐蚀	平均腐蚀速率（mm/a）：0.77	
				含NaCl(mol/L)分别为0.0,0.10,0.20,0.30,0.40的硼砂溶液，pH＝9.18，温度（25±1）℃	静态浸泡，55d（管材）；失重法、电化学测试（PD,EIS）；面分析（TEM,SEM）		Cl^-浓度(mol/L)/腐蚀电流密度(μA)：0.0/0.54，0.1/2.97，0.2/5.11，0.3/3.94，0.4/3.54	
HSn70-1B	Cu 69.80，As 0.025，B 0.015，Sn 0.83，Zn为余量	退火处理		浓度（mol/L）为0，0.01，0.015，0.02，0.025，0.03，0.035，0.04，0.05的NaCl中性溶液，pH 7.0~7.5	静态浸泡，1.5年（管材）；失重法；表面分析（TEM,电子衍射等）	均匀腐蚀,脱锌腐蚀	Cl^-浓度(mol/L)/年腐蚀速率（mm/a）：0/4.49×10⁻⁴，0.01/6.82×10⁻⁴，0.015/1.20×10⁻³，0.02/5.23×10⁻⁴，0.025/1.16×10⁻³，0.03/1.87×10⁻³，0.035/1.98×10⁻⁴，0.04/2.14×10⁻³，0.05/2.46×10⁻³	[52]

续表

牌号/材料	化学成分/%	加工/热处理状态	力学性能	腐蚀介质（溶液、pH值、温度、海水来源）	实验方法（静态/动态、流速、实验时长、测试方法）	腐蚀形式	腐蚀程度（年腐蚀速率、腐蚀电流密度、腐蚀坑深度、自腐蚀电位等）	文献出处
	Cu 70.62，Sn 0.9，P<0.01，Pb<0.02，Fe 0.03，Zn为余量			青岛小麦岛海域，海水平均盐度31.5‰，平均温度13.7℃，平均溶解氧浓度8.4mg/L，pH平均值8.3，平均温12.3℃，平均相对湿度71%，年平均降雨量643mm	海洋飞溅区暴露暴露时间为1a、2a、4a、8a和16a，失重法，表面分析	均匀腐蚀、点蚀、脱锌腐蚀、缝隙腐蚀	海洋飞溅区暴露 1a、2a、4a、8a 和 16a 的平均腐蚀速率（mm/a）：0.0030，0.0040，0.0020，0.0015，0.0010	[59]
HSn70-1	Cu 70，Al 0.45，Sn 1，Ni 0.15，B 0.003，Mn 0.56，Sb 0.03，RE（稀土）0.05，Zn余量	经 560 ℃，30min 退火处理后，随炉冷却		质量分数为 3.5%NaCl 溶液	静态浸泡腐蚀，30d 失重法；表面分析(SEM，EDS等)	均匀腐蚀、脱锌腐蚀	年腐蚀速率（mm/a）：0.009	[51]
	Cu 70，Al 0.45，Sn 1，Ni 0.15，B 0.003，Mn 0.56，Sb 0.03，RE 0.1，Zn余量						年腐蚀速率（mm/a）：0.012	
	Cu 69~71，Sn 0.8~1.3，As 0.03~0.06，Zn余量						年腐蚀速率（mm/a）：0.058	
MA72 铝黄铜	Cu71.62，Al3.58，Ni1.24，Si0.034，Fe0.038，Zn为余量	没有经过退火处理	抗拉强度（UTS）：504 MPa；屈服强度（YS）：500 MPa	24℃ ± 1℃，3.5% NaCl＋不同浓度的 Na$_2$S	浸泡腐蚀实验，电化学分析，表面分析(SEM)等	应力腐蚀	S^{2-}（达 500×10^{-6}）对退火铝黄铜在 3.5%NaCl 溶液中的应力腐蚀开裂（应变速率是 7.4×10^{-6}s^{-1} 和 3.5×10^{-6}s^{-1}）没有影响；未退火铝黄铜的开裂模式是混合模式（沿晶和穿晶开裂）	[77]
		400℃下退火6h	抗拉强度（UTS）：495MPa，屈服强度（YS）：330MPa					

续表

牌号/材料	化学成分/%	加工/热处理状态	力学性能	腐蚀介质(溶液、pH值、温度、海水来源)	实验状态方法(静态/动态、流速、实验时长、测试方法)	腐蚀形式	腐蚀程度(年腐蚀速率、腐蚀电流密度、腐蚀坑深度、自腐蚀电位等)	文献出处
UNS C26000 (黄铜 26000)	Cu 70,Zn30			3%NaCl 溶液	静态浸泡腐蚀,2d	均匀腐蚀、脱锌腐蚀	$E_{coup}(V)/I_{coup}(A)$:1.97×10^{-14}/5.58×10^{-22},$E_{kurt}(V)/I_{kurt}(A)$:2.11/2.15,$E_{skew}(V)/I_{skew}(A)$:−0.51/−0.61	
				3%NaCl 溶液 + BTA	静态浸泡腐蚀,2d	均匀腐蚀	$E_{coup}(V)/I_{coup}(A)$:−4.40×10^{-14}/1.98×10^{-24},$E_{kurt}(V)/I_{kurt}(A)$:1.72/2.30,$E_{skew}(V)/I_{skew}(A)$:0.03/−1.99	
				3%NaCl 溶液	静态浸泡腐蚀,3d	均匀腐蚀、脱锌腐蚀	$E_{coup}(V)/I_{coup}(A)$:1.44×10^{-14}/2.33×10^{-22},$E_{kurt}(V)/I_{kurt}(A)$:2.18/2.34,$E_{skew}(V)/I_{skew}(A)$:−0.56/−0.75	[62]
				3%NaCl 溶液 + BTA	静态浸泡腐蚀,3d	均匀腐蚀	$E_{coup}(V)/I_{coup}(A)$:−7.04×10^{-18}/8.95×10^{-24},$E_{kurt}(V)/I_{kurt}(A)$:2.86/2.36,$E_{skew}(V)/I_{skew}(A)$:−0.65/−0.62	
				3%NaCl 溶液	静态浸泡腐蚀,6d	均匀腐蚀、脱锌腐蚀	$E_{coup}(V)/I_{coup}(A)$:1.18×10^{-14}/1.90×10^{-25},$E_{kurt}(V)/I_{kurt}(A)$:2.40/2.42,$E_{skew}(V)/I_{skew}(A)$:0.58/1.57	
				3%NaCl 溶液 + BTA	静态浸泡腐蚀,6d	均匀腐蚀	$E_{coup}(V)/I_{coup}(A)$:3.00×10^{-14}/6.35×10^{-25},$E_{kurt}(V)/I_{kurt}(A)$:1.78/2.12,$E_{skew}(V)/I_{skew}(A)$:0.27/−1.22	
				3%NaCl 溶液	静态浸泡腐蚀,2h	均匀腐蚀、脱锌腐蚀	$E_{coup}(V)/I_{coup}(A)$:4.61×10^{-8}/−4.36×10^{-8},$E_{kurt}(V)/I_{kurt}(A)$:2.15/2.25,$E_{skew}(V)/I_{skew}(A)$:−0.29/−0.57	

续表

牌号/材料	化学成分/%	加工/热处理状态	力学性能	腐蚀介质(溶液,pH值,温度,海水来源)	实验方法(静态/动态,流速,实验时长,测试方法)	腐蚀形式	腐蚀程度(年腐蚀速率,腐蚀电流密度,腐蚀坑深度,自腐蚀电位等)	文献出处
UNS C26000 (黄铜 26000)	Cu 70,Zn30			3%NaCl溶液 + BTA	静态浸泡腐蚀,2h	均匀腐蚀	$E_{coup}(V)/I_{coup}(A):-6.53×10^{-15}/8.32×10^{-24}, E_{kurt}(A):2.34/2.50, E_{skew}(V)/I_{skew}(A):-0.22/2.62$	[62]
				3%NaCl溶液	静态浸泡腐蚀,1d	均匀腐蚀、脱锌腐蚀	$E_{coup}(V)/I_{coup}(A):-1.89×10^{-15}/2.7×10^{-22}, E_{kurt}(A):2.22/1.98, E_{skew}(A):0.43/-0.25$	
				3%NaCl溶液 + BTA	静态浸泡腐蚀,1d	均匀腐蚀	$E_{coup}(V)/I_{coup}(A):-8.11×10^{-15}/1.30×10^{-24}, E_{kurt}(V):2.11/1.05, E_{skew}(A):-0.12/-0.43$	
黄铜-118	Cu79,Zn1,Mn1,Al10,Fe5,Ni4.			人工海水成分(g/L): NaCl 24.530, MgCl$_2$ 5.200, Na$_2$SO$_4$ 4.090, CaCl$_2$ 1.160, NaHCO$_3$ 0.201,KBr 0.101,H$_3$BO$_3$ 0.027;pH 8.10;添加BTA	动态电化学阻抗(DEIS)	均匀腐蚀	加入缓蚀剂 BTA 后能够显著降低黄铜的腐蚀速率	[63]
黄铜	63%Cu, 34% Zn, 和 3% Si, Al			人工海水(35‰的盐度,0.4266mol/L NaCl, 0.02936mol/L Na$_2$SO$_4$, 0.01066mol/L KCl, 0.01086mol/L CaCl$_2$, 0.05526mol/L MgCl$_2$)	浸泡腐蚀实验,电化学试验	脱锌腐蚀、均匀腐蚀	(1)当存在垢层时,不同温度下的腐蚀速率是:25℃/83.63mm/a,35℃/73.56mm/a,45℃/85.12mm/a,55℃/101.5mm/a (2)当不存在垢层时,不同温度下的腐蚀速率是:25℃/147.6mm/a,35℃/170.4mm/a,45℃/290.4mm/a,55℃/508.1mm/a	[84]

续表

牌号/材料	化学成分/%	加工/热处理状态	力学性能	腐蚀介质（溶液，pH值，温度，海水来源）	实验方法（静态/动态，流速，实验时长，测试方法）	腐蚀形式	腐蚀程度（年腐蚀速率，腐蚀电流密度，腐蚀坑深度，自腐蚀电位等）	文献出处
	Cu 63.5~68.0; Fe 0.10; Pb 0.03; Sb 0.005; Bi 0.002; P 0.01; Zn 为余量			pH 7.36, 20℃, 溶液由 0.1g/L NaCl, 0.1g/L NaHCO$_3$ 和 0.1g/L Na$_2$SO$_4$ 组成, 另添加不同含量的 DEAP⑤	浸泡腐蚀实验，失重分析，电化学分析	均匀腐蚀	DEAP 浓度为 1mmol/L, 腐蚀速率为 1.26mg/(m²·h); 浓度为 2.5mmol/L 腐蚀速率为 1.08mg/(m²·h); 浓度为 5mmol/L 腐蚀速率为 0.90mg/(m²·h); 浓度为 7.5mmol/L 腐蚀速率为 0.72mg/(m²·h); 浓度为 10mmol/L 腐蚀速率为 0.54mg/(m²·h)	[82]
黄铜	Cu65.30, Zn34.44, Fe0.13, Sn0.06, 剩余的为少量的 Pb, Mn, Ni, Cr, As, Co, Al, Sr			人工海水成分(23.9849g NaCl, 5.0290g MgCl$_2$, 4.0111g Na$_2$SO$_4$, 1.1409g CaCl$_2$, 0.6986g KCl, 0.1722g NaHCO$_3$, 0.100g KBr, 0.0254g SrCl$_2$, 0.0143g H$_3$BO$_3$, 1L 蒸馏水)	静态浸泡腐蚀, 5d, 失重法; 电化学分析 (PD, EIS); 表面分析 (SEM等)	均匀腐蚀, 脱锌腐蚀	腐蚀速率(mm/a): 11.25×10^{-2}	[65]
				人工海水成分(23.9849g NaCl, 5.0290g MgCl$_2$, 4.0111g Na$_2$SO$_4$, 1.1409g CaCl$_2$, 0.6986g KCl, 0.1722g NaHCO$_3$, 0.100g KBr, 0.0254g SrCl$_2$, 0.0143g H$_3$BO$_3$, 1L 蒸馏水), DBMM 浓度分别为 50×10^{-6}, 100×10^{-6}, 150×10^{-6}, 200×10^{-6}			DBMM 浓度分别为 50×10^{-6}, 100×10^{-6}, 150×10^{-6}, 200×10^{-6} 时对应的腐蚀速率 (mm/a): 4.05×10^{-2}, 3.34×10^{-2}, 1.21×10^{-2}, 1.24×10^{-2}	

续表

牌号/材料	化学成分/%	加工/热处理状态	力学性能	腐蚀介质(溶液,pH值,温度,海水来源)	实验方法(静态/动态,流速,实验时长,测试方法)	腐蚀形式	腐蚀程度(年腐蚀速率,腐蚀电流密度,腐蚀坑深度,自腐蚀电位等)	文献出处
黄铜	Cu65.30, Zn34.44, Fe0.13, Sn0.06, 剩余的为少量的 Pb、Mn、Ni、Cr、As、Co、Al、Sr			人工海水成分(23.9849g NaCl, 5.0290g MgCl$_2$, 4.0111g Na$_2$SO$_4$, 1.1409g CaCl$_2$,0.6986g KCl,0.1722g NaHCO$_3$,0.100g KBr,0.0143g SrCl$_2$,0.0254g H$_3$BO$_3$,1L 蒸馏水),HPBT浓度分别为 50×10^{-6},100×10^{-6},150×10^{-6},200×10^{-6}	静态浸泡腐蚀,5d,失重法;电化学分析(PD, EIS);表面分析(SEM等)	均匀腐蚀,脱锌腐蚀	HPBT 浓度分别为 50×10^{-6}, 100×10^{-6}, 150×10^{-6}, 200×10^{-6} 时对应的腐蚀速率(mm/a):3.39×10^{-2}, 2.56×10^{-2}, 0.89×10^{-2}, 0.92×10^{-2}	[65]
	Cu63.8, Zn36.1, Fe0.018,N0.009,Pb0.008,Sn0.007,Al0.001			通过溶解海盐模拟海水 (24.53g NaCl + 11.10g MgCl$_2$·6H$_2$O + 1.54g CaCl$_2$·2H$_2$O + 0.70g KCl + 0.017g SrCl$_2$ + 6H$_2$O + 4.09g Na$_2$SO$_4$ + 0.20g NaHCO$_3$ + 0.10g KBr + 0.03g H$_3$BO$_3$ + 0.003g NaF)	静态浸泡腐蚀,7d,失重法;表面分析(SEM等)	均匀腐蚀,脱锌腐蚀	腐蚀速率[mg/(dm^2·d)]:11.4	[66]
					静态浸泡腐蚀,1个月,失重法;表面分析(SEM等)		腐蚀速率[mg/(dm^2·d)]:3.2	
					静态浸泡腐蚀,3个月,失重法;表面分析(SEM等)		腐蚀速率[mg/(dm^2·d)]:1.3	
					静态浸泡腐蚀,6个月,失重法;表面分析(SEM等)		腐蚀速率[mg/(dm^2·d)]:1.3	
				天然海水(取自葡萄牙 Ericeira 海滩)在实验室中存放,温度4℃	静态浸泡腐蚀,7d,失重法;表面分析(SEM等)	点蚀,脱锌腐蚀	腐蚀速率[mg/(dm^2·d)]:16.8	
					静态浸泡腐蚀,1个月,失重法;表面分析(SEM等)		腐蚀速率[mg/(dm^2·d)]:5.1	
					静态浸泡腐蚀,3个月,失重法;表面分析(SEM等)		腐蚀速率[mg/(dm^2·d)]:1.9	
					静态浸泡腐蚀,6个月,失重法;表面分析(SEM等)		1.4mg/(dm^2·d)	

续表

牌号/材料	化学成分/%	加工/热处理状态	力学性能	腐蚀介质（溶液，pH值，温度，海水来源）	实验方法（静态/动态，流速，实验时长，测试方法）	腐蚀形式	腐蚀程度（年腐蚀速率，腐蚀电流密度，腐蚀坑深度，自腐蚀电位等）	文献出处
黄铜	Cu76.0, Zn2.0, Ni0.5, Sn0.2, B0.01, Re0.05, Zn 为余量	铸锭在 1023K 下均匀化 2h，随后进行热轧使厚度由 22mm 变为 4mm，再冷轧至 2mm		5%的 NaCl 溶液，温度 35℃	盐雾溅射 6h，电化学测试(PD)，表面分析(SEM, XPS)等	脱锌腐蚀	E_{corr} (vs. SCE)：-0.037V；I_{corr}：2.051×10^{-6}A/cm²；R_p：$8.474 \times 10^3 \Omega \cdot$ cm²	[37]
					盐雾溅射 12h，电化学测试(PD)，表面分析(SEM, XPS)等		E_{corr} (vs. SCE)：-0.022V；I_{corr}：1.521×10^{-6}A/cm²；R_p：$11.432 \times 10^3 \Omega \cdot$ cm²	
					盐雾溅射 24h，电化学测试(PD)，表面分析(SEM, XPS)等		E_{corr} (vs. SCE)：-0.017V；I_{corr}：1.347×10^{-6}A/cm²；R_p：$12.255 \times 10^3 \Omega \cdot$ cm²	
					盐雾溅射 60h，电化学测试(PD)，表面分析(SEM, XPS)等		E_{corr} (vs. SCE)：0.033V；I_{corr}：1.298×10^{-6}A/cm²；R_p：$13.803 \times 10^3 \Omega \cdot$ cm²	
					盐雾溅射 120h，电化学测试(PD)，表面分析(SEM, XPS)等		E_{corr} (vs. SCE)：0.068V；I_{corr}：1.119×10^{-6}A/cm²；R_p：$17.803 \times 10^3 \Omega \cdot$ cm²	
					盐雾溅射 240h，电化学测试(PD)，表面分析(SEM, XPS)等		E_{corr} (vs. SCE)：0.073V；I_{corr}：1.014×10^{-6}A/cm²；R_p：$19.155 \times 10^3 \Omega \cdot$ cm²	

续表

牌号/材料	化学成分/%	加工/热处理状态	力学性能	腐蚀介质(溶液,pH值,温度,海水来源)	实验方法(静态/动态,流速,实验时长,测试方法)	腐蚀形式	腐蚀程度(年腐蚀速率,腐蚀电流密度,腐蚀坑深度,自腐蚀电位等)	文献出处
黄铜	Cu70.02, Zn29.98, Sn0.001,Pb0.011,Ni0.001, S0.001,Fe0.004			0.2mol/L NaCl	静态浸泡腐蚀,电化学测试(PD),表面分析(SEM)等	均匀腐蚀,脱锌腐蚀	腐蚀速率(mm/a):0.973	[69]
				0.2mol/L NaCl + MBT(浓度分别为 $50×10^{-6}$,$100×10^{-6}$,$150×10^{-6}$,$200×10^{-6}$,$250×10^{-6}$)			MBT 浓度分别为 $50×10^{-6}$,$100×10^{-6}$,$150×10^{-6}$,$200×10^{-6}$,$250×10^{-6}$ 时对应的腐蚀速率(mm/a):0.268,0.233,0.204,0.190,0.180	
				0.2mol/L NaCl + Tween-80(浓度分别为 $50×10^{-6}$,$100×10^{-6}$,$200×10^{-6}$,$250×10^{-6}$)			Tween-80 浓度分别为 $50×10^{-6}$,$100×10^{-6}$,$150×10^{-6}$,$200×10^{-6}$,$250×10^{-6}$ 时对应的腐蚀速率(mm/a):0.438,0.394,0.365,0.355,0.345	
				0.2mol/LNaCl+MBT($150×10^{-6}$)+Tween-80($150×10^{-6}$)			腐蚀速率为(mm/a):0.058	
	Zn17.4, Al2.02, Fe0.046, Ni0.030, Cu 为余量	铸锭首先进行均匀化处理,然后进行热轧,在实验室条件下进行变形加工	σ_b(MPa) 394.7,$\sigma_{0.2}$(MPa) 180.2,δ(%) 41.6	3.5%NaCl溶液,293K	浸泡腐蚀实验600h,电化学测试(PD),表面分析(SEM)等	脱锌腐蚀	E_{corr}(V)(vs. SCE):-0.187; I_{corr}(A/cm²):$6.7114×10^{-6}$; R_p(Ω·cm²):27863.1	[32]
	Zn16.7, Al1.97, Fe0.042,Ni0.035,La0.018,Ce0.029,Cu为余量		σ_b(MPa):413.2,$\sigma_{0.2}$(MPa):213.0,δ(%):36.2				E_{corr}(V)(vs. SCE):-0.112; I_{corr}(A/cm²):$3.7697×10^{-6}$; R_p(Ω·cm²):29710.6	
	Cu74.2, Al0.8, Ni0.5, Mn0.3, Re0.10, Zn 为余量			3.5% NaCl 溶液,pH 6.5		脱锌腐蚀,均匀腐蚀	平均腐蚀速率(mm/a):0.01304	[70]

续表

牌号/材料	化学成分/%	加工/热处理状态	力学性能	腐蚀介质(溶液,pH值,温度,海水来源)	实验方法(静态/动态,流速,实验时长,测试方法)	腐蚀形式	腐蚀程度(年腐蚀速率,腐蚀电流密度,腐蚀坑深度,自腐蚀电位等)	文献出处
黄铜	Zn29.9%,Si0.02%,Fe0.02%,Ni0.007%,Cu为余量			NaF溶液 1×10⁻⁶,pH 6.2,20℃	应力腐蚀实验,表面分析(SEM等)	应力腐蚀,断裂类型 A	低应力裂纹生长速率2.3×10⁻⁶mm/s;平均应力裂纹生长速率2.0×10⁻⁶mm/s	[73]
				NaF溶液 10×10⁻⁶,pH 6.2,20℃			低应力裂纹生长速率9.5×10⁻⁶mm/s;平均应力裂纹生长速率8.2×10⁻⁶mm/s	
				NaF溶液 100×10⁻⁶,pH 6.2,20℃			低应力裂纹生长速率10.0×10⁻⁶mm/s;平均应力裂纹生长速率9.0×10⁻⁶mm/s	
				NaF溶液 420×10⁻⁶,pH 6.2,20℃			低应力裂纹生长速率18.8×10⁻⁶mm/s;平均应力裂纹生长速率19.0×10⁻⁶mm/s	
				NaF溶液 1000×10⁻⁶,pH 6.2,20℃			低应力裂纹生长速率51.5×10⁻⁶mm/s;平均应力裂纹生长速率46.0×10⁻⁶mm/s	
				NaF溶液 4200×10⁻⁶,pH 6.2,20℃			低应力裂纹生长速率132.0×10⁻⁶mm/s;平均应力裂纹生长速率110.0×10⁻⁶mm/s	
				NaF溶液 10000×10⁻⁶,pH 6.2,20℃			低应力裂纹生长速率91.2×10⁻⁶mm/s;平均应力裂纹生长速率86.7×10⁻⁶mm/s	

续表

牌号/材料	化学成分/%	加工/热处理状态	力学性能	腐蚀介质(溶液,pH值,温度,海水来源)	实验方法(静态/动态、流速、实验时长、测试方法)	腐蚀形式	腐蚀程度(年腐蚀速率、腐蚀电流密度、腐蚀坑深度、自腐蚀电位等)	文献出处
黄铜	Zn29.9%,Si0.02%,Fe0.02%,Ni0.007%,Cu为余量			NaF(1g/L)溶液 + BTA溶液 0×10⁻⁶,20℃	应力腐蚀实验,表面分析(SEM)等	应力腐蚀,断裂类型 A	低应力裂纹生长速率 51.5×10^{-6} mm/s;平均应力裂纹生长速率 46×10^{-6} mm/s	[73]
				NaF(1g/L)溶液 + BTA 10×10^{-6},20℃		应力腐蚀,断裂类型 B	低应力裂纹生长速率 16×10^{-6} mm/s;平均应力裂纹生长速率 33×10^{-6} mm/s	
				NaF(1g/L)溶液 + BTA 100×10^{-6},20℃		应力腐蚀,断裂类型 C	低应力裂纹生长速率 0×10^{-6} mm/s;平均应力裂纹生长速率 25×10^{-6} mm/s	
				NaF(1g/L)溶液 + BTA 300×10^{-6},20℃		应力腐蚀,韧性断裂		
				NaF(1g/L)溶液 + BTA 500×10^{-6},20℃				
	Cu65.3,Zn34.44,Fe0.1385,Sn0.0635 其余为少量的 Pb,Mn,Ni,Cr,As,Co,Al 和 Sr			BTEA① 50×10^{-6} 3% NaCl溶液	浸泡腐蚀实验,电化学分析,表面分析(SEM)等	脱锌腐蚀	E_{corr}(mV, vs. SCE):268;I_{corr}(μA/cm²):3.16	[74]
				BTEA 100×10^{-6} 3% NaCl溶液			E_{corr}(mV, vs. SCE):−259;I_{corr}(μA/cm²):2.49	
				BTEA 150×10^{-6} 3% NaCl溶液			E_{corr}(mV, vs. SCE):−230;I_{corr}(μA/cm²):0.83	
				BTEA 200×10^{-6} 3% NaCl溶液			E_{corr}(mV, vs. SCE):−231;I_{corr}(μA/cm²):0.84	

续表

牌号/材料	化学成分/%	加工/热处理状态	力学性能	腐蚀介质（溶液，pH值，温度，海水来源）	实验方法（静态/动态，流速，实验时长，测试方法）	腐蚀形式	腐蚀程度（年腐蚀速率，腐蚀电流密度，腐蚀坑深度，自腐蚀电位等）	文献出处
黄铜	Cu65.3，Zn34.44，Fe0.1385，Sn0.0635 其余为少量的 Pb、Mn、Ni、Cr、As、Co、Al 和 Sr			DBME② 50×10^{-6} + 3% NaCl 溶液	浸泡腐蚀实验，电化学分析，表面分析（SEM）等	脱锌腐蚀	E_{corr} (mV, vs. SCE)：-259；I_{corr} ($\mu A/cm^2$)：2.52	[74]
				DBME 100×10^{-6} + 3% NaCl 溶液			E_{corr} (mV, vs. SCE)：-248；I_{corr} ($\mu A/cm^2$)：1.87	
				DBME 150×10^{-6} + 3% NaCl 溶液			E_{corr} (mV, vs. SCE)：-226；I_{corr} ($\mu A/cm^2$)：0.52	
				DBME 200×10^{-6} + 3% NaCl 溶液			E_{corr} (mV, vs. SCE)：-227；I_{corr} ($\mu A/cm^2$)：0.54	
				HEBTA③ 50×10^{-6} + 3% NaCl 溶液			腐蚀速率 (mm/a)：3.87×10^{-2}	
				HEBTA 100×10^{-6} + 3% NaCl 溶液			腐蚀速率 (mm/a)：2.88×10^{-2}	
				HEBTA 150×10^{-6} + 3% NaCl 溶液			腐蚀速率 (mm/a)：0.92×10^{-2}	
				HEBTA 200×10^{-6} + 3% NaCl 溶液			腐蚀速率 (mm/a)：0.94×10^{-2}	

续表

牌号/材料	化学成分/%	加工/热处理状态	力学性能	腐蚀介质(溶液,pH 值,温度,海水来源)	实验方法(静态/动态,流速,实验时长,测试方法)	腐蚀形式	腐蚀程度(年腐蚀速率,腐蚀电流密度,腐蚀坑深度,自腐蚀电位等)	文献出处
黄铜	Cu66.55,Zn33.45			3% NaCl 溶液+未覆盖涂层的黄铜	浸泡腐蚀实验,电化学分析,表面分析(SEM)等	均匀腐蚀	E_{corr}:-0.240V (vs. SCE);I_{corr}:6.6×10^{-6} A/cm²;R_p:10.64×10^2 Ω·cm²	[75]
				3% NaCl 溶液+覆盖 4μm POT® 涂层的黄铜			E_{corr}:-0.184V (vs. SCE);I_{corr}:1.03×10^{-8} A/cm²;R_p:5.80×10^5 Ω·cm²	
				3% NaCl 溶液+覆盖 5.9μm POT 涂层的黄铜			E_{corr}:-0.168V (vs. SCE);I_{corr}:5.89×10^{-8} A/cm²;R_p:14.50×10^4 Ω·cm²	
				3% NaCl 溶液+覆盖 8μm POT 涂层的黄铜			E_{corr}:-0.125V (vs. SCE);I_{corr}:1.03×10^{-8} A/cm²;R_p:10.83×10^4 Ω·cm²	
				海面大气	失重法,表面分析(SEM)等	均匀腐蚀,脱成分腐蚀	平均年腐蚀速率(μm/a):2.47	[76]
				海岸土壤			平均年腐蚀速率(μm/a):29.31	
				海水飞溅区			平均年腐蚀速率(μm/a):19.86	

续表

牌号/材料	化学成分/%	加工/热处理状态	力学性能	腐蚀介质（溶液，pH值，温度，海水来源）	实验方法（静态/动态，流速，实验时长，测试方法）	腐蚀形式	腐蚀程度（年腐蚀速率，腐蚀电流密度，腐蚀坑深度，自腐蚀电位等）	文献出处
铅黄铜	Cu58.80, Zn37.73, Pb2.02, Sn0.22, Fe0.20, Ni0.54, Al0.09			3.5% NaCl 溶液，27℃±1℃，pH 6.5	浸泡腐蚀实验2h，电化学测试（PD、EIS），表面分析（SEM）等	均匀腐蚀，脱锌腐蚀	E_{corr}(mV)(vs. SCE)：−232；I_{corr}(A/cm²)：8.43×10⁻⁶；R_p(Ω·cm²)：2959	[71]
	Cu58.20, Zn38.54, Pb2.43, Sn0.36, Fe0.17, Ni0.30						E_{corr}(mV)(vs. SCE)：−240；I_{corr}(A/cm²)：8.70×10⁻⁶；R_p(Ω·cm²)：2404	
	Cu58.38, Zn38.36, Pb2.83, Sn0.08, Fe0.20, Ni0.05, Al0.23						E_{corr}(mV)(vs. SCE)：−256；I_{corr}(A/cm²)：11.00×10⁻⁶；R_p(Ω·cm²)：2106	
	Cu63.04, Zn30.33, Pb4.85, Sn0.81, Fe0.23, Ni0.65, Al0.90						E_{corr}(mV)(vs. SCE)：−264；I_{corr}(A/cm²)：21.74×10⁻⁶；R_p(Ω·cm²)：481	
	Cu58.80, Zn37.73, Pb2.02, Sn0.22, Fe0.20, Ni0.54, Al0.09			3.5% NaCl 溶液，27℃±1℃，pH 3.0			E_{corr}(mV)(vs. SCE)：−430；I_{corr}(A/cm²)：21.67×10⁻⁶；R_p(Ω·cm²)：407	

续表

牌号/材料	化学成分/%	加工/热处理状态	力学性能	腐蚀介质（溶液、pH 值、温度、海水来源）	实验方法（静态/动态、流速、实验时长、测试方法）	腐蚀形式	腐蚀程度（年腐蚀速率、腐蚀电流密度、腐蚀坑深度、自腐蚀电位等）	文献出处
铅黄铜	Cu58.20, Zn38.54, Pb2.43, Sn0.36, Fe0.17, Ni0.30			3.5% NaCl 溶液，27℃±1℃，pH 3.0	浸泡腐蚀实验 2h，电化学测试（PD, EIS），表面分析（SEM）等	均匀腐蚀、脱锌腐蚀	$E_{corr}(mV)$(vs. SCE): −482; $I_{corr}(A/cm^2)$:26.22×10^{-6}; $R_p(\Omega \cdot cm^2)$:1076	[71]
	Cu58.38, Zn38.36, Pb2.83, Sn0.08, Fe0.20, Ni0.05, Al0.23						$E_{corr}(mV)$(vs. SCE): −504; $I_{corr}(A/cm^2)$:34.34×10^{-6}; $R_p(\Omega \cdot cm^2)$: 1483	
	Cu63.04, Zn30.33, Pb4.85, Sn0.81, Fe0.23, Ni0.65, Al0.90						$E_{corr}(mV)$(vs. SCE): −513; I_{corr} (A/cm^2): 103.00 × 10^{-6}; $R_p(\Omega \cdot cm^2)$:1736	

① BTEA: α-甲基-N-苄基-1H-苯并三唑-1-甲胺。
② DBME: N,N-二苯并三唑基-1-二甲氨基乙烷。
③ HEBTA: 2-羟乙基苯并三唑。
④ POT: 聚邻甲苯胺。
⑤ DEAP: 1,3-双(二乙基氨基)-2-丙醇。
注：成分未说明，指的是标准成分。

参考文献

[1] 曾正明. 实用有色金属材料手册. 北京：机械工业出版社，2008：102-106.

[2] 戴起勋. 金属材料学. 北京：化学工业出版社，2011：207-210.

[3] Rajan T V. Heat Treatment：Principles and Techniques. New Delhi，India：Prentice-Hall of India Pvt Ltd，2007.

[4] 王荣滨. 黄铜的热处理与深冷处理研究. 有色金属加工，2005，34（4）.

[5] Anakhov S V，Fominykh S I. Effect of the cooling rate after remelting an the structure of antifriction brass. Metal Science and Heat Treatment，1997，39（5-6）：240-243.

[6] Kim H S，Kim W Y，Song K H，Effect of post-heat-treatment in ECAP processed Cu-40%Zn brass. Journal of Alloys and Compounds，2012，536：S200-S203.

[7] Tabrizi U，et al. Influence of heat treatment on microstructure and passivity of Cu-30Zn-1Sn alloy in buffer solution containing chloride ions. Bulletin of Materials Science，2012，35（1）：89-97.

[8] Varli K V，et al. Structure and Properties of Lmtsska 58-2-2-1-1 Brass after Heat-Treatment. Metal Science and Heat Treatment，1978，20（5-6）：463-466.

[9] Ramiandravola L，Lukach I，Grigerova T. Structural andSubstructural Changes during Heat-Treatment of Special Brass. Metal Science and Heat Treatment，1992，34（1-2）：94-96.

[10] Kamali M S，et al. Metallurgical behaviour of iron in brass studied using Mossbauer spectroscopy. Hyperfine Interactions，2006，168（1-3）：995-999.

[11] Sadykov F A，Valitov V A，Barykin N P. The influence of deformation heat treatment on the structure and wear resistance of CuZnPb brass. Journal of Materials Engineering and Performance，1997，6（1）：73-76.

[12] Wilborn M M，et al. Heat Treatment as an Alternative to Brass Warping. 20th Brazilian Conference on Materials Science and Engineering，2014（775-776）：151-155.

[13] Sadykov F A，Barykin N P，Aslanyan I R. Wear of copper and its alloys with submicrocrystalline structure. Wear，1999（225）：649-655.

[14] Liu Y W. et al. Effect of High Pressure Heat Treatment on Microstructure and Corrosion Resistance of Brass. Advanced Engineering Materials，2011，1-3（194-196）：1257-1260.

[15] Li S F，et al. An Investigation of Microstructure and Phase Transformation Behavior of Cu40Zn-1.0 wt.% Ti Brass Via Powder Metallurgy. Journal of Materials Engineering and Performance，2013，22（10）：3168-3174.

[16] Atsumi H，et al. Fabrication and properties of high-strength extruded brass using elemental mixture of Cu-40% Zn alloy powder and Mg particle. Materials Chemistry and Physics，2012，135（2-3）：554-562.

[17] Davis J R. Copper and Copper Alloys. Materials Park，OH，ASM International：2001.

[18] Pryor M J，Fister J C. The Mechanism of Dealloying of Copper Solid-Solutions and Intermetallic Phases. Journal of the Electrochemical Society，1984，131（6）：1230-1235.

[19] 严宇民，林乐耘. HMn58-2 实海暴露 4 年的脱锌腐蚀及其机理. 材料保护，1991，24（6）.

[20] Watanabe T. Approach to grain boundary design for strong and ductile polycrystals. Res Mechanica，1984，11：47-84.

[21] Pickerin H，Wagner C. Electrolytic Dissolution of Binary Alloys Containing a Noble Metal. Journal of the Electrochemical Society，1967，114（7）：698-706.

[22] Sieradzki K，Newman R C. A Percolation Model for Passivation in Stainless-Steels. Journal of the Electrochemical Society，1986，133（9）：1979-1980.

[23] Newman R C，Meng F T，Sieradzki K. Validation of a Percolation Model for Passivation of Fe-Cr Alloys . 1. Current Efficiency in the Incompletely Passivated State. Corrosion Science，1988，28（5）：523-527.

[24] Sieradzki K，et al. Computer-Simulations of Corrosion -Selective Dissolution of Binary-Alloys. Philosophical Magazine a-Physics of Condensed Matter Structure Defects and Mechanical Properties，1989，59（4）：713-746.

[25] 龚敏. 金属腐蚀理论及腐蚀控制. 北京：化学工业出版社，2009：110-111.

[26] R. 温斯顿. 里维. 尤利格腐蚀手册. 北京：化学工业出版社，2005：547-548.

[27] Szklarska-Smialowska Z. Pitting corrosion of aluminum. corrosion science，1999，41：1743-1767.

[28] Lucey V F. Mechanism of Pitting Corrosion of Copper in Supply Waters. Corrosion Engineering，Science and Technology，1967，2（5）：175-185.

[29] Efird K D. Flow-Induced Corrosion //Uhlig's Corrosion Handbook. Second Edition. 2000：233-248.

[30] Zhou S，Stack M M，Newman R C. Characterization of Synergistic Effects Between Erosion and Corrosion in an Aqueous Environment Using Electrochemical Techniques. Corrosion，1996，52（12）：934-946.

[31] Liu C B, Jiang S L, Zheng Y G. Experimental and computational failure analysis of a valve in anuclear power plant. Engineering Failure Analysis, 2012, 22: 1-10.

[32] Lin G Y, et al. Influence of rare earth elements on corrosion behavior of Al-brass in marine water. Journal of Rare Earths, 2011, 29 (7): 638-644.

[33] Zhou X Z, Deng C P, Su Y C. Comparative study on the electrochemical performance of the Cu-30Ni and Cu-20Zn-10Ni alloys. Journal of Alloys and Compounds, 2010, 491 (1-2): 92-97.

[34] Bond J W. On the electrical characteristics of latent finger mark corrosion of brass. Journal of Physics D-Applied Physics, 2008, 41 (12).

[35] Dacosta S L F A, Agostinho S M L, Nobe K. Rotating-Ring-Disk Electrode Studies of Cu-Zn Alloy Electrodissolution in 1m Hcl -Effect of Benzotriazole. Journal of the Electrochemical Society, 1993, 140 (12): 3483-3488.

[36] Ponce L V, et al. Surface effects in $Cu_{0.64}Zn_{0.36}$ alloy produced by CO_2 laser treatment. Materials Letters, 2005, 59 (29-30): 3909-3912.

[37] Xiao Long Z, et al. Surface characterization and corrosion behavior of a novel gold-imitation copper alloy with high tarnish resistance in salt spray environment. Corrosion Science, 2013, 76: 42-51.

[38] Sohn S, Kang T. The effects of tin and nickel on the corrosion behavior of 60Cu-40Zn alloys. Journal of Alloys and Compounds, 2002, 335 (1-2): 281-289.

[39] Whiting L, Newcombe P, Sahoo M. AFS Trans, 1995 (103): 683-691.

[40] Vilarinho C, Davim J P, Soares D et al. J Mater Process. Technology, 2005 (170): 441-447.

[41] Sigal A, Rohatgi P. AFS Trans, 1996 (104): 225-228.

[42] Kondoh K, Kosaka Y, Okuyama M. et al. Collected Abstracts of 46th technology conference of Japan Copper and Brass Association, 2006: 153-154.

[43] Imai H, et al. Development of Lead-Free Machinable Brass with Bismuth and Graphite Particles by Powder Metallurgy Process. Materials Transactions, 2010, 51 (5): 855-859.

[44] Atsumi H, et al. Fabrication and properties of high-strength extruded brass using elemental mixture of Cu-40% Zn alloy powder and Mg particle. Materials Chemistry and Physics, 2012, 135 (2-3): 554-562.

[45] Li S F, et al. An Investigation of Microstructure and Phase Transformation Behavior of Cu40Zn-1. 0. wt. % Ti Brass Via Powder Metallurgy. Journal of Materials Engineering and Performance, 2013, 22 (10): 3168-3174.

[46] 杨辉辉, 刘廷光, 夏爽, 等. 利用晶界工程技术优化 H68 黄铜中的晶界网络. 上海金属, 2013, 35 (5).

[47] Lee S Y, et al. Effect of thermomechanical processing on grain boundary characteristics in two-phase brass. Materials Science and Engineering a-Structural Materials Properties Microstructure and Processing, 2003, 363 (1-2): 307-315.

[48] 梁玮, 劳远侠, 徐云庆, 等. 快速凝固技术在新材料开发中的应用及发展. 广西大学学报, 2007, 32 (6).

[49] 关绍康, 王利国, 朱世杰, 等. 快速凝固合金的研究发展趋势. 现代铸造, 2004, 4: 22-26.

[50] Espana F A, Balla V K, Bandyopadhyay A. Laser surface modification of AISI 410 stainless steel with brass for enhanced thermal properties. Surface & Coatings Technology, 2010, 204 (15): 2510-2517.

[51] 程建奕, 李周, 唐宁, 等. 含稀土 HSn70-1 锡黄铜的腐蚀行为研究. 材料热处理学报, 2007, 28 (5).

[52] 丁杰, 林海潮, 曹楚南. HSn70-1B 铜管在碱性 NaCl 溶液中的腐蚀行为. 腐蚀科学与防护技术, 2002, 14 (2).

[53] 叶成龙, 武杰, 佘坚, 等. HAl77-2 黄铜在流动海水中的电化学行为. 中国腐蚀与防护学报, 2008, 28 (1).

[54] 林高用, 杨伟, 万迎春, 等. 微量稀土对 HAl77-2 铜合金组织及耐腐蚀性能的影响. 中国腐蚀与防护学报, 2010, 30 (4).

[55] 王吉会, 姜晓霞, 李诗卓. 表面膜对含硼 HAl77-2 黄铜腐蚀的影响. 材料研究学报, 1997, 11 (3).

[56] 程建奕, 李周, 唐宁, 等. 含稀土 HAl77-2 铝黄铜的腐蚀行为. 中国有色金属学报, 2007, 17 (8).

[57] 陈杰, 郑弃非, 孙霜青, 等. 海军黄铜 HSn62-1 的长期大气腐蚀行为. 中国有色金属学报, 2011, 21 (3).

[58] 刘增才, 林乐耘, 徐杰, 等. 实海暴露双相黄铜脱锌的扩散机制. 材料研究学报, 2000, 14.

[59] 黄桂桥. 铜合金在海洋飞溅区的腐蚀. 中国腐蚀与防护学报, 2005, 25 (2).

[60] 赵月红, 林乐耘, 崔大为. 铜及铜合金在我国实海海域暴露 16 年局部腐蚀规律研究. 腐蚀科学与防护技术, 2003, 15 (5): 266-271.

[61] 金威贤, 谢荫寒, 朱洪兴. 铜及铜合金在泥沙海水中的腐蚀研究. 材料开发与应用, 2001, 16 (2).

[62] Nagiub A, Mansfeld F. Evaluation of Corrosion inhibition of brass in chloride media using EIS and ENA. Corrosion Science, 2001, 43: 2147-2171.

[63] Husnu Gerengi, Kazimierz Darowicki, Gozen Bereket, et al. Evaluation of corrosion inhibition of brass-118 in artificial seawater by benzotriazole using Dynamic EIS. Corrosion Science, 2009, 51: 2573-2579.

[64] Sayed S M, Ashour E A, Youssef G I. Effect of sulfide ions on the corrosion behaviour of Al-brass and Cu10Ni alloys in

salt water. Materials Chemistry and Physics，2002，78：825-834.

[65] Ravichandran R，Rajendran N. Electrochemical behaviour of brass in artificial seawater：effect of organic inhibitors. Applied Surface Science, 2005, 241 (3-4)：449-458.

[66] Santos C I S, Mendonca M H, Fonseca I T E. Corrosion of brass in natural and artificial seawater. Journal of Applied Electrochemistry, 2006, 36：1353-1359.

[67] Du X S, et al. Inhibitive effects and mechanism of phosphates on the stress corrosion cracking of brass in ammonia solutions. Corrosion Science, 2012, 60：69-75.

[68] Chen J L, Li Z, Zhao Y Y. Corrosion characteristic of Ce Al brass in comparison with As Al brass. Materials & Design, 2009, 30 (5)：1743-1747.

[69] Ramji K, Cairns D R, Rajeswari S. Synergistic inhibition effect of 2-mercaptobenzothiazole and Tween-80 on the corrosion of brass in NaCl solution. Applied Surface Science, 2008, 254 (15)：4483-4493.

[70] Chen J L, et al. Corrosion behavior of novel imitation-gold copper alloy with rare earth in 3.5% NaCl solution. Materials & Design, 2012, 34：618-623.

[71] Kumar S, et al. Effect of lead content on the dezincification behaviour of leaded brass in neutral and acidified 3.5% NaCl solution. Materials Chemistry and Physics, 2007, 106 (1)：134-141.

[72] Marshakov I K. Corrosion resistance and dezincing of brasses. Protection of Metals，2005，41 (3)：205-210.

[73] Shih H C, Tzou R J. Studies of the Inhibiting Effect of 1, 2, 3-Benzotriazole on the Stress-Corrosion Cracking of 70/30 Brass in Fluoride Environments. Corrosion Science, 1993, 35 (1-4)：479-488.

[74] Ravichandran R, Rajendran N. Influence of benzotriazole derivatives on the dezincification of 65-35 brass in sodium chloride. Applied Surface Science, 2005, 239 (2)：182-192.

[75] Patil D, Patil P P. Electrodeposition of Poly (o-toluidine) on Brass from Aqueous Salicylate Solution and Its Corrosion Protection Performance. Journal of Applied Polymer Science, 2010, 118 (4)：2084-2091.

[76] Saricimen H, et al. Performance of Cu and Cu-Zn alloy in the Arabian Gulf environment. Materials and Corrosion-Werkstoffe Und Korrosion, 2010, 61 (1)：22-29.

[77] Sayed S M, et al. Effect of sulfide ions on the stress corrosion behaviour of Al-brass and Cu10Ni alloys in salt water. Journal of Materials Science, 2002, 37 (11)：2267-2272.

[78] Loto C A, Loto R T. Corrosion Resistance Behaviour of Duplex (alpha beta) Brass in Nitric Acid Concentrations. International Journal of Electrochemical Science, 2012, 7 (12)：12021-12033.

[79] Lee C K, Shih H C. Determination of the Critical Potentials for Pitting, Protection, and Stress-Corrosion Cracking of 67-33-Brass in Fluoride Solutions. Journal of the Electrochemical Society, 1995, 142 (3)：731-737.

[80] Kleber C, et al. Influence of increasing zinc contents in brass in the early stages of corrosion investigated by in-situ TM-AFM and SIMS. Analytical and Bioanalytical Chemistry, 2002, 374 (2)：338-343.

[81] Ismail K M, Elsherif R M, Badawy W A. Effect of Zn and Pb contents on the electrochemical behavior of brass alloys in chloride-free neutral sulfate solutions. Electrochimica Acta, 2004, 49 (28)：5151-5160.

[82] Gao G, Liang C H. 1,3-bis-diethylamino-propan-2-ol as volatile corrosion inhibitor for brass. Corrosion Science, 2007, 49 (9)：3479-3493.

[83] Es-Saheb M, et al. Corrosion Passivation in Aerated 3.5% NaCl solutions of Brass by Nanofiber Coatings of Polyvinyl Chloride and Polystyrene. International Journal of Electrochemical Science, 2012, 7 (11)：10442-10455.

[84] Emran K M, Hamdona S K, Balawi A M. Effect of some safe additives and mixed salts scales on electrochemical corrosion behavior of yellow brass alloy in artificial seawater. Desalination and Water Treatment, 2014, 52 (25-27)：4681-4688.

[85] Elwarraky A A. Dissolution of brass 70/30 (Cu/Zn) and its inhibition during the acid wash in distillers. Journal of Materials Science, 1996, 31 (1)：119-127.

[86] Brandl E, et al. Stress corrosion cracking and selective corrosion of copper-zinc alloys for the drinking water installation. Materials and Corrosion-Werkstoffe Und Korrosion, 2009, 60 (4)：251-258.

[87] Abed Y, et al. Peptidic compound as corrosion inhibitor for brass in nitric acid solution. Progress in Organic Coatings, 2004, 50 (2)：144-147.

第4章

青铜在海水中的腐蚀行为和数据

青铜是历史上应用最早的一种合金，原指铜-锡合金，因颜色呈青灰色，故称青铜。为了改善合金的工艺性能和力学性能，大部分青铜内还加入其他合金元素，如铅、锌、磷等。由于锡是一种稀缺元素，所以工业上还使用许多不含锡的无锡青铜，它们不仅价格便宜，还具有所需要的特种性能。无锡青铜主要有铝青铜、铍青铜、锰青铜、硅青铜等。它们在冶金性能上与锡青铜有很多相似的地方。此外还有成分较为复杂的三元或四元青铜。现在除黄铜和白铜（铜-镍合金）以外的铜合金均称为青铜。按加工方式青铜也可分为压力加工青铜（以青铜加工产品供应）和铸造青铜两类。青铜的编号规则是："Q＋主加元素符号＋主加元素含量（＋其他元素含量）"，"Q"表示青的汉语拼音首字母。如 QSn4-3 表示成分为 4%Sn、3%Zn、其余为铜的锡青铜。铸造青铜的编号前加"Z"。

下面我们针对这些主要的青铜种类，主要从其组成以及金相组织、力学性能、在海洋环境中的应用以及在海水中的腐蚀程度和腐蚀形式等展开介绍。

4.1 青铜在海水中的腐蚀行为

4.1.1 青铜的分类

4.1.1.1 铝青铜

（1）常见铝青铜牌号及其应用　铝青铜是作为结构材料最值得关注以及在现代工业中应用最为广泛的一种铜合金[1,2]，因强度高、硬度高、韧性好以及具有良好的耐磨性、耐蚀性，广泛应用于制作高载和高速运转的耐蚀耐磨部件，如齿轮、阀门以及大型船用螺旋桨等。其在大气、海水、碳酸及大多数有机酸中具有比黄铜和锡青铜更高的耐蚀性，冲击时不发生火花等。但是铝青铜的体积收缩率比锡青铜大，铸件内部易产生难熔的氧化铝，难于钎焊，在过热蒸汽中不稳定。铝青铜价格便宜，可以成为一些昂贵金属材料的部分替代品，如替代锡青铜、不锈钢、镍基合金等。国内常用的铝青铜牌号及其应用如表 4-1 所示。

表 4-1　国内常用的铝青铜牌号及其应用

牌号	化学成分	主要用途
ZQAl9-2	Al8.2～10，Mn1.5～2.5，Sn＜0.2，Zn＜0.5，Pb＜0.1，P＜0.1，Fe＜0.5，Sb＜0.05，Si＜0.2	耐磨耐蚀零件,形状简单的大型铸件,及在 250℃温度下工作的管配件,气密性要求较高的铸件和零件

牌号	化学成分	主要用途
ZQAl9-4	Al9.2~11.0,Fe2.0~4.0,Mn<1.0,Sn<0.2,Zn<0.4,Pb<0.1,P<0.1,Si<0.1	高强度,耐磨耐蚀零件及在250℃温度下工作的管配件
ZQAl9-4-4-2	Al8.7~10,Ni4.0~5.0,Fe4.0~5.0,Mn0.8~2.5,Pb<0.02,Si<0.15	耐蚀,高强度铸件,耐磨和工作在400℃以下的零件
ZQAl10-3-2	Al9.2~11.0,Fe2.0~4.0,Mn1.0~2.0,Ni<0.5,Sn<0.1,Zn<1.0,Pb<0.1,P<0.01,Sb<0.05,Si<0.1	高强度,耐磨耐蚀零件以及耐热管配件等
ZQAl10-2	Al8.7~10.7,Ni<0.5,Sn<0.2,Zn<0.5,Pb<0.02,P<0.01,Fe<0.5,Si<0.2	轮缘,轴套,齿轮,阀座等

最初把铝青铜作为螺旋桨材料使用的,是第二次世界大战中的英国海军。由于在高速鱼雷艇上使用了飞机用的发动机,螺旋桨的转速非常高,用高强度黄铜制造的螺旋桨,产生了严重的空泡腐蚀和腐蚀疲劳,甚至难以维持一个航次,不时出现脱锌、龟裂和折断事故。为了解决这一问题,他们选用力学性能、耐蚀性和抗空泡腐蚀性更优异的铝青铜,取得了良好的效果[3]。

(2) 铝青铜的成分、组织与热处理　铝是铝青铜最主要的合金元素。根据额外添加其他合金元素与否,铝青铜分为简单铝青铜,即二元 Cu-Al 合金和复杂铝青铜,即以铜铝为基,添加 Fe、Ni、Mn、Zn 等元素的多元铜合金。铝青铜有良好的铸造性能。从 Cu-Al 二元合金相图 (图 4-1) 上可以看出,铝含量小于 7.4% (无特殊说明,均指质量分数) 时,所有的铝青铜合金在固态均是单一的 α 相固溶体,合金塑性较好,加工成形性好。铝含量在 7.4%~9.4% 时,在 565~1036℃ 温度范围内组织均是 α+β 双相组织,但是由于铸造过程中不可能理想地缓慢冷却,因此 β 相不能完全转化为 α 相,残余的 β 相会随着温度降低,发生共析转变,即 β —→α+γ₂。γ₂ 是一种以 Cu₉Al₄ 为基的固溶体,是一种具有体心立方晶格的硬脆相,它的析出将降低合金的塑性,但会使合金的强度、硬度增加。此外,由于其与合金中 α 相组织上成分上的巨大差异,在腐蚀性介质中会因电位差异而形成电偶,因此会严重影响铝青铜的腐蚀性能。铝含量在 9.4%~15.6% 的铝青铜合金从高温缓慢冷却到 565℃ 时发生 β→α+γ₂,组织呈片层状。铝含量在 9.4%~11.8% 的亚共析铝青铜在快速冷却过程中 β 相发生无扩散相变,会形成针状 β′相和马氏体组织。铝含量大于 11.8% 的过共析铝青铜组织变化顺序为由最初的 β 相固溶体转变为 β₁ 有序固溶体,然后随合金中铝含量的增加再转变成 β′马氏体,β′+γ′混合物或针状 β′马氏体。当铝含量大于 9.4% 时,铝青铜合金淬火后组织主要为 β′马氏体。由于 β′相的硬度和强度均高于 α 相,因此可以应用在对铝青铜有耐磨性要求的构件制造中。此外,β′相是一种亚稳定组织,对其进行不同温度回火时,可以得到不同的组织。铝含量大于 11.8% 的过共析铝青铜是一种典型的固溶强化合金,在实际生产中经常采用热处理法对此合金进行强化。

(3) 镍铝青铜　关于铝青铜的优异性能早在 1910 年年间就已被发现,但当时铸造技术不甚发达,如熔炼时易吸氢、浇注时氧化物的大量卷入等,推迟了它的实用化。此外,在金相组织方面也存在缺陷,高强度的铝青铜本来应该由 α+β 组成,但由于 β 相一经缓冷就会引起β —→α+γ₂ 的共析转变而脆化,使力学性能和耐蚀性能变坏。虽然在冷却速度大的情况下会阻止这一转变,但对于大型螺旋桨 (冷却速度较慢) 却难以避免,因此必须用调整成分的方法来防止这一转变。实际应用上有两种途径:①加入大量的锰,推迟 β 相的共析转变,这样,在

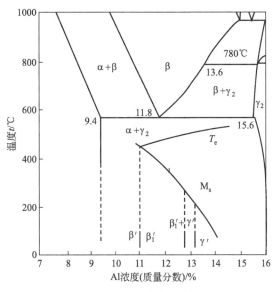

图 4-1　Cu-Al 二元合金相图[4]

室温下可得到稳定的 α+β 组织，这就是高锰铝青铜；②加入大量的镍，使 α/α+β 相的溶解限向铝侧移动，避免 β 相存在，从而在 α 相内生成细小的弥散的 κ 相，这就是高强度镍铝青铜。

镍铝青铜具有优异的力学性能、腐蚀性能以及耐空蚀性能，是船舶螺旋桨的重要选材之一。用镍铝青铜制作的螺旋桨的转动惯量比之前的黄铜螺旋桨降低 15%～19%，在同等船用发动机的功率下，提高了螺旋桨的承载能力。镍铝青铜的抗拉强度和腐蚀疲劳强度比高强度黄铜高。如果把螺旋桨设计的容许应力设为 4.69MPa 以上（高强度黄铜约为 4.09MPa），则叶片厚度可以减薄 8%～10%，由于其密度比高强度黄铜小 10%，如果两者同时考虑，则可使其重量减轻 15%，同时螺旋桨的效率提高 20%，这样可以减少轴系上的轴承磨耗，节省材料、维修费用以及燃料损耗等[3]。表 4-2 是世界各国镍铝青铜螺旋桨材料的化学成分、力学性能、腐蚀疲劳强度以及其与黄铜和 Mn-Cu 合金的对比情况。镍铝青铜腐蚀疲劳强度以及抗空蚀性能优于高强度黄铜，因此使得螺旋桨桨叶表面粗化缓慢。镍铝青铜无应力腐蚀倾向，腐蚀疲劳强度大概是高强度黄铜的 2 倍，抗空蚀性能相比于高强度黄铜提高 2～3 倍。镍铝青铜在污染海水中的脱成分腐蚀程度低于高强度黄铜。镍铝青铜螺旋桨的造价比高强度黄铜增加 25%～30%，但是它有更长的使用寿命以及更高的可靠性，据文献报道，高强度黄铜螺旋桨使用年限约为 10 年，镍铝青铜螺旋桨使用寿命可达 17～20 年，综合考虑还是镍铝青铜螺旋桨成本较低。

镍铝青铜含有 9%～12%Al，6%Fe，6%Ni，1%Mn。中国船级社对镍铝青铜船用螺旋桨铸件的成分做了详细规定，要求 Cu77%～82%，Al7%～11%，Mn0.5%～4%，Fe2.0%～6.0%，Ni3.0%～6.0%，Sn0.1%，Pb0.03%，并要求力学性能 $\sigma_b \geq 500$MPa，$\sigma_{p0.2} \geq 245$MPa，延伸率不小于 14%。合金成分中的 Ni 和 Fe 避免了简单 Cu-Al 二元合金在 565℃时发生的共析转变 β——→α+γ₂，因此无缓冷脆化现象。Fe 能起到细化晶粒的作用，但是过多的 Fe 则会影响合金的耐蚀性，Ni 有利于提高耐蚀性以及防止厚大铸件的缓冷脆性。Mn 可以提高镍铝青铜的熔体流动性。为了抑制会优先腐蚀的 γ″ 相的生成，Mn 的含量不要超过 1.3%。合金元素含量的微小差异会造成金相组织上的变化。图 4-2 为镍铝青铜在铸造过程中的组织转变图。

表 4-2　世界各国镍铝青铜螺旋桨材料的化学成分、力学性能、腐蚀疲劳强度以及其与黄铜和 Mn-Cu 合金的对比情况[3]

国别	合金牌号	化学成分/%								力学性能								腐蚀疲劳强度/MPa×10^8 次
		Cu	Mn	Al	Fe	Ni	Zn	Sn	杂质	σ_b/MPa	$\sigma_{0.2}$/MPa	$\sigma_{0.1}$/MPa	δ_5/%	HB	α_K/(J/cm²)	E/MPa	冷弯角 α/(°)	
中国	ZQAl9-4-4-2	余量	1.0~2.5	8.5~10.0	4.0~5.0	4.0~5.0			C、Si、Pb 总量<1.0	≥637	≥275		≥18	≥160	≥29	12.45×10⁴	≥25	102(小试样)
中国	ZHMn55-3-1	55~59	3.0~4.0	<0.6	0.5~1.5		余量	<0.5	Pb、Sb 总量<2.0	≥471	≥186		≥20	≥100	≥59	8.83×10⁴	≥30	64.7(小试样)
中国	2310 合金	余量	49~52	3.5~4.5	2.5~3.5	2.0~3.0	1.5~3.0	Cr0.4~0.8	C<0.1, S<0.2	≥539	≥235		≥20	≥130	≥29	8.46×10⁴		7.92(>1.71×10⁷)
前苏联	9-4-4	余量	<1.0	8.6~9.6	4.0~5.0	4.0~5.0				>608		>216	≥16	>100		13.73×10⁴		
前苏联	55-3-1	53~58	3.0~4.0		0.5~1.5		余量			471~490			20~25					
前苏联	ABPOP2 合金	余量	51~53	1.5~2.5	2.0~3.0	1.5~2.5	2.0~4.0	Mo0.2~0.7	C<0.2, Si<0.2	≥490	≥245		≥20	≥140	≥78	7.85×10⁴		
英国	AB2	余量	0.5~1.5	9.0~10.0	4.0~5.5	4.0~5.0				>648		>263	≥18	>165	30	12.73×10⁴		138.3(大试样)
英国	HTB1	58~62	0.5~2.0	0.5~2.0	0.7~2.0	<0.1	余量	0.3~0.8		490~530			20~30	125~165				82.4(大试样)
英国	Sonoaton 合金	25~50	47~60	2.5~6.0	<5.0	0.5~3.0		<2.0	C<0.2, Si<0.2	≥539	≥250		13~30	130~170	34~68	(7.35~8.34)×10⁴		75
日本	ASB6	余量	0.5~1.5	9.0~10.0	4.0~6.0	4.0~6.0				>618			≥15	150~160				127.5(大试样)
日本	HBSC2	55~60	<3.5	0.5~2.0	0.2~2.0	<1.0	余量	<1.0	<0.5	>490			≥18					68.6(大试样)
美国	Cumike	余量	0.75	9.5	4.3	5.0				649	262		15					
美国	ASTMB147-49-8A	55~60	<1.5	0.5~1.5	0.4~2.0	<0.5	余量	<1.0	<0.46	>448			≥20					
前联邦德国	G-NiAlB2 F50/60	77~83	1.5	8.0~10.5	4.0~6.0	4.0~6.5				588~735	275~333		16~25	150~180				
前联邦德国	G-SOMS 57F45	56~60	1.0~2.0	1.0~2.0	1.0~2.0	<1.5	36~40			>490			≥20	>100				
荷兰	Cumial66	余量	Fe+Ni=8.5, Al+Mn+Zn=11.0							>647			>20	>160				
荷兰	Lima	55~62	1.0~1.2	1.0~1.2	1.0		余量		<1.2	441~490	157~167		20	120	34	8.83×10⁴		

在 1030℃以上，为单一的 β 相组织，随着温度的降低，会转变为魏氏体的 α 相。在 930℃时，$κ_{II}$ 会在 β 的相界处析出。温度降至 860℃时发生共析转变，即 β⟶α+$κ_{III}$。随着温度的进一步降低，$κ_{IV}$ 会在 α 基体内析出。其中，$κ_{II}$ 和 $κ_{IV}$ 相都是基于 Fe_3Al 的金属间化合物，$κ_{II}$ 呈花朵状或者球状，尺寸较大，分布在 α 相界处，$κ_{IV}$ 尺寸非常小，往往在 $1μm$ 以下。$κ_{III}$ 是片层状的，基于 NiAl 的金属间化合物。当合金中 Fe 的含量超过 5% 时，会有另外一种 $κ_I$ 相析出，其与 $κ_{II}$ 有着类似的形状以及成分，同样分布在 α 相界上。由于螺旋桨多为大型铸件，这样镍铝青铜铸件在一些位置处会由于冷却速度过快，β 相来不及完全转化为 α 相和 κ 相，因此一些残余的 β 相，被称作 β′ 相保留在了组织中。β′ 一般呈马氏体形态[5,6]。典型的铸造组织形貌见图 4-3[7]。

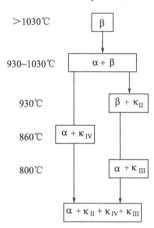

图 4-2　镍铝青铜在铸造过程
中的组织转变图

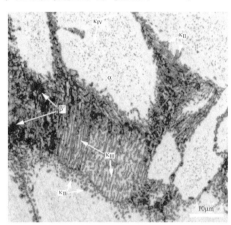

图 4-3　镍铝青铜 UNS C95800 金相组织[7]

4.1.1.2　锡青铜

（1）常用锡青铜牌号及应用　锡青铜有较高的力学性能，较好的耐蚀性、减摩性和铸造性能；对过热和气体的敏感性小，焊接性能好，无铁磁性。锡青铜是铸造收缩率最小的有色金属合金，用来生产形状复杂、轮廓清晰、气密性要求不高的铸件。锡青铜在大气、海水、淡水和蒸汽中的抗蚀性都比黄铜高。含磷锡青铜具有良好的力学性能，可用作高精密工作母机的耐磨零件和弹性零件。含铅锡青铜常用作耐磨零件和滑动轴承。含锌锡青铜可作高气密性铸件[4]。

常见的锡青铜牌号有 QSn4-3、QSn4-4-2.5、QSn6.5-0.1、QSn6.5-0.4 等。工业上变形锡青铜多用作弹性元件以及耐磨抗磁零件。常见的变形锡青铜的牌号及成分见表 4-3。

表 4-3　常见变形锡青铜的牌号及成分[8]

合金牌号	主成分/%					杂质(不大于)/%								
	Sn	P	Zn	Pb	Cu	Sb	Bi	Si	Al	Fe	Pb	Zn+Ni	P	S	总和
QSn4-0.3	3.5~4.5	0.2~0.3	—	—	余量	0.002	0.002	0.002	0.002	0.02	0.02	—	—	—	0.1
QSn6.5-0.1	6.0~7.0	0.1~0.25	—	—	余量	0.002	0.002	0.002	0.002	0.02	0.02	—	—	—	0.1
QSn6.5-0.4	6.0~7.0	0.3~0.4	—	—	余量	0.002	0.002	0.002	0.002	0.02	0.02	—	—	—	0.1
QSn7-0.2	6.0~8.0	0.1~0.25	—	—	余量	0.01	0.002	0.002	0.01	0.05	0.02	0.2	—	0.008	0.3
QSn8-0.4	7.0~9.0	0.3~0.5	—	—	余量	—	—	—	—	0.15	0.02	0.4	—	—	0.9
QSn4-3	3.5~4.5	—	2.7~3.3	—	余量	0.002	0.002	—	0.002	0.05	—	—	0.03	—	0.2
QSn4-4-2.5	3.0~5.0	—	3.0~5.0	1.5~3.5	余量	0.002	0.002	—	0.002	0.05	—	—	0.03	—	0.2
QSn4-4-4	3.0~5.0	—	3.0~5.0	3.5~4.5	余量	0.002	0.002	—	0.002	0.05	—	—	0.03	—	0.2

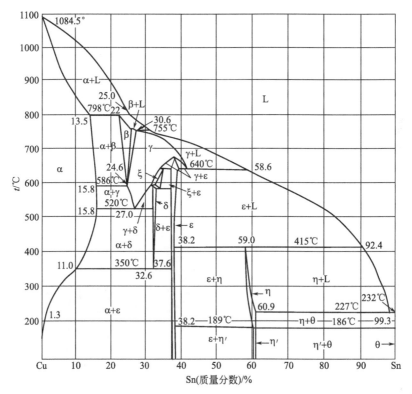

图 4-4 Cu-Sn 二元平衡相图[8]

表 4-4 Cu-Sn 二元平衡相图铜侧的等温反应[8]

温度/℃	反应类型	相变关系
798	包晶	液相＋α(13.5%Sn)══β(22%Sn)
586	共析	β(24.6%Sn)══α(15.8%Sn)+γ(25.4%Sn)
520	共析	γ(27%Sn)══α(15.8%Sn)+δ(32.4%Sn)
约350	共析	δ(32.6%Sn)══α(11.0%Sn)+ε(37.8%Sn)

(2) 锡青铜成分、组织与热处理 图 4-4 是 Cu-Sn 二元平衡相图。富铜一侧的等温反应及相结构特征见表 4-4。当 Sn≤5% 时，Sn 溶于 Cu 中，形成面心立方晶格的 α 固溶体，随着锡含量的增加，合金的强度和塑性都增加。当 Sn≥5% 时，组织中出现硬而脆的 δ 相（以复杂立方结构的电子化合物 $Cu_{31}Sn_8$ 为基的固溶体），虽然强度继续升高，但塑性却会下降。当 Sn＞20% 时，由于出现过多的 δ 相，使合金变得很脆，强度也显著下降。因此，工业上用的锡青铜的锡含量一般为 3%～14%。Sn＜5% 的锡青铜适宜于冷加工使用，含锡 5%～7% 的锡青铜适宜于热加工，锡含量大于 10% 的锡青铜适合铸造。因铜锡二元合金结晶间隔较大，加上锡在铜中扩散较慢，因此实际的铸态组织与平衡图有很大偏离。固态下形成的晶内偏析及少量的 δ 相在经过高温（650～700℃）长时间均匀化退火及多次压力加工后方能消除。同时，合金化处理以后，合金的塑性也会明显提高。除 Sn 以外，锡青铜中一般含有少量 Zn、Pb、P、Ni 等元素。

磷能有效进行脱氧，增加合金流动性，并提高合金的强度、硬度、弹性模量、疲劳强度和耐磨性。锡磷青铜是工业上广泛使用的弹性材料之一。变形锡青铜含磷量不应超过 0.5%，否则将造成加工时的热裂。

锡青铜加锌以后结晶范围明显变窄，因此提高合金在液态下的流动性。此外促进熔炼过程中的脱氧除气，减少反偏析倾向，提高合金的致密度，减轻晶内偏析程度。锌能大量溶于锡青铜的 α 相中，提高合金化强度，改善其力学性能，降低生产成本。

为了增加锡青铜铸件的气密性，如用在阀体或者泵上时会在锡青铜中加入铅。这是由于铅在锡青铜中不固溶，凝固时以游离相分布在结晶枝权间，因此易使锡青铜发生偏析，但可提高铸件的致密度。此外，铅能提高合金的减摩性能和切削性能，但会降低合金的力学性能。由于铅会引起材料的热脆性，故锡锌铅青铜只能在冷态下变形。这类合金经常用作耐蚀耐磨易削的轴套、轴承内衬等[8]。

4.1.1.3 硅青铜

(1) 常用硅青铜牌号及应用　硅青铜的主要合金元素为 Si。变形硅青铜具有较高的力学性能和弹性，耐大气和海水腐蚀，其表面会形成一层致密而坚固的氯化物膜，但它们的临界海水流速不能超过 1.5m/s，否则，氧化膜会遭到破坏，失去保护力。变形硅青铜有较高的耐磨性和减摩性，具有良好的冷热加工性能，可焊，常用于制作弹性元件和耐磨零件。常见的变形硅青铜的牌号和化学成分见表 4-5。

表 4-5　常用变形硅青铜的牌号和化学成分一览表[8]

合金牌号	主成分/%					杂质(不大于)/%									总量
	Si	Mn	Ni	Fe	Cu	As	Sb	Fe	Ni	Pb	Sn	P	Zn	Al	
QSi3-1	2.75~3.5	1.0~1.5	—	—	余量	0.002	0.002	0.3	0.2	0.03	0.25	0.05	0.5	—	1.1
QSi1-3	0.6~1.1	0.1~0.4	2.4~3.4	—	余量	—	—	0.1	—	0.15	0.1	0.01	0.1	0.02	0.1
QSi3.5-3-1.5	3.0~4.0	0.5~0.9	Zn:2.5~3.5	1.2~1.8	余量	0.002	0.002	—	0.2	0.03	0.25	0.03	—	—	1.1

(2) 硅青铜成分、组织与热处理　图 4-5 是 Cu-Si 二元平衡相图。硅在铜中呈有限固溶，在 852℃ 时最大溶解度可达 5.3%，并随温度降低而减小，但时效硬化效应不强，一般不进行强化热处理。工业上的变形硅青铜还会添加锰、镍、锌、铁等元素。锰具有固溶强化以及熔炼时脱氧的作用，常采用的含硅 3% 和锰 1% 的硅青铜 QSi3-1，高温时为单相固溶体，冷却到 450℃ 以下时，有少量化合物 Mn_2Si 或 MnSi 析出，但强化效果极弱，通常是在退火或加工硬化状态下使用。QSi3-1 拉制棒材由于脆性化合物 Mn_2Si 的析出而造成相变应力，在存放过程中易出现自行破裂现象，故成品应进行低温退火，且合金硅含量宜取下限。镍会进一步强化 α 固溶体以及提高合金的耐蚀性，镍与硅形成能固溶于铜的化合物 Ni_2Si，共晶温度（1025℃）时的最大溶解度为 9.0%，并随温度降低而减小，在室温几乎为零。镍与硅的比值为 4:1 的铜合金在时效处理中会因 Ni_2Si 相沉淀而强化，获得良好的综合性能。常用的硅青铜 QSi1-3 的 Ni 含量一般在 2.9%，Si 约 0.7%。锌可以较多地固溶于 α 相，使合金的凝固范围变窄，提高液态下的流动性以及起到去气作用，提高铸锭质量。若 Fe 的含量超过 0.3%，会出现游离的 Fe 相以及 FeSi 化合物，这些会影响耐蚀性。在 QSi3.5-3-1.5 中同时加入 Zn、Fe、Mn，利用铁相可阻止材料在高温相的晶粒长大，从而提高耐磨性以及耐蚀性[8]。

4.1.1.4 铍青铜

(1) 常见铍青铜牌号及应用　以铍为合金化元素的铜合金称为铍青铜，还会添加 Ni、Co、Ti、Al 等其他元素。它是极其珍贵的金属材料，热处理强化后的抗拉强度高达 1250~1500MPa，HB 可达 350~400，远远超过任何铜合金，可与高强度合金钢媲美。铍青铜具有很高的弹性极限、疲劳强度、耐磨性和抗蚀性，导电、导热性极好，并且耐热、无磁性，受冲击时不产生火花。因此铍青铜常用来制造各种重要弹性元件、耐磨零件（钟表齿轮，高温、高压、高速下的轴承）及防爆工具等[9,10]。但铍是稀有金属，价格昂贵，在使用上受到限制。

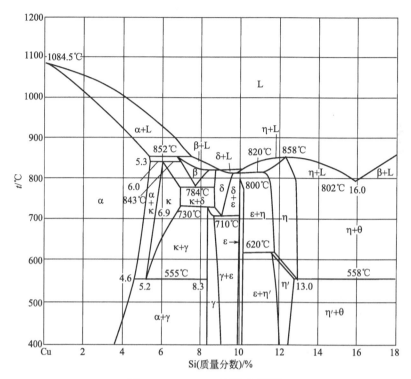

图 4-5　Cu-Si 二元平衡相图[8]

常见的变形铍青铜的合金牌号和化学成分见表 4-6。

表 4-6　变形铍青铜的合金牌号和化学成分[8]

合金牌号	主成分/%				杂质(不大于)/%								
	Be	Ni	Ti	Cu	Si	Al	Pb	P	Fe	Bi	Ni	Mg	总和
QBe-2	1.9~2.2	0.2~0.5	—	余量	0.15	0.15	0.05	—	0.15	—	—	—	0.5
QBe-2.5	2.0~2.3	>0.5	—	余量	0.15	0.1	0.005	0.02	0.4	0.002	0.5	0.05	1.2
QBe-1.7	1.60~1.85	0.2~0.4	0.1~0.25	余量	0.15	0.15	0.005	—	0.15	—	—	—	0.5
QBe-1.9	1.85~2.10	0.2~0.4	0.1~0.25	余量	0.15	0.15	0.005	—	0.15	—	—	—	0.5

(2) 铍青铜成分、组织与热处理　图 4-6 是 Cu-Be 二元平衡相图。铍青铜的铍含量在 1.7%~2.5%,铍在铜中有着有限溶解度,可形成具有面心立方晶格的 α 固溶体、具有体心立方晶格的 β 固溶体及具有体心立方晶格的 γ 相,γ 相是具有高硬度的合金化合物 CuBe。在 866℃时,α 固溶体的铍含量达到 2.1%,随着温度降低,α 固溶体的铍含量逐渐减少,α 固溶体的溶解度曲线显著地移向铜边。当温度为 200℃时,α 固溶体的铍含量为 0.2%。铍含量为 2%~2.5% 的合金组织在高温下是 α 相或 α+β(少量)相,随 α 固溶度的改变,合金在缓慢冷却时逐渐析出 β 相,直到 β 相在 605℃发生共析转变生成 α+γ 相为止。继续冷却,从 α 相中不断析出高硬度的 γ 相。如果冷却速度足够快(如淬火),上述转变不能发生。合金冷到室温后,保留了高温时的组织,获得了过饱和的 α 固溶体或 α+β 相。提高温度(时效处理),过饱和的 α 固溶体便开始脱溶,引起合金的显著强化。铍青铜经过固溶处理和人工时效后,可以得到很高的强度和硬度[9]。

铍青铜中还会加入镍与钴,它们能与铍形成化合物,NiBe、CoBe 化合物在 α 相中的固溶

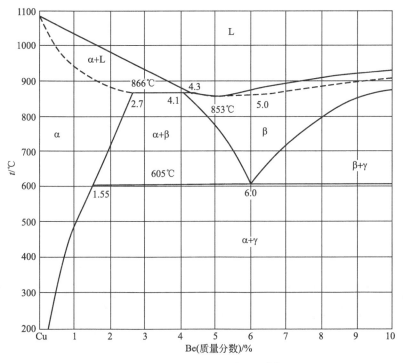

图 4-6　Cu-Be 二元平衡相图[8]

度随温度下降而急剧下降，均可通过时效处理起强化作用。少量的镍、钴也能延缓再结晶，阻止晶粒长大[8]。

4.1.2　青铜的损伤形式

4.1.2.1　铝青铜的腐蚀和空蚀、冲蚀行为

（1）腐蚀行为　铜合金优异的耐海水腐蚀性能源于其表面产生的腐蚀产物膜。关于铝青铜的腐蚀产物膜的研究有很多[11,12]。Ateya 研究了单相 α 铝青铜在 3.4%NaCl 溶液中的腐蚀行为，结果显示，自由腐蚀条件下形成的腐蚀产物膜是双层膜结构，其内膜由 Al_2O_3 组成，外层由 Cu_2O、$Cu_2(OH)_3Cl$ 和 $Cu(OH)Cl$ 组成。X 射线结果发现：在开路条件下，Cu_2O 快速生成；随着浸泡时间延长，出现 $Cu(OH)Cl$；$CuCl$ 仅在阳极电位下形成，比开路电位高很多，在开路电位条件下没有探测到[11]。

（2）镍铝青铜的腐蚀行为　这里重点介绍一下镍铝青铜的腐蚀行为。由于镍铝青铜中相的多样性[5,6,13]，不同相之间合金成分、结构上的差异，造成了它们在腐蚀介质中电位之间的差异，继而形成腐蚀微电池，从而引起腐蚀。根据研究，镍铝青铜在近中性的海水或者 3.5%NaCl 溶液中，β'相会优先发生腐蚀，此外，α 基体以及与共析组织中的片层状 α 相优先发生腐蚀，而组织中的 κ 相未发生腐蚀[14~16]。图 4-7 是铸态镍铝青铜 UNS C95800 在 3.5%NaCl 溶液中浸泡后的表面形貌[17]。其中，Zheng 等对镍铝青铜 C95800 在 3.5%NaCl 溶液中浸泡后的截面进行了观察，发现共析组织处发生了较为严重的腐蚀，该处的腐蚀坑较 α 基体处明显深，见图 4-8[18]。

这是由于共析组织处 α 与 $κ_{III}$ 是相间排列的，即阴阳极相间排列，这样有利于微电池的形成，加速了腐蚀。根据在溶液中的腐蚀行为，各个相的腐蚀电位从低到高的顺序为 β、α、κ。κ 因富含 Al，在腐蚀介质中会在其表面生成 Al_2O_3 保护膜，Al 与 O 的结合力大于 Cu 与 O，且 Al_2O_3 的保护性优于 Cu_2O[15]，因此 κ 相在合金中作为阴极相。然而在酸性的海水以及 3.5%NaCl 溶液（pH<4）的环境中，如缝隙腐蚀环境（低 pH 值，高 Cl^- 浓度），镍铝青铜

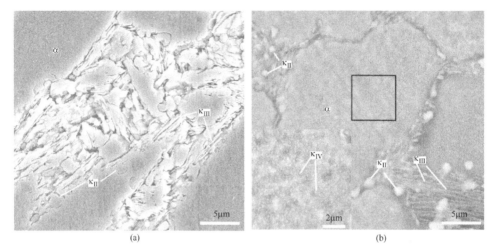

图 4-7　铸态镍铝青铜 UNS C95800 在 3.5%NaCl 中浸泡 6h（a）和 15d（b）的表面形貌图[17]

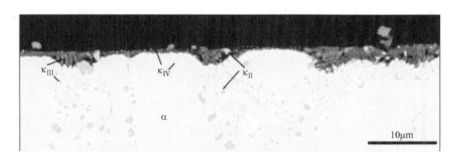

图 4-8　铸态镍铝青铜 UNS C95800 在 3.5%NaCl 溶液中浸泡 2 个月后的
截面形貌（片层状共析体处发生严重腐蚀）[18]

中相的腐蚀行为将发生逆转，κ 相会优先发生腐蚀，见图 4-9[17]。这是由于在酸性环境中，Al_2O_3 已不能稳定存在，对 κ 相的保护作用将失去[16,19]，κ 相因含有较多的 Fe、Al，因此电位低于富 Cu 的 α 相[17]，在合金中作为阳极相，优先发生溶解。

（3）镍铝青铜的腐蚀产物膜　镍铝青铜在海水中优异的耐蚀性得益于其表面产生的腐蚀产物膜[20]。在静态以及流动海水中（临界流速以内），镍铝青铜表面生成的腐蚀产物膜保护性随时间持续增加，直至稳定，腐蚀速率为 0.015~0.05mm/a（0.6~2.0μA/m²）[21]。在高流速下以及处于湍流状态下，镍铝青铜腐蚀产物膜将会发生破坏。研究表明，流速超过 4.3m/s 时镍铝青铜腐蚀产物膜发生破坏，且腐蚀速率随着流速的增加呈现对数增长规律，在流速为 7.6m/s 时，腐蚀速率为 0.5mm/a（20μA/m²），当流速增加到 30.5m/s 时，腐蚀速率增加到 0.76mm/a（31μA/m²）。即使在流速为 7.6m/s 时，镍铝青铜局部的腐蚀速率可达 2mm/a[22]。研究表明，镍铝青铜表面的氧化膜厚度在 800~1000nm，其外层主要为 Cu_2O，内层主要为 Al_2O_3[20]，由于 Cu_2O 是 P 型半导体，因此空位是膜中的主要缺陷，而 Fe、Ni 能以离子形式占据该空位，从而提高 Cu_2O 的离子以及电子电阻率，继而提高膜的保护性[23~25]。Zheng 等人研究了镍铝青铜 UNS C95800 在 3.5%NaCl 溶液中浸泡后的氧化膜，发现浸泡初期，XRD 结果显示氧化膜的主要成分为 Cu_2O（图 4-10），随着浸泡时间的延长，腐蚀产物膜呈双层膜结构（图 4-11 为 XRD，图 4-12 为 SEM 形貌图）。EPMA 结果显示（见图 4-13），内层膜内 Al、Fe、Ni 的含量明显高于在基体中的含量，Cu 的含量低于在基体中的含量，Cl 含量很少，外层 Cu 含量较内层高，且 Cl 含量也高于内层，结合 XRD 以及产物膜截面的 EPMA 分析，该层主要是 $Cu_2(OH)_3Cl$[18]。

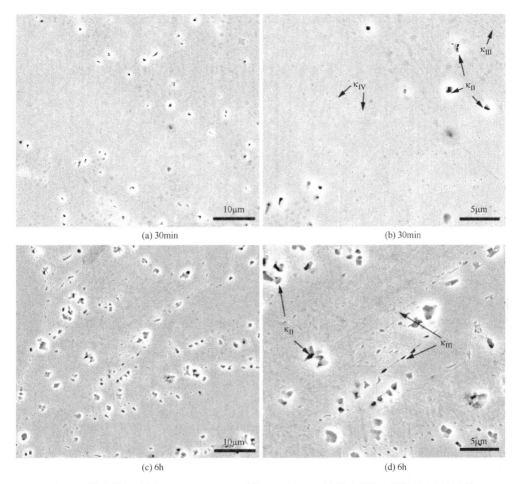

图 4-9　铸态镍铝青铜 UNS C95800 在酸性 3.5%NaCl 溶液中浸泡不同时间后的形貌
[(a)、(c) 为小倍数图，(b)、(d) 为大倍数图]

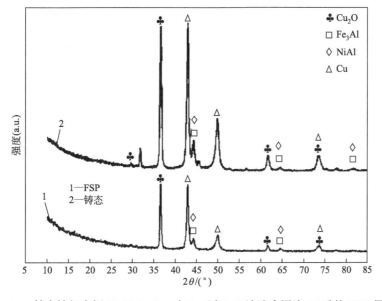

图 4-10　铸态镍铝青铜 UNS C95800 在 3.5%NaCl 溶液中浸泡 5d 后的 XRD 图谱
FSP-搅拌摩擦处理后的铸态镍铝青铜

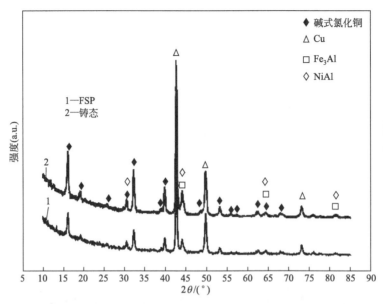

图 4-11   铸态镍铝青铜 UNS C95800 在 3.5％NaCl 溶液中浸泡 2 个月后的 XRD 图谱[18]

对长期浸泡以后的试样进行截面观察，发现在不同组织处膜是不同的。在 α 基体上膜较薄，而在片层状共析组织处膜较厚，且外层膜 $Cu_2(OH)_3Cl$ 是不连续的，对基体没有保护性，并在共析组织处堆积，见图 4-12。此外，还发现一些未溶相留在了膜内。这是由于 κ 相在合金中作为阴极相，随着周围 α 相的腐蚀，κ 相最终遗留在了氧化膜里。截面形貌显示 $κ_{II}$ 和 $κ_{III}$ 一部分在基体里，一部分在产物膜里，见图 4-14。这些将会造成未溶相与周围腐蚀产物之间形成薄弱界面，有利于 Cl^- 沿着薄弱界面进入氧化膜甚至基体，造成氧化膜的损坏以及基体的进一步腐蚀。而且，未溶相会增加膜在生长过程中的生长应力。α 基体中 $κ_{IV}$ 尺寸较小，且呈弥散分布，而共析组织处 $κ_{III}$ 呈连续的板条状，α 基体晶界处 $κ_{II}$ 尺寸较大，因此共析组织处产物膜的薄弱界面更连续，造成 Cl^- 更容易进入氧化膜，保护性较差，因此在此处腐蚀坑较深，而且 Cl^- 更易与内层 Cu_2O 反应生成更多的 $Cu_2(OH)_3Cl$，这也是 $Cu_2(OH)_3Cl$ 在此处堆积的原因[18]。

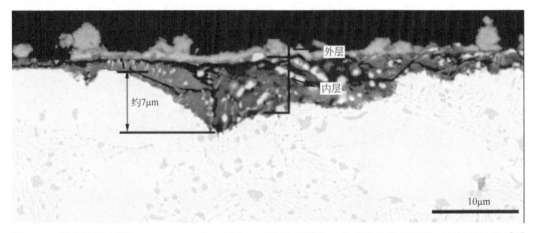

图 4-12   铸态镍铝青铜 UNS C95800 在 3.5％NaCl 溶液中浸泡 2 个月后的截面形貌（双层膜结构）[18]

镍铝青铜在含硫化物的海水溶液中腐蚀速率会增加，这是由于硫化物会改变表面产生的腐蚀产物膜的结构，产物膜比较疏松且包含大量的 CuS，其加快了氧还原反应的电荷转移过程。因此腐蚀过程受阴极过程控制，会在流动介质条件下对流速变化非常敏感。研究结果显示，无

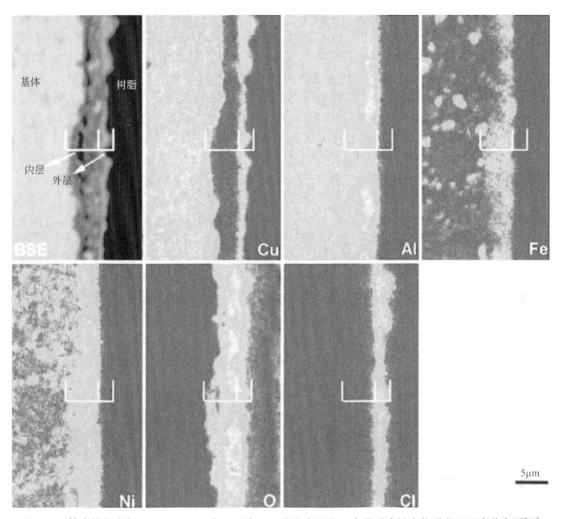

图 4-13　铸态镍铝青铜 UNS C95800 在 3.5%NaCl 溶液中浸泡 2 个月后腐蚀产物膜截面元素分布图[18]

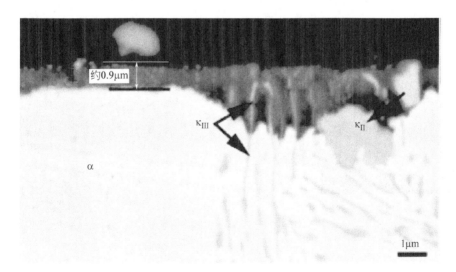

图 4-14　铸态镍铝青铜 UNS C95800 在 3.5%NaCl 溶液中浸泡 2 个月后的截面形貌
（未溶相部分在基体，部分在膜里）[18]

污染海水中腐蚀电流密度稳定为 0.001A/m² 后放进含硫化物的海水中，电位立刻负移 200mV，电流密度最高增大到 0.8A/m²，然后稳定在 0.02A/m²；新鲜镍铝青铜试样在无污染的海水中短时间浸泡后腐蚀电流密度为 0.07A/m² 且随流速无明显改变，随着硫化物的加入，腐蚀电流密度增加到 1.5A/m² 且随流速增加而明显增加[26]。

镍铝青铜大型铸件组织粗大，不均匀，且会有铸造孔洞等缺陷，这不仅会影响铸件的力学性能，还会导致在腐蚀介质中形成的产物膜不均匀，不连续，也会影响其耐蚀性。因此一些研究者们针对这些不足，对铸态镍铝青铜进行了处理。比如在表面通过超音速喷涂（HVOF）形成涂层[27,28]，对表面进行激光熔覆[29,30]，表面激光合金化处理[31,32]，摩擦堆焊处理[33]，还有搅拌摩擦处理等[34,35]，以及通过添加缓蚀剂来进行缓蚀[16,36] 等，这些将在后续内容中介绍。

（4）空蚀、冲蚀行为　当材料的工况介质是包含气、固、液其中两相或者三相的多相流动体系时，我们称之为多相流。材料在其中所受的损伤称作多相流损伤。多相流损伤涉及多个行业，如石油、化工、水利、电力等，常见于一些过流部件，如水轮机、船舶推进器、泵、阀、汽轮机等；主要的损伤形式包括冲刷腐蚀（简称冲蚀）、空泡腐蚀（简称空蚀）以及多种损伤形式协同作用。其中，空蚀是由于液体内部的压力起伏导致其中的气体形核、生长以及溃灭的空化过程导致的材料损伤[37]。空蚀是由作用到金属材料表面的应力脉冲引起的，而液体中的应力脉冲由空泡溃灭时产生的压力波或者高速射流所引起。空化气泡溃灭瞬间的最高温度可达 4200K，应力脉冲的变化幅度在几百到 1000MPa[38]，这么高的温度和应力脉冲很容易导致工业中使用的金属材料产生变形及损失。因此过流部件的空蚀问题引起了研究者们的广泛关注。图 4-15 是过流部件的空蚀实物照片。

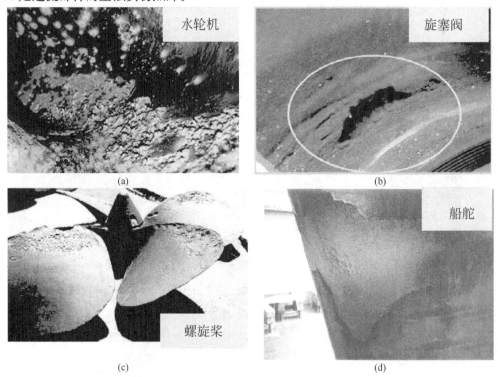

图 4-15　典型过流部件的空蚀实物照片

（b）源自 B. V. Hubballi，V. B. Sondur，A Review on the Prediction of Cavitation Erosion Inceptionin Hydraulic Control Valves，International Journal of Emerging Technology and Advanced Engineering，3（2013）：p111；（d）源自 Tom J. C. Van Terwisga，Patrick A. Fitzsimmons. Ziru，Li，Evert Jan，Foeth，Cavitation Erosion—A review of physical mechanisms and erosion risk models，Proceedings of the 7th International Symposium on Cavitation，Ann Arbor，Michigan，USA，paper No. 41

螺旋桨长期在海水中浸泡并高速旋转，腐蚀以及空蚀是其主要的损伤形式。人们在 19 世纪后期就在螺旋桨叶片上发现了空蚀现象。螺旋桨的主要用材有高强度黄铜（前期）、镍铝青铜、α-铝青铜、高锰镍铝青铜（后期）等。其中高强度的黄铜使用了将近 120 年，因为其易发生腐蚀疲劳开裂、空蚀以及脱锌腐蚀等，造成了多起海损事故，其应用逐渐减少。随着舰船向高速化，大型化发展，对螺旋桨用材要求越来越高，耐腐蚀以及空蚀性能较为优异的锰镍铝青铜（MAB）和镍铝青铜（镍铝青铜）取而代之[3,39,40]。关于螺旋桨用材的空蚀性能、损伤机制及其提高措施已有很多研究。

有研究表明，铝青铜（QAl9-4）的空蚀优先发生在 α/β 相界处，接着是 β 的脱铝腐蚀以及剥落，之后是 α 相基体的脱铝腐蚀以及剥落。在空蚀作用下，铝青铜表面还会产生加工硬化[41]。于宏等人研究了镍铝青铜 ZQAl9-4-4-2 在 2.4%NaCl 溶液中的空蚀行为，结果显示在 2.4%NaCl 溶液中空蚀最大失重率是蒸馏水中的 2.1 倍。在腐蚀与空蚀的交互作用中，力学因素起了至关重要的作用，纯空蚀失重分量占总失重量的 57.3%，腐蚀因素作用相对较小。微裂纹首先在 α/κ 界的 α 相部分形成，随着空蚀的进行，这些微裂纹在 α 相内合并扩展导致 α 相出现失重，κ 相也随之剥离基体。空蚀微裂纹易于横向扩展而向深度方向受阻。试样表面均匀剥落，未出现大的海绵状的空蚀坑。ZQAl9-4-4-2 镍铝青铜较好的加工硬化能力是其具有良好的抗空蚀性能的关键所在[42]。于宏等人对锰镍铝青铜 ZQMn12-8-3-2 和锰黄铜 ZHMn55-3-1 的空蚀性能进行了对比研究[43]，结果显示空蚀 6h 后，ZQMn12-8-3-2 的失重是 ZHMn55-3-1 的 1/3，两者的空蚀失重-时间曲线见图 4-16，前者优异的空蚀性能源于其层错能较低，较高的硬度以及加工硬化能力，在空蚀作用下，其裂纹扩展方向倾向于平行于材料表面，而后者裂纹沿深处扩展，见图 4-17。对锰镍铝青铜（UNS C95700）的空蚀研究表明，在空蚀应力下颗粒相 κ 相会陷入较软的 α 相中，造成相之间脱离，之后损伤以塑性撕裂的方式扩展到周围组织上，此外，κ 相在空蚀应力下也发生脆性断裂[30]。Tang 等人的研究表明锰镍铝青铜的耐空蚀性能不如铸态镍铝青铜，空蚀 6h 以后，锰镍铝青铜的平均空蚀深度为 0.1875μm，而铸态镍铝青铜平均空蚀深度为 0.064μm[30]。对铸态镍铝青铜 UNS C95800 进行的空蚀性能的研究表明，由于 α 相硬度较小，而 β′ 相以及 κ 相具有较高硬度，在空蚀应力下，不同相之间对空蚀应力的响应不同，会在相界处优先发生开裂，见图 4-18。随着空蚀时间延长，裂纹会不断扩展汇聚，导致 κ 相脱落，空蚀坑逐渐变大且深，表面会遍布蜂窝状空蚀坑。截面的形貌显示，在空蚀坑的底部存在较长裂纹，见图 4-19。此外，研究发现铸态镍铝青铜在 3.5%NaCl 溶液中的空蚀失重是蒸馏水中的 1.5 倍。这时要考虑空蚀与腐蚀之间的交互作用。铸态组织中 β′ 相以及共析组织 α+κⅢ 相会优先发生腐蚀，这些会导致表面变得粗糙，从而加重了空蚀损伤[7]。此外，铸态镍铝青铜中还会存在铸态孔洞，这些缺陷将加重空蚀破坏。

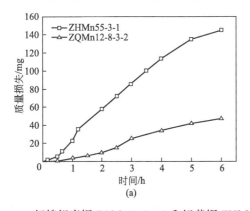
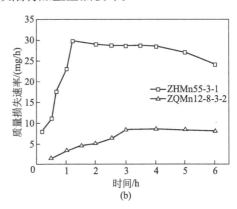

图 4-16　锰镍铝青铜 ZQMn12-8-3-2 和锰黄铜 ZHMn55-3-1 在 2.4%NaCl 溶液中的空蚀失重-时间曲线[43]

（5）提高腐蚀以及空蚀、冲蚀性能的措施　从以上研究结果可以看出，由于 MAB 以及镍

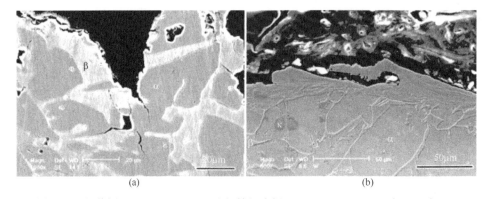

(a)   (b)

图 4-17 锰黄铜 ZHMn55-3-1（a）和锰镍铝青铜 ZQMn12-8-3-2（b）在 2.4％NaCl
溶液中空蚀 6h 后的截面形貌[43]

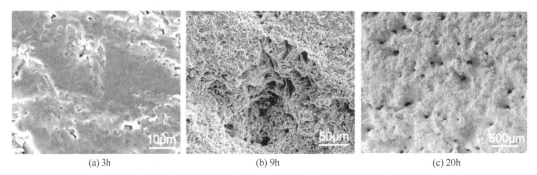

(a) 3h   (b) 9h   (c) 20h

图 4-18 铸态镍铝青铜 UNS C95800 在蒸馏水中空蚀不同时间以后的表面形貌[7]

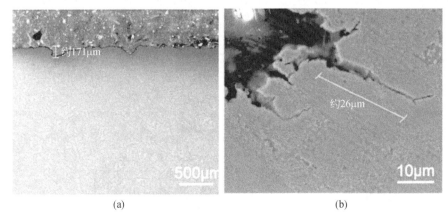

(a)   (b)

图 4-19 铸态镍铝青铜 UNS C95800 在蒸馏水中空蚀 20h 以后的截面形貌[7]

铝青铜铸态组织粗大、不均匀，甚至包含铸造孔洞等，这些将严重影响它们的力学、耐腐蚀以及空蚀性能。图 4-20 为一青铜螺旋桨断口，此处明显有铸造孔洞，这是导致这一螺旋桨短时间内失效的主要原因[44]。

　　为了克服以上缺陷，研究者们提出了一些改善措施。Cheng 等人采用了激光表面覆以及激光表面合金化对铸态锰镍铝青铜进行了表面处理[29~32]，研究表明，激光表面熔覆显著细化以及均匀化了铸态组织（单一的 β 相），在表面形成了一层厚度约为几百微米的熔覆层，表面硬度明显大于铸态 MAB（铸态：160，激光熔覆后 297~342/0.2HV）。在 3.5％NaCl 溶液中的空蚀结果显示，激光表面熔覆后的 MAB 的空蚀性能相较于铸态 MAB 提高了 5.8 倍，相较于铸态镍铝青铜提高了 2.2 倍，图 4-21 为铸态 MAB、激光熔覆后的 MAB 以及铸态镍铝青铜在 3.5％NaCl 溶液中的平均空蚀深度-时间曲线。铸态 MAB 因组织比较复杂，会在相界处优先发生开裂，κ 相会下陷到基体内，裂纹扩展至周围组织发生严重损伤。而熔覆后的 MAB 在空蚀应力下，首先在三晶交叉处开裂，随着时间延长，损伤沿晶界扩展，但是由于其组织比较均匀，硬度较高，因此相比于铸态 MAB，空蚀源减少，损伤较均匀且程度较小[30]。

图 4-20　失效螺旋桨断口（含有铸造孔洞）[44]

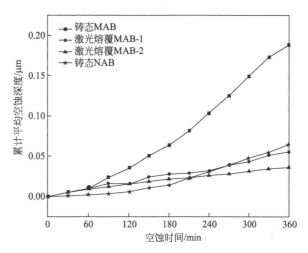

图 4-21　铸态 MAB、激光熔覆后的 MAB 以及铸态 NAB 在 3.5％NaCl 溶液中的平均空蚀深度-时间曲线[30]

　　根据对铜合金螺旋桨断桨情况的调查分析与统计，桨叶在使用时的折断多为腐蚀疲劳引起的。Kim 等人采用超音速喷涂（HVOF）在铸态镍铝青铜的表面制造了涂层并研究了其对铸态镍铝青铜耐腐蚀疲劳性能的影响。为了避免电偶腐蚀，涂层的成分与基材是一致的。与其他涂层工艺相比，HVOF 具有低孔隙率、涂层与母材结合力较好、成分均匀等特点。研究表明，带有涂层的镍铝青铜的腐蚀疲劳强度是 140MPa，大于铸态镍铝青铜（90MPa）。然而在 3.5％ NaCl 溶液中浸泡 80d 后的失重以及形貌结果显示，带有涂层的镍铝青铜耐蚀性能较差。这是由于涂层中的一些缺陷，如孔隙会加重腐蚀，在带有涂层的镍铝青铜的表面发现了微小裂纹以及点蚀坑等。在交变应力以及腐蚀性介质中，涂层内部点蚀坑生长，涂层与基体界面处发生腐蚀以及裂纹扩展，这些将优先阻碍铸态镍铝青铜基体发生疲劳失效，因此其耐腐蚀疲劳强度较铸态镍铝青铜高[27]。李庆春等人模拟了船用螺旋桨的受力状态以及使用环境，对五种螺旋桨用铜合金的腐蚀疲劳性能进行了评价，它们的抗腐蚀疲劳性能优劣顺序为：ZQAl12-8-3-2＞ZQ10-6-7-3＞ZHAl67-5-2-2＞Lima55（荷兰黄铜牌号）＞ZHMn55-3-1，可见青铜的性能明显高于黄铜[45]。R. C. Barik 等人也对铸态以及带有 HVOF 涂层的镍铝青铜在含沙海水中的耐冲刷腐蚀性能进行了对比，研究表明在低沙粒冲击动能下采用 HVOF 对螺旋桨进行修复以及翻新是可行的。在低沙粒冲击动能下，HVOF 镍铝青铜与铸态镍铝青铜都表现出塑性变形以及切削磨损行为，然而在高沙粒冲击动能下，HVOF 镍铝青铜将会出现显著的裂纹扩展以及层状断裂等，导致其耐冲刷腐蚀性能低于铸态[28]。Hanke 等采用摩擦堆焊在铸态镍铝青铜的表面形成一种涂层（焊料与基体材质一样，涂层厚度为 600～800μm），结果显示，摩擦堆焊后的表面组织明显细化以及均匀化。由于细小魏氏体 α 相以及 β′相的形成，堆焊后的表面硬度也明显大于铸态镍铝青铜。在蒸馏水中的空蚀结果显示：堆焊后的镍铝青铜的空蚀孕育期是铸态镍铝青铜的两倍，空蚀失重率是铸态镍铝青铜的一半。在空蚀应力下，堆焊后的镍铝青铜表现出更多的塑性变形行为，表面以下很浅深度内发生了变形，裂纹只在这一深度内进行扩展，因此空蚀损伤较小。而铸态镍铝青铜裂纹延伸至表面以下较深深度处，在相同空蚀时间内，表面空蚀坑深度远大于堆焊后的镍铝青铜[33]。由于螺旋桨的铸造缺陷和空蚀破坏严重区域常采用熔焊方法进行修复，所以对堆焊层的空蚀腐蚀性能及其行为进行了解是很重要的。Li 等人采用了熔焊的方法（钨极氩弧焊）在铸态镍铝青铜上制造与基体成分相同的堆焊层。研究表明，堆焊层组织比较细小，空蚀性能明显优于铸态镍铝青铜。在空蚀应力下焊态表面发生塑性变形，在晶界处出现大量突起，随着时间延长演变成微坑。微坑扩展、连接；导致材料的脱落[46]。

Sabbaghzadeh 等也对熔焊以及铸态的镍铝青铜的耐腐蚀性能进行了研究，结果显示，铸态、焊态镍铝青铜在浸泡初期自腐蚀电流密度分别为 $2×10^{-5}$A/cm², $2.1×10^{-5}$A/cm²，浸泡 72h 后，分别为 $9×10^{-6}$A/cm² 以及 $7×10^{-6}$A/cm²。可见因焊态组织更为均匀，表面生成的腐蚀产物膜更致密，保护性更好。焊态和铸态之间电偶腐蚀密度差距只有几纳安，因此采用焊补不会加重在海水环境中的腐蚀程度[47]。Oh-Ishi 以及 Ni 等采用了一种新型的工艺——搅拌摩擦处理（FSP）对铸态镍铝青铜进行表面处理[34,35,48~50]。FSP，来源于搅拌摩擦焊（FSW）[51~53]，搅拌摩擦焊是在材料熔点以下进行的固态连接方法，图 4-22 是搅拌摩擦焊（FSW）和搅拌摩擦处理（FSP）的示意图。

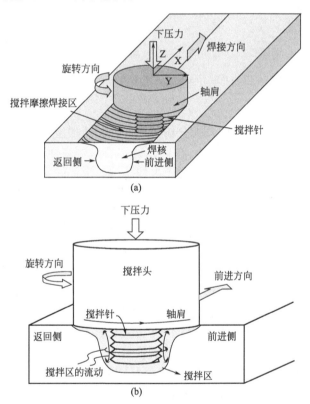

图 4-22　搅拌摩擦焊（FSW）（a）和搅拌摩擦处理（FSP）（b）示意图[52]

FSP 能有效细化，以及均匀化铸态组织，消除铸态孔洞，此外它还避免了熔焊过程中可能引入的气孔等缺陷，以及涂层工艺中涂层与基体结合力较差的问题，是一种绿色的表面处理工艺。研究表明，FSP 大幅度提高了铸态镍铝青铜的力学性能[49]。对铸态以及 FSP 镍铝青铜进行空蚀性能对比研究，结果表明，在蒸馏水以及 3.5% NaCl 溶液中铸态镍铝青铜的空蚀失重是 FSP 镍铝青铜的 1.5 倍和 2 倍。在相同的空蚀时间内，FSP 镍铝青铜表面的损伤远远小于铸态镍铝青铜，如图 4-23 所示。FSP 在空蚀初期表现出更多的塑性行为，随着空蚀时间延长，空蚀坑出现，但是空蚀坑分布比较均匀，且深度远小于铸态镍铝青铜，通过对空蚀以后的截面进行观察发现（图 4-24），其空蚀坑底部无铸态镍铝青铜中见到的较长裂纹。因此可见，由于 FSP 镍铝青铜组织更为均匀细小，且力学性能（抗拉强度、硬度、延伸率）更优异，使

得空蚀损伤均匀且损伤在表面以下很浅区域内扩展。由于铸态镍铝青铜组织比较复杂，在
3.5%NaCl 溶液中，会由于发生电偶腐蚀，粗化材料表面，从而在空蚀应力作用下，损伤加
重。而 FSP 镍铝青铜组织比较均匀，电偶腐蚀不显著，因此腐蚀对空蚀的增强作用不明显，
因此铸态以及 FSP 镍铝青铜的空蚀失重差异在腐蚀介质中进一步加大[7]。美国的 NSWCCD
公司已经将 FSP 实际应用在了螺旋桨的修复以及局部强化上。

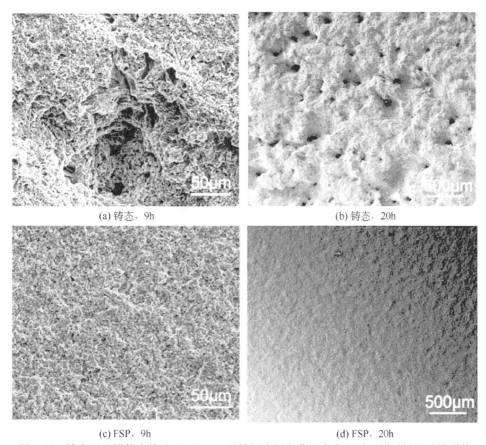

(a) 铸态，9h　　　　　　　　　　(b) 铸态，20h

(c) FSP，9h　　　　　　　　　　(d) FSP，20h

图 4-23　铸态以及搅拌摩擦处理（FSP）后镍铝青铜在蒸馏水中空蚀不同时间以后的形貌

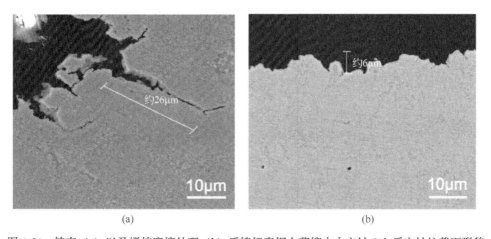

(a)　　　　　　　　　　　　　　(b)

图 4-24　铸态（a）以及搅拌摩擦处理（b）后镍铝青铜在蒸馏水中空蚀 20h 后空蚀坑截面形貌
（铸态：坑底部较长裂纹，FSP：坑底部无较长裂纹）[7]

此外，Ni 和 Zheng 等也对搅拌摩擦处理后镍铝青铜的腐蚀性能进行了研究[7,18,35]，结果显示，在 3.5％NaCl 溶液中浸泡相同时间后，搅拌摩擦处理后镍铝青铜的失重远小于铸态，见图 4-25。长期浸泡以后的电化学阻抗谱结果显示，搅拌摩擦处理后镍铝青铜的表面形成了更具保护性的腐蚀产物膜，见图 4-26[7]。对膜的成分以及结构进行表征，结果显示，搅拌摩擦处理由于未改变铸态镍铝青铜的成分，两者产生的腐蚀产物膜成分上并无明显差异。但是从两者截面形貌上看，腐蚀产物膜内都含有未溶相。与前面章节中的图 4-14 相比，搅拌摩擦处理后的镍铝青铜膜内的未溶相尺寸较小且弥散分布（见图 4-27），这样能有效分散膜在生长过程中的应力，且在未溶相与周围腐蚀产物之间的薄弱界面不连续，不利于腐蚀介质的渗入，这些使得其表面产生的腐蚀产物膜更具保护性。从图中也能看出，同样浸泡时间下，铸态镍铝青铜腐蚀坑深度（$7\mu m$，见图 4-12）明显大于搅拌摩擦处理后的镍铝青铜（$2\mu m$）[18]。

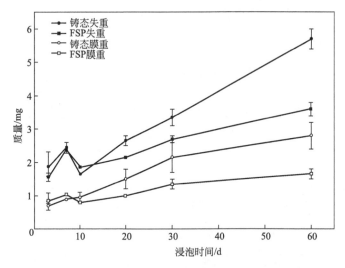

图 4-25　铸态以及搅拌摩擦处理后镍铝青铜在 3.5％NaCl 中浸泡后的失重-时间曲线[18]

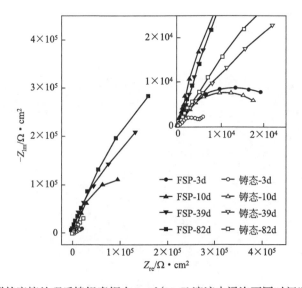

图 4-26　铸态以及搅拌摩擦处理后镍铝青铜在 3.5％NaCl 溶液中浸泡不同时间以后的 Nyquist 图[7]

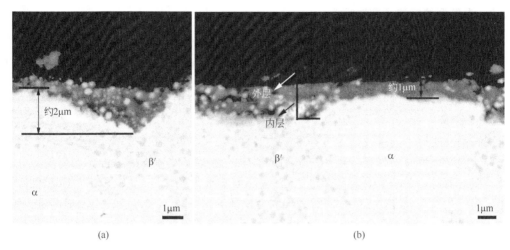

图 4-27　搅拌摩擦处理后镍铝青铜 UNS C95800 在 3.5％NaCl 溶液中
浸泡 2 个月后的截面形貌（未溶相尺寸较小且分布弥散）[18]

　　但是也有文献研究表明，搅拌摩擦处理后镍铝青铜耐冲刷腐蚀性能较铸态降低，他们认为搅拌摩擦处理后镍铝青铜内部有残余应力，会降低表面加工硬化能力，继而使得在冲刷条件下脆性断裂的倾向增加，导致在剪切唇上材料的断裂以及脱落，从而加重冲刷腐蚀失重，在冲刷角度为 30°时最为显著[54]。

　　为了提高铝青铜在海水中的耐蚀性，添加缓蚀剂也是比较常用的方法之一。ElWarraky 等研究了多种缓蚀剂对铝青铜在酸性 4％NaCl 溶液（pH：1.8～2.0）中的耐蚀性的影响。随着温度升高，铝青铜在酸性 4％NaCl 溶液中的腐蚀速率增加。失重曲线显示初期失重随着浸泡时间延长增加较慢，随后失重随时间呈线性增加。60℃时，BTA 在添加浓度超过 600×10^{-6} 时表现出较高的缓蚀效率；硫脲延长了失重缓慢增长阶段；BTA 和 TU 降低了阳极极化电流；碘离子、BTA 以及 TU 共同作用明显降低腐蚀电流密度[98]。Saoudi 等的研究结果表明，在 3％NaCl 溶液中，所有的喹喔啉类化合物（P4、YA1、YA2 和 YA3）均能作为青铜有效的缓蚀剂，缓蚀效率与缓蚀剂组成有关，2-苄氧基-3，6-二甲基喹喔啉-1-苄基缓蚀效率高达 97％，随着温度升高，缓蚀剂的缓蚀效率并没有明显改变，喹喔啉类的加入提高了活化能。它们是通过在材料表面化学吸附形成了保护膜[79]。Neodo 等研究了 BTAH 在不同 pH3.5％NaCl 溶液中对镍铝青铜的缓蚀效率，结果显示在 pH 值大于 4 时，BTAH 对镍铝青铜的缓蚀效率较高（达 95％以上），但是当 pH 值小于 4 时，BTAH 对其缓蚀效率将严重下降[55]。根据上面章节中提到的，镍铝青铜的腐蚀行为将相比于 pH 值小于 4 的环境中发生阴阳极相的逆转[16,17,19,56]，κ 相在酸性环境中将作为阳极相优先发生溶解，使得 BTAH 与镍铝青铜中 κ 相之间的相互作用减弱。这一行为表明 BTAH 对镍铝青铜的缓蚀作用并不是在所有环境中都能体现出来。

　　Zhang 等研究了热处理对热挤压镍铝青铜耐蚀性的影响，研究表明，在 3.5％NaCl 溶液中浸泡后，退火（750℃，1h，炉冷）组织中主要包括 $\alpha + \kappa$ 相，失重最小，淬火（900℃，1h，水冷）组织中主要有 $\alpha + \beta$ 相，失重最大，三者均表现出选择相腐蚀特征。其中微观组织中 β 相和 $\alpha + \kappa_{\mathrm{III}}$ 优先发生腐蚀，这些相的消除有助于腐蚀性能的提高。淬火镍铝青铜强度以及硬度明显高于热挤压镍铝青铜，但是塑性明显降低，耐蚀性变差；退火镍铝青铜强度以及硬度略低于热挤压镍铝青铜，但是塑性明显增加，且耐蚀性提高，因此在设计热处理过程时要根据具体工况环境要求做好权衡[57]。

4.1.2.2 锡青铜的腐蚀及空蚀行为

（1）腐蚀行为　锡青铜具有优异的耐海水腐蚀性能，并且随着 Sn 含量的增加耐蚀性提高。高锡青铜具有优异的耐海洋污损性能。锡青铜在海洋环境中的应用主要是制作海水泵叶轮、壳体等零件，常见的牌号有 3-8-6-1 锡青铜、8-8-3 锡青铜、8-4 锡青铜和 10-2 锡青铜等。6-6-3 锡青铜是轴套、压盖、密封环等的主要用材。锻造的锡青铜常常被用来制作耐蚀弹簧等。

对锡青铜在实海中的腐蚀行为方面的研究比较多。QSn6.5-0.1 是常用的锡青铜之一，用于制作弹簧和导电性好的弹簧接触片，精密仪器中的耐磨零件和抗磁零件，如齿轮、电刷盒、振动片、接触器等。黄桂桥等研究了包括 QSn6.5-0.1 在内的多种铜合金在青岛海域的腐蚀以及海洋污损行为[58]。浸泡 1a 后，同时浸泡的 HMn58-2、HAl77-2A 表面有藤壶附着，附着面积比为 5%～10%，而青铜 QSn6.5-0.1 表面以及白铜有零星的藤壶附着；浸泡 8a 以后，以上三种合金表面均有较多的藤壶、石灰虫污损，面积比为 20%～50%，而其余材料如 T2、TUP、HSn62-1、HSn70-1A、H68A 抗海洋污损性能较好。QSn6.5-0.1 的点蚀以及缝隙腐蚀倾向低于纯铜，但是高于白铜。图 4-28 为多种铜合金平均腐蚀深度-浸泡时间的曲线图。在青岛海域飞溅区浸泡 16a 的腐蚀行为显示[59]，QSn6.5-0.1 表面点蚀坑呈麻点状，点蚀坑密度达 $1×10^5/m^2$，最大点蚀孔径为 0.3mm，腐蚀速率为 0.0023mm/a。刘大扬等研究了多种铜合金在榆林海域全浸区的腐蚀行为[60,61]，图 4-29 是铜及其合金在榆林海域腐蚀速率-暴露时间的曲线图。QSn6.5-0.1 出现了点蚀以及缝隙腐蚀，暴露 4a 后，海生物附着面积仅占 5%，耐海洋腐蚀性能高于同时浸泡的其他黄铜、白铜合金以及硅青铜 QSi3-1，但是低于铍青铜 QBe2。影响铜合金耐海水污损性的因素包括金属表面游离铜离子的抗污活性、铜含量、表面氧化膜的性质和黏附程度，QSn6.5-0.1 可能由于其表面腐蚀产物膜易于脱落，因此耐海洋污损性能较好。孙飞龙等人通过实海浸泡实验，对比了 H62 黄铜、QAl9-2 铝青铜和 QSn6.5-0.1 锡青铜在中国南海海域 800m 和 1200m 深海环境下浸泡 3a 的腐蚀行为[62]。结果显示，H62 黄铜的腐蚀速率最高，达到 0.042mm/a；QAl9-2 铝青铜最低，仅为 0.003mm/a；QSn6.5-0.1 锡青铜居中，为 0.004～0.007mm/a；QSn6.5-0.1 发生了脱锡腐蚀，QSn6.5-0.1 锡青铜的腐蚀产物由 Cu_2O、$CuCl_2$ 和 $Cu_2Cl(OH)_3$ 组成。在舟山海域内，浸泡 8a 后 QSn6.5-0.1 表面的海生物附着面积在 5% 以下，浸泡 1a、2a、4a、8a 后的平均腐蚀速率分别为 0.014mm/a、0.0089mm/a、0.0071mm/a、0.0029mm/a。其在舟山海域的平均腐蚀率普遍较青岛、厦门、榆林海域高，这是由于其较高的含沙量加大了腐蚀速率[63]。在北大西洋浸泡 1a 内，锡青铜 UNS C51900 无脱合金腐蚀现象出现，并表现优异的耐海水污损性能，在拉伸状态下未表现出应力腐蚀开裂倾向，不受拉伸以及受拉伸试样腐蚀速率分别达 $11.1\mu m/a$ 以及 $13.6\mu m/a$[64]。

Robbiola 等对 Cu-10Sn（α-锡青铜）在 Cl^- 环境中的电化学行为以及在阳极极化下形成的腐蚀产物膜进行了研究，图 4-30 是 Cu-10Sn 在 0.1mol/L NaCl 溶液中的极化曲线（旋转圆盘电极转速为 1000r/min，扫描速度为 0.25mV/s，在溶液中浸泡 1h 后测量），在这个阳极极化区间，材料被均匀氧化，表面形成了结晶性较差并包含水合化合物以及羟基化合物的腐蚀产物膜。腐蚀产物膜的特性与极化电位有关，在图中 I 区间，腐蚀产物膜主要包括 Sn 的氧化物（氢氧化物）以及 Cu（I）氧化物；在活化向钝化过渡的 II 区间内，图中氧化峰对应的是 Sn 的羟基氯化物 $SnO_x(OH)_yCl_z \cdot nH_2O$，此外还包括 Cu_2O 以及 CuCl；在 III 区间，Sn 的氯化物不能稳定存在，腐蚀产物膜主要包括 Sn（IV）的氢氧化物、水合锡酸以及 CuCl 等。所有的氧化过程都是从脱铜开始的，氧化峰的出现使得腐蚀产物膜从疏松到致密结构过渡，这是由

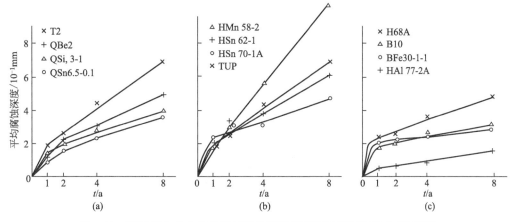

图 4-28 铜及其合金在青岛海域平均腐蚀深度与浸泡时间的曲线图[58]

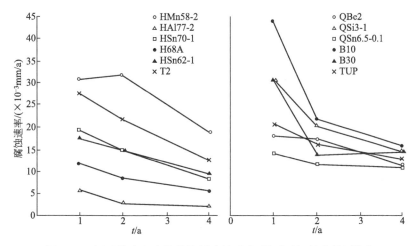

图 4-29 铜及其合金在榆林海域腐蚀速率-暴露时间的曲线图[60]

于锡的一些化合物在产物膜内的比重增加,锡的一些化合物会在材料的表面形成一种网状结构(阴阳离子从中迁移),从而使得膜更加稳定以及保护性更好[65]。李文军等对 QSn6.5-0.1 在南海榆林海域长期浸泡表面生成的腐蚀产物膜进行了观察,其表面腐蚀产物膜较厚,8a 后可达 0.07mm,呈现平滑的层状结构,与基体结合不牢,易于脱落。外层主要腐蚀产物为 $Cu_2(OH)_3Cl$,中层为 Cu、Sn 的氧化物,内层为 Cu、Sn 的氧化物和氯化物,内锈层含氯,因此与基体结合不好[61]。

(2)空蚀行为 Cu-Sn 合金在一些水力部件上,如螺旋桨、泵体、叶轮上也有所应用,因此关于其空蚀以及冲蚀性能的研究也是必不可少的。Stella 等研究了 CuSnNi 合金的空蚀行为,结果显示连铸＋晶粒细化处理后的 CuSnNi 耐空蚀性能最好,离心铸造的 CuSnNi 具有优异的抗黏着磨损性能。这是由于在离心铸造过程中 Ni 和 Sn 在晶内以及晶界处形成高硬度的析出相,而析出相周围(含锡量较少)较软的相会优先成为空蚀源,因此其耐空蚀性能较差,但是在表征磨损性能时,接触面积比较大,上述较软的相对磨损过程中的失重贡献不大,离心铸造的 CuSnNi 由于平均硬度较高,因此耐磨损性能较好[66]。

4.1.2.3 硅青铜的腐蚀行为

硅青铜常用来制造电动机以及紧固件等。在北大西洋浸泡 1 年内,硅青铜 UNS C65500

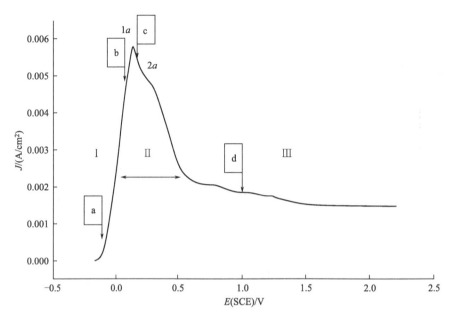

图 4-30　Cu-10Sn 在 0.1mol/L NaCl 溶液中的极化曲线（旋转圆盘电极转速为 1000r/min，
扫描速度 0.25mV/s，在溶液中浸泡 1h 后测量）[65]

无脱合金腐蚀现象出现，并表现出优异的耐海水污损性能，在拉伸状态下未表现出应力腐蚀开裂倾向，不受拉伸以及受拉伸试样腐蚀速率分别达 14.3μm/a 以及 19.9μm/a[64]。我国常用的一种硅青铜牌号为 QSi3-1。QSi3-1 为加有锰的硅青铜，有高的强度、弹性和耐磨性，塑性好，低温下仍不变脆；能良好地与青铜、钢和其他合金焊接，特别是钎焊性好；在大气、淡水和海水中的耐蚀性高，对于苛性钠及氯化物的作用也非常稳定；能很好地承受冷、热压力加工，不能热处理强化，通常在退火和加工硬化状态下使用，此时有高的屈服极限

和弹性。QSi3-1 用于制作在腐蚀介质中工作的各种零件、弹簧和弹簧零件，以及蜗杆、蜗轮齿轮、轴套、制动销和杆类耐磨零件，也可用于制作焊接结构中的零件，可代替重要的锡青铜，甚至铍青铜。对其在海水环境中的腐蚀行为的研究表明，在南海榆林海域浸泡 8a 后，QSi3-1 的腐蚀速率大于同时浸泡的 QSn6.5-0.1，图 4-31 为三种青铜合金平均腐蚀深度-时间的关系图。在浸泡过程中，其发生了点蚀以及缝隙腐蚀、边缘腐蚀等，表面有较大的零散蚀坑，QSn6.5-0.1 表面有较小的密集的腐蚀斑沟，抗局部腐蚀性能较好（局部腐蚀易发生在沉积物堆积处、海生物附着处及缝隙形成处）[61]。QSi3-1 对泥沙海水的冲刷腐蚀敏感性明显高于其他一些铜合金，如 QSn6.5-0.1，紫铜（TUP、T2），白铜（B10、B30），黄铜（HAl77-2A、

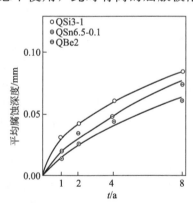

图 4-31　三种青铜合金在南海榆林
海域平均腐蚀深度-时间的关系图[61]

HSn70-1A、H68A）等。QSi3-1 在舟山海域全浸区浸泡 8a 后，其腐蚀速率达到 4.1mm/a，而 QSn6.5-0.1、HAl77-2A、B10 的平均腐蚀速率为 0.24～0.61mm/a，表面基本无海生物附着[63]。在青岛海域飞溅区的腐蚀行为研究结果显示（如图 4-32 所示），暴露 8a 以后，表面有较轻的点蚀，T2、TUP、QSi3-1 和 QBe2 的点蚀深度接近，最大点蚀深度在 0.10～

0.20mm，QSn6.5-0.1 的点蚀深度较小，暴露 16a 最大点蚀深度为 0.06mm，T2、TUP、QSi3-1 的点蚀密度为 $5 \times 10^4/m^2$，最大点蚀孔径为 0.5mm；QSn6.5-0.1 和 QBe2 的点蚀密度较大，为 $1 \times 10^5/m^2$，最大点蚀孔径为 0.3mm 和 0.5mm，点蚀坑呈麻点状。暴露 1～8a 的试样上没出现可测量的缝隙腐蚀。暴露 16a，T2、TUP、QSi3-1、QBe2 的最大缝隙腐蚀深度在 0.27～0.40mm；QSn6.5-0.1 没发生缝隙腐蚀。黄铜、白铜的缝隙腐蚀比纯铜轻，最大缝隙腐蚀深度在 0.05～0.15mm。QSi3-1、QSn6.5-0.1 和 QBe2 的腐蚀速率随暴露时间延长而下降。暴露 16a 后腐蚀速率在 0.0019～0.0023mm/a[59]。在榆林海域全浸区浸泡 4a 后，QSi3-1 主要发生了点蚀、缝隙腐蚀以及边缘腐蚀等，点蚀坑深度较大，局部腐蚀倾向较大，QSi3-1 的平均腐蚀深度高于其他两种青铜 QSn6.5-0.1 和 QBe2。QBe2 和 QSn6.5-0.1 抗污性良好，前者几乎无海生物附着，后者附着量较少，随着面积只有 5% 左右，QSi3-1 抗污性相对较差，附着面积为 20%～30%[60]。

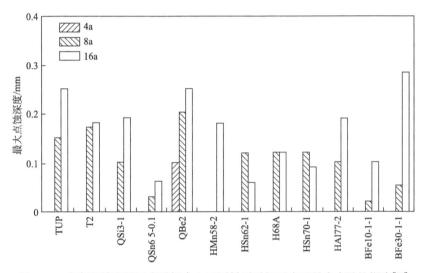

图 4-32　青岛海域飞溅区多种铜合金不同暴露时间后表面最大点蚀坑深度[59]

4.1.2.4 铍青铜的腐蚀行为

QBe2 为含有少量镍的铍青铜，是力学、物理、化学综合性能良好的一种合金。经淬火调质后，它具有高的强度、硬度、弹性、耐磨性、疲劳极限和耐热性；同时还具有高的导电性、导热性和耐寒性，无磁性，碰击时无火花，易于焊接和钎焊，在大气、淡水和海水中抗蚀性极好。

在南海榆林海域浸泡 8a 后，QBe2 腐蚀速率介于 QSn6.5-0.1 和 QSi3-1（较小）之间，如图 4-31 所示。它的主要腐蚀形式为点蚀以及缝隙腐蚀等，局部腐蚀呈现较大的零散蚀坑[61]。在青岛海域内，其平均腐蚀深度大于 QSn6.5-0.1 和 QSi3-1[58]。在青岛海域飞溅区，暴露 4a 后，QBe2 优先发生点蚀以及缝隙腐蚀，暴露 16a 后，表面的点蚀坑密度最大，最大点蚀孔径达 0.5mm。其他铜合金暴露 1～8a 的试样上没出现可测量的缝隙腐蚀。暴露 16a，T2、TUP、QSi3-1、QBe2 的最大缝隙腐蚀深度在 0.27～0.40mm[59]。在榆林站海水全浸区暴露 4a 以后 QBe2 表现出优异的耐海洋污损性能，优于 QSn6.5-0.1，这与其表面腐蚀产物膜易脱落有关[60]。

4.2 青铜在海水中的腐蚀数据

青铜在海水及其他介质中的腐蚀数据见表 4-7。

表 4-7 青铜在海水及其他介质中的腐蚀数据

牌号/材料	化学成分/%	加工/热处理状态	力学性能	腐蚀介质(溶液、pH值、温度、海水来源)	实验方法(静态/动态、流速、实验时长、测试方法)	腐蚀形式	腐蚀程度(年腐蚀速率、腐蚀电流密度、腐蚀坑深度、自腐蚀电位 vs. SCE等)	文献出处
α-Al青铜	Al 7, Fe 0.04, Ni 0.01, Si 0.04, Mg 0.006, Cu余量		抗拉强度 150 kgf/mm², 硬度(HB)100, 延伸率 6%	含有硫化物的 3.4% NaCl溶液	拉伸试验；形貌观察；电化学测试	应力腐蚀开裂	α-Al青铜在 3.4%NaCl+20×10^{-6} Na$_2$S 中 SCC 敏感性在外加电位≥200 mV(NHE)时较低。外加阴极电位以及较大的硫化物浓度将加大 SCC 敏感性。硫化物浓度的增加降低了 σ_{max}，且在阳极极化电位下使得断裂行为从塑性转变为脆性。拉伸过程中，表面腐蚀产物膜发生破裂且在滑移台阶处发生阳极溶解，导致最终的失效	[91]
α相铝青铜	Al 7.1, Ni 1.9, Cu余量	850℃均匀化退火 4h		5%NaCl溶液	溶液中浸泡 10min 后测试极化曲线，扫描速度为 20mV/min，溶液中浸泡 24h 后 XPS 分析产物膜	均匀腐蚀	自腐蚀电位为−342 mV，自腐蚀电流密度约为 1×10^{-5}～1×10^{-4}A/cm²	[12]
ASTM B505 镍铝青铜	Al10.5,Ni4.95, Fe4.5,Mn1.05,Cu79	铸态		0.1mol/L HCl溶液	伏打电位测试(SKPFM)，形貌观察(SEM)	相选择性腐蚀	κ相优先发生腐蚀	[56]

续表

牌号/材料	化学成分/%	加工/热处理状态	力学性能	腐蚀介质（溶液，pH值，温度，流速，海水来源）	实验方法（静态/动态，流速，实验时长，测试方法）	腐蚀形式	腐蚀程度（年腐蚀速率，腐蚀电流密度，腐蚀沉积深度，自腐蚀电位 vs. SCE等）	文献出处
BS1400 AB2 镍铝青铜	Al 9.16，Ni 4.95，Fe 4.98，Mn 1.34，Cu 余量	铸态	屈服强度 197～227MN/m²（腐蚀后的试样为 257～278MN/m²）；抗拉强度 548～559MN/m²（腐蚀后试样为 373～466MN/m²）	拉伸用的腐蚀试样浸泡在美国波特兰港的海水中	拉伸试验，形貌观察	相选择性腐蚀	未发生腐蚀的焊态试样断在铸态母材处，铸态以及焊态的试样都发现了塑性断裂。腐蚀以后的试样断裂位置在母材以及焊缝的界面以外侧，断口边缘可以看出裂纹沿着相界处的共析组织（铜用沉积位置）扩展。断口处未发生腐蚀的部位是塑性断裂形式，发生腐蚀的区域则受α晶界处的脆性相影响，再沉积的铜呈蜂窝状，有助于裂纹的扩展	[104]
	Al 8.75，Ni 4.66，Fe 4.25，Mn 1.06，Cu余量	焊态（MIG）	屈服强度 288～301MN/m²；抗拉强度 582～583MN/m²					
C61400 铝青铜	Al 6.87，Fe 2.37，Cu 90.37			天然海水；人工海水	电化学测试，浸泡失重，形貌观察	脱合金成分腐蚀	E_{corr}、$1/R_p$ 与旋转圆盘电极的转速 r 关系满足：$E_{corr} = 241 - 0.04r^{0.7}$；$1/R_p = 4.1 \times 10^{-4} + 7.9 \times 10^{-6} r^{0.7}$。失重测试结果显示，失重时间曲线满足：$r_{corr} = 162.2t - 0.64$（天然海水中），$r_{corr} = 81.3t - 0.57$（人工海水中）	[101]
C632000 镍铝青铜	Al9.20，Fe3.90，Ni＋Co4.50，Mn1.20，Cu余量	挤压＋热处理		海水，含氨海水	阶跃载荷试验（参照标准 ASTM F1624 和 ISO7539-9）	应力腐蚀开裂	铝硅青铜在实验室空气，海水和含氨海水中都易发生环境敏感开裂，镍铝青铜在实验室空气和海水中不发生环境敏感断裂，但在含氨海水中易发生晶间的环境敏感断裂	[69]

续表

牌号/材料	化学成分/%	加工/热处理状态	力学性能	腐蚀介质(溶液、pH值、温度、海水来源)	实验方法(静态/动态、流速、实验时长、测试方法)	腐蚀形式	腐蚀程度(年腐蚀速率、腐蚀电流密度、腐蚀坑深度、自腐蚀电位 vs. SCE 等)	文献出处
C642000 铝硅青铜	Al6.8,Fe<0.02,Ni+Co0.08,Si1.7,Zn0.06,Mn0.03,Cu余量	挤压+拉拔+应力释放		海水,含氨海水	阶跃载荷试验(参照标准 ASTM F1624 和 ISO7539-9)	应力腐蚀开裂	铝硅青铜在实验室空气、海水和含氨海水中都易发生环境敏感开裂,镍铝青铜在实验室空气和海水中不发生环境敏感断裂,但在含氨海水中易发生晶间的环境敏感断裂	[69]
Cu-12%Al	Al11.99,Cu余量	铸态(连续定向凝固)			实验温度分别为20℃、40℃、60℃和80℃;实验持续时间为168h,失重法计算腐蚀速率。用SEM观察去除腐蚀产物后的表面以及截面形貌。极化曲线测量	脱铝腐蚀	在3.5%NaCl溶液中,不同温度下的脱铝层平均厚度基本相同,约为100μm。失重法测得温度由20℃上升到80℃时,腐蚀速率也随之加快,分别由0.056mm/a 增加到0.12mm/a。极化曲线测得自腐蚀电位为-271mV	[73]
Cu-12Al-X/CA	Al12~13,Fe5~6,Ni6~7,Mn1.2~1.5,余量Cu	铸态		3.5%NaCl溶液	将25mm×20mm×5mm试样全浸168h。SEM观察腐蚀形貌以及腐蚀产物。极化曲线测量	脱铝腐蚀	失重法测试腐蚀速率0.0295g/(m^2·h),腐蚀产物颗粒较小,分布较均匀,腐蚀更严重。极化曲线测得自腐蚀电位以及电流为-322mV、9.36μA	[67]
Cu-12Al-X/HT		铸态+热处理:950℃ 2h 固溶+550℃4h 时效		3.5%NaCl溶液	将25mm×20mm×5mm试样全浸168h,测试失重。SEM观察腐蚀形貌以及腐蚀产物。极化曲线测量	脱铝腐蚀	失重法测试腐蚀速率0.0226g/(m^2·h),腐蚀产物不仅含量比较少而且颗粒较小,极化曲线测得自腐蚀电位为-236mV、4.2μA	[67]

续表

牌号/材料	化学成分/%	加工/热处理状态	力学性能	腐蚀介质（溶液、pH值、温度、海水来源）	实验方法（静态/动态、流速、实验时长、测试方法）	腐蚀形式	腐蚀程度（年腐蚀速率、腐蚀电流密度、腐蚀深度、自腐蚀电位 vs. SCE等）	文献出处
Cu-14%Al-XFe	Al14~16,Mn0.8~1,Co0.5~1.0,RE0.3~0.6,Fe X,Cu余量	铸态		3.5%NaCl溶液	静态浸泡168h，实验温度为20℃，取出后用HCl：H_2O=1:1溶液去除腐蚀产物，失重法计算腐蚀速率；用EPMA、SEM对试样进行表面形貌观察和微区成分分析	脱铝腐蚀	通过对腐蚀前后各个区域微区成分分析对比可知，Al含量明显下降，Cu含量明显增加，合金发生的主要是脱铝腐蚀。随着Fe含量增加，合金的腐蚀速率先减小后增大。在 w(Fe)＝5%时达到最小值（0.073mm/a）	[82]
Cu-14%Al-X 高铝青铜	Al13~16,Mn0.5~2,Fe2~4,Ni0.2~0.4,Cu70~80	砂型铸造		3.5%NaCl溶液，温度20℃、40℃、60℃、80℃	静态浸泡168h，用HCl：H_2O为1:1的溶液洗去腐蚀产物	均匀腐蚀	20℃时腐蚀速率为0.0324mm/a，80℃时为0.1312mm/a	[85]
Cu-15Ni-8Sn, UNSC72900 铜镍锡合金	Ni15.77,Sn8.47,Cu75.76			3.5%NaCl溶液	不同浸泡时间后EIS	均匀腐蚀	合金表面很容易形成完整的钝化膜，长期浸泡表面氧化膜外侧是碱式氯化铜，内层是Ni和Sn的致密氧化层	[72]
Cu-7.56%Al-0.012%B	Al 7.56, B 0.012, Cu余量	铸锭+热锻		3.5%NaCl溶液	电化学测试	腐蚀磨损	在3.5%NaCl溶液中的腐蚀速率为110μm/a	[100]
Cu-7.56%Al	Al 7.56, Cu余量	铸锭+热锻		3.5%NaCl溶液	电化学测试	腐蚀磨损	在3.5%NaCl溶液中的腐蚀速率为149μm/a	[100]

续表

牌号/材料	化学成分/%	加工/热处理状态	力学性能	腐蚀介质（溶液，pH值，温度，海水来源）	实验方法（静态/动态，流速，实验时长，测试方法）	腐蚀形式	腐蚀程度（年腐蚀速率、腐蚀电流密度、腐蚀坑深度、自腐蚀电位 vs. SCE 等）	文献出处
CuAl9Ni3Fe2 镍铝青铜	Al8.6, Ni3.2, Fe3, Mn0.3, Cu余量	930℃下加热30min，水冷，之后600℃加热4h	屈服强度250MPa；抗拉强度634MPa	人工海水（NaCl30g/L，H$_3$BO$_3$1.25g/L，Na$_2$HPO$_4$·2H$_2$O0.193g/L，Na$_2$CO$_3$200g/L），pH=8	在人工海水中，在不同外加电位下以10^{-7}/s的变形速率进行拉伸，之后进行形貌观察（SEM），应力-应变曲线测量	应力腐蚀开裂（SCC）	马氏体作为第二相优先发生腐蚀，导致材料的脱落以及裂纹的横向扩展。开路电位下均匀腐蚀不明显。阴极极化作用下，进一步恶化材料的力学性能。截面形貌显示多裂纹，断口处的晶间裂纹尺寸不大于75μm不大于200μm。阴极极化无损伤且无裂纹分布，只有一条裂纹扩展至材料失效。断口处的晶间环尺寸约为1500μm	[87]
		930℃下加热30min，以0.5℃/min的速率从930℃冷却至400℃	屈服强度170MPa；抗拉强度580MPa			应力腐蚀开裂（SCC）	κ相作为第二相，裂纹在α/κ界面上扩展。此外，在裂纹的尖端，α相和κ相都会发生溶解。开路电位下SCC后表面有裂纹，平均深度50μm，断口处有孔洞（是由于κ相的溶解）。阴极极化下进一步恶化材料的力学性能。SCC后的试样表面无损伤，存在长达900μm的裂纹，断口处的晶间环尺寸为1500μm	

续表

牌号/材料	化学成分/%	加工/热处理状态	力学性能	腐蚀介质(溶液、pH值、温度、海水来源)	实验方法(静态/动态、流速、实验时长、测试方法)	腐蚀形式	腐蚀程度(年腐蚀速率、腐蚀电流密度、腐蚀坑深度、自腐蚀电位 vs. SCE等)	文献出处
CuAl9Ni5Fe4Mn 镍铝青铜		在 675℃退火 2～6h 后空冷		不同 pH 值，添加不同浓度 BTAH 的 0.6mol/L NaCl 溶液	极化曲线	均匀腐蚀	(1)在 0.6mol/L NaCl 溶液中浸泡不同时间后的腐蚀电流密度为：30min4.1×10⁻⁶A/cm²；300min3.3×10⁻⁶A/cm²；720min1.4×10⁻⁶A/cm²；(2)在添加不同 BTAH 浓度的 0.6mol/L NaCl 溶液中浸泡 300min 后自腐蚀电流密度分别为：$6.6 \times 10^{-8} A/cm^2$ (0.05mmol/L)；$4.5 \times 10^{-8} A/cm^2$ (0.1mmol/L)；$1.8 \times 10^{-8} A/cm^2$ (1mmol/L)；$1.0 \times 10^{-8} A/cm^2$ (5mmol/L)；$0.8 \times 10^{-8} A/cm^2$ (10mmol/L)	[16]
Cu-Ni 基合金熔覆层	Cu30，Cr12，Ni45，余量其他添加元素			3.5%NaCl 溶液	静态浸泡，实验温度为 20℃，时间为 288h，测量失重。极化曲线测量(扫描速度为 10mV/s)；SEM/EDS 分析腐蚀前后合金成分	脱合金成分腐蚀	平均腐蚀失重速率为 0.0453g/(m²·h)，自腐蚀电位为−0.2142V，自腐蚀电流为 $2.493 \times 10^{-7} A/cm^2$；腐蚀后较腐蚀前铜的相对含量明显减少，镍、铬、铁的相对含量都有所增加，主要是 Cu 元素的优先溶解造成的脱成分腐蚀	[78]
His 硅青铜				海水		电偶腐蚀	稳定电压平均值−0.232V，自然腐蚀速率 450.16mg/(m²·d)	[74]

续表

牌号/材料	化学成分/%	加工/热处理状态	力学性能	腐蚀介质（溶液、pH值、温度、海水来源）	实验方法（静态/动态，流速，实验时长，测试方法）	腐蚀形式	腐蚀程度（年腐蚀速率、腐蚀电流密度、腐蚀坑深度、自腐蚀电位 vs. SCE 等）	文献出处
NES747 Part2 镍铝青铜	Al9,Ni5,Fe4.5,Mn1.1,Cr0.01,Cu 余量	铸态		3.5%NaCl 溶液及含有3%沙的3.5%NaCl 溶液	喷射，冲击角度90°，时间5h	冲刷腐蚀	在无沙的3.5%NaCl溶液中，喷射速率为3.1m/s、5.0m/s、6.0m/s时腐蚀速率范围为0.5~0.8mm/a 在含3%沙的3.5%NaCl溶液中冲刷总失重为3.3mg（3.1m/s，粒径135μm）；8.2mg（5.0m/s，粒径135μm）；12.1mg（5.0m/s，粒径235μm）；13.3mg（6.0m/s，粒径235μm）	[28]
QA19-2铝青铜	Al8.0~10.0,Mn1.5~2.5,杂质≤1.7,Cu 余量				实海挂片的样品投放深度分别为800m（温度5~6℃,溶解氧含量2.47~3.2mg/L,pH7.4~8,盐度3.44%~3.45%,压力8MPa)和1200m(温度3~4℃,溶解氧含量2.66~3.57mg/L,pH 7.4~8,盐度3.45%~3.46%,压力12MPa),时间为3年。暴露实验结束后,酸洗去腐蚀产物,用SEM观察表面腐蚀形貌,采用EDS以及XRD分析腐蚀产物组成	均匀腐蚀	腐蚀速率为0.003mm/a。QA19-2铝青铜表面的铜产物比QSn6.5-0.1锡青铜致密,在1200m环境下生成的腐蚀产物比800m下的更为平整致密	[62]

续表

牌号/材料	化学成分/%	加工/热处理状态	力学性能	腐蚀介质(溶液、pH值、温度、海水来源)	实验方法(静态/动态、流速、实验时长、测试方法)	腐蚀形式	腐蚀程度(年腐蚀速率、腐蚀电流密度、腐蚀坑深度、自腐蚀电位 vs. SCE等)	文献出处
QA18Mn13Ni4Fe3镍铝青铜				海水		电偶腐蚀	稳定电压平均值−0.268V,自然腐蚀速率 128.89mg/(m²·d)。与HDR偶合后,面积比为1:1,HDR/QA18Mn13Ni4Fe3腐蚀率为 26.38/226.62[mg/(m²·d)],面积比为 5:1 时,HDR/QA19-2锡青铜腐蚀率为17.71/471.07[mg/(m²·d)]	[74]
QA19-2	Al 8.95, Mn 2.33, Cu余量	舰船管路上使用两年的铝青铜管			TEM 观察脱铝腐蚀区域的相结构	脱铝腐蚀	脱铝腐蚀与亚稳态β,相的马氏体相变有关,腐蚀优先发生在相变产物β₁相区。β₁马氏体优先腐蚀以及其有序的DO3结构以及其内部存在的大量错位留在TEM下观察到脱铝腐蚀遗留下的小孔及铝含量高的细小腐蚀产物	[92]
QA19-2	Al 8.95, Mn 2.33, Cu余量	我国现役舰船海水管中的铝青铜管,其服役时间为 3 年		海水	腐蚀形貌观察以及微区成分分析	脱合金成分腐蚀	腐蚀孔洞的 Al 含量已经明显低于未发生腐蚀的 α 相区,而孔洞周围的白亮区 Cu 含量高达 98.86%(质量分数),Al 含量仅为 0.74%(质量分数),基本上已成为纯铜,表明铝青铜管发生了脱铝腐蚀	[96]
QA19-2				海水		电偶腐蚀	稳定电压平均值−0.265V,自然腐蚀速率 442.54mg/(m²·d)。与HDR偶合后,HDR/QA19-2腐蚀速率为 33.45/511.8[mg/(m²·d)],面积比为 5:1时,HDR/QA19-2腐蚀速率为28.89/930.87[mg/(m²·d)]	[74]

续表

牌号/材料	化学成分/%	加工/热处理状态	力学性能	腐蚀介质(溶液、pH值、温度、海水来源)	实验方法(静态、动态、流速、实验时长、测试方法)	腐蚀形式	腐蚀程度(年腐蚀速率、腐蚀电流密度、腐蚀坑深度、自腐蚀电位 vs. SCE等)	文献出处
QAl9-2 铝青铜				静态 3.5% NaCl 溶液，16~20℃，30d		电偶腐蚀	自然腐蚀速率为 19.10mg/(m²·d)，与 HDR[自然腐蚀速率-0.69mg/(m²·d)]以面积比 1:1 偶合时，腐蚀速率为 HDR/QAl9-2:0.62/27.87[mg/(m²·d)]，偶合电位-257mV，偶合电流密度 0.17μA/cm²；与 HDR 以 1:5 偶合时，腐蚀速率为 HDR/QAl9-2:0.07/8.42[mg/(m²·d)]，偶合电位-266mV，偶合电流密度 0.89μA/cm²。和 B10 白铜以面积比 1:1 偶合时 B10/QAl9-2 腐蚀速率:4.95/22.6[mg/(m²·d)]，偶合电位-250mV，偶合电流密度 0.12μA/cm²；与 B10 以 1:5 偶合时，腐蚀速率为 B10/QAl9-2:5.57/20.11[mg/(m²·d)]，偶合电位-278mV，偶合电流密度 2.02μA/cm²	[74]
QAl9-4 铝青铜	Al8.0~10.0，Fe2.0~4.0，Cu 余量			3.5%NaCl 溶液	静态浸泡，实验温度为 20℃，时间为 288h，测失重。极化曲线测量(扫描速度为 10mV/s)；SEM/EDS 分析腐蚀前后合金成分	脱合金成分腐蚀	平均腐蚀失重速率为 0.0685g/(m²·h)，自腐蚀电位为-0.4998V，自腐蚀电流为 $1.797×10^{-6}$A，腐蚀后铝含量明显减小，铜的相对含量明显增加，这说明合金表面 Al 腐蚀合金发生的主要是脱 Al 腐蚀	[78]

续表

牌号/材料	化学成分/%	加工/热处理状态	力学性能	腐蚀介质（溶液、pH值、温度、海水来源）	实验方法（静态/动态、流速、实验时长、测试方法）	腐蚀形式	腐蚀程度（年腐蚀速率，腐蚀电流密度，腐蚀坑深度，自腐蚀电位 vs. SCE等）	文献出处
QA19-4 铝青铜	Al8.6、Fe2.5、铜余量	700℃保温1.5h空冷退火处理		3.5%NaCl溶液			5h单位面积失重 7.91mg/cm²，β相富铝，会发生脱铝腐蚀，α/β相界处最先发生脱铝腐蚀，在空蚀作用下最先发生破坏，形成微裂纹，孔洞或者β相的脱落，形成空蚀坑，随着时间延长，α相亦发生破坏	[41]
				含 3kg/m³ 石英砂的 3.5%NaCl溶液	空蚀 5h	空泡腐蚀	5h单位面积失重 8.95mg/cm²，加入固相颗粒以后，空蚀过程中产生相颗粒的冲击动能，从而对表面有空蚀和磨蚀双重作用，加重破坏	
QAlMn9-2	Al 8~10，Mn1.5~2.5，杂质 1.7，Cu余量	板材		青岛太平角地区的天然海水	将试样在海水中全浸，海水用量为36mL/cm²，恒温25℃，每星期更换海水一次，试验时间为1个月左右，酸洗(5%稀硫酸)除去腐蚀产物，测试失重。使用电位差计测定稳定电极电位	均匀腐蚀	腐蚀速率 0.283g/(m²·d)（总浸泡时间 30d）；平均腐蚀速率 0.0116mm/a。电极电位：-0.2495V	[105]

续表

牌号/材料	化学成分/%	加工/热处理状态	力学性能	腐蚀介质(溶液,pH值,温度,海水来源)	实验方法(静态/动态、流速、实验时长、测试方法)	腐蚀形式	腐蚀程度(年腐蚀速率、腐蚀电流密度、腐蚀坑深度、自腐蚀电位 vs. SCE等)	文献出处
QBe2	Al0.048,Si0.25,Ni0.37,Fe0.05,Be1.84,Cu余量	板材		试验站位于青岛小麦岛(北纬36°03′,东经120°25′),此处为海水平均温度13.7℃,平均盐度31.5‰,平均溶解氧浓度8.4mg/L,pH值平均为8.3,平均相对湿度71%,年平均降雨量64mm	试验前试样去油污,量尺寸,称重。试样用塑料隔离套固定在试验架上,试样暴露在平均高潮位以上0.5~1.2m,处于飞溅区的腐蚀苛刻区。试样垂直于海平面,暴露1a,2a,4a,8a和16a取样,观察记录。试样的腐蚀外观。酸洗去除腐蚀产物,称重,计算腐蚀率,观察腐蚀类型。用腐蚀深度测量仪测量腐蚀深度和缝隙腐蚀深度	均匀腐蚀,点蚀,缝隙腐蚀	暴露1a,2a,试验的铜合金均未发生点蚀;暴露4a,只有QBe2试样上有点蚀;纯铜和青铜的点蚀形貌呈点状,暴露16a,QS3-1的点蚀密度为5×10⁴/m²,最大点蚀孔径为0.5mm,QSn6.5-0.1和QBe2的点蚀密度较大,为1×10⁵/m²,最大点蚀孔径为0.3mm和0.5mm和QBe2的最大点蚀深度接近,暴露8a的最大点蚀深度在0.10~0.20mm,暴露16a为0.18~0.25mm;QSn6.5-0.1的点蚀深度较小,暴露16a最大点蚀深度为0.06mm,QBe2在飞溅区暴露4a发生缝隙腐蚀,暴露16a,QS3-1和QBe2的最大缝隙腐蚀深度在0.27~0.40mm,QSn6.5-0.1没有发生缝隙腐蚀。腐蚀速率随暴露时间延长下降。暴露16a,腐蚀速率在0.0019~0.0023mm/a;在飞溅区有良好的耐蚀性,腐蚀率均较低,长期暴露发生较轻点蚀和缝隙腐蚀,暴露16a的点蚀深度小于0.3mm。铜合金在飞溅区的腐蚀比全浸区、潮汐区轻,比海洋大气区严重	[59]

续表

牌号/材料	化学成分/%	加工/热处理状态	力学性能	腐蚀介质（溶液、pH值、温度、海水来源）	实验方法（静态/动态、流速、实验时长、测试方法）	腐蚀形式	腐蚀程度（年腐蚀速率、腐蚀电流密度、腐蚀坑深度、自腐蚀电位 vs. SCE等）	文献出处
	Be1.84,Cu97.44			青岛小青岛湾（海水平均温度13.6℃，盐度约32‰，平均溶解氧浓度是5.6mL/L，pH值为8.2左右，海水中有藤壶，苔藓虫，石灰虫，柄海鞘和藻类等多种海生物）	试样放于浮船上，浸入水下0.4~1.2m处。试验方法符合GB/T 5776—2005		浸泡1a,2a,4a,8a，平均点蚀深度分别为0.16mm,0.05mm,0.13mm,0.17mm，最大点蚀深度分别为0.3mm，0.1mm，0.17mm,0.25mm，最大缝隙腐蚀深度分别为0.3mm,0.38mm,0.44mm,0.95mm	[58]
QBe2	Ni0.37，Fe0.05，Be1.84，Al0.048，Si0.25，Cu余量	硬态		海南省三亚市榆林港内，海水最高温度31℃，最低温度19℃，年平均水温约27℃。海水盐度为3.4%，溶解氧4.3~5.0×10⁻⁶，pH值约为8.3	试样暴露在海水试验浮船中，始终浸在水面下0.2~1.5m深度，其主试验面与水平面垂直放置，并与潮流方向平行。试验方法按GB/T 6384—2008进行。试验周期为1a,2a,4a,8a。EPMA，XRD对QSn6.5-0.1 4年,8年实海试样进行腐蚀产物膜分析	点蚀、缝隙腐蚀	局部腐蚀呈较大的零散蚀坑,浸泡1a,2a,4a,8a后最大缝隙腐蚀深度分别为0.34mm，0.77mm，0.32mm，0.57mm。平均腐蚀深度与时间的关系可用幂函数来表示：$H=aT^b$；$H=0.0196T^{0.658}$	[61]
	Ni0.37，Fe0.05，Be1.84，Al0.048，Si0.25，Cu余量			榆林海港试验站（热带海洋环境）	试样始终浸在水下0.2~1.5m的位置		QSi3-1，QSn6.5-0.1和QBe2在榆林站全浸2a后腐蚀速率分别为2.1mm/a，1.2mm/a，1.7mm/a（青岛海域表层海水全浸2a腐蚀速率分别为0.99mm/a，1.1mm/a，1.1mm/a）。QBe2，QSn6.5-0.1抗污性最好，暴露4aQBe2几乎无海生物附着，QSn6.5-0.1附着量很少，只有5%左右,QSi3-1抗污性居中，暴露4a后附着面积占20%~40%	[60]

续表

牌号/材料	化学成分/%	加工/热处理状态	力学性能	腐蚀介质(溶液,pH值,温度,海水来源)	实验方法(静态/动态,流速,实验时长,测试方法)	腐蚀形式	腐蚀程度(年腐蚀速率,腐蚀电流密度,腐蚀坑深度,自腐蚀电位 vs. SCE 等)	文献出处
QBe2				全浸区,青岛	浸泡12个月		腐蚀速率 11μm/a,平均点蚀深度 0.16mm,点蚀最大深度 0.3mm,最大缝隙腐蚀深度 0.3mm	中国腐蚀与防护网
				潮差区,青岛			腐蚀速率 9.2μm/a,最大缝隙腐蚀深度 0.2mm	
				飞溅区,青岛			腐蚀速率 5.5μm/a	
				全浸区,厦门			腐蚀速率 15μm/a	
				潮差区,厦门			腐蚀速率 8.1μm/a	
				飞溅区,厦门			腐蚀速率 2.9μm/a	
				全浸区,榆林			腐蚀速率 19μm/a,最大缝隙腐蚀深度 0.34mm	
				潮差区,榆林			腐蚀速率 9.4μm/a,最大缝隙腐蚀深度 0.28mm	
				飞溅区,榆林			腐蚀速率 2μm/a	
				全浸区,青岛	浸泡24个月		腐蚀速率 11μm/a,平均点蚀深度 0.05mm,点蚀最大深度 0.1mm,最大缝隙腐蚀深度 0.1mm	
				潮差区,青岛			腐蚀速率 5.8μm/a,最大缝隙腐蚀深度 0.15mm	
				飞溅区,青岛			腐蚀速率 5μm/a	
				全浸区,厦门			腐蚀速率 11μm/a	
				潮差区,厦门			腐蚀速率 5μm/a	

续表

牌号/材料	化学成分/%	加工/热处理状态	力学性能	腐蚀介质(溶液,pH值,温度,海水来源)	实验方法(静态/动态,流速,实验时长,测试方法)	腐蚀形式	腐蚀程度(年腐蚀速率,腐蚀电流密度,腐蚀抗深度,自腐蚀电位 vs. SCE等)	文献出处
QBe2				飞溅区,厦门			腐蚀速率 2.4 μm/a	
				全浸区,榆林	浸泡 24 个月		腐蚀速率 17μm/a,平均点蚀深度 0.25mm,点蚀最大深度 0.57 mm,最大缝隙腐蚀深度 0.77mm	中国腐蚀与防护网
				潮差区,榆林			腐蚀速率 5.5μm/a,平均点蚀深度 0.11mm,点蚀最大深度 0.39mm,最大缝隙腐蚀深度 0.15mm	
				飞溅区,榆林			腐蚀速率 2μm/a	
				全浸区,舟山	浸泡 48 个月		腐蚀速率 17μm/a,平均点蚀深度 0.1mm,点蚀最大深度 0.43mm	
				潮差区,舟山			腐蚀速率 2.8μm/a,最大缝隙腐蚀深度 0.25mm	
				飞溅区,舟山			腐蚀速率 0.59μm/a	
				全浸区,青岛			腐蚀速率 7.5μm/a,平均点蚀深度 0.13mm,点蚀最大深度 0.17 mm,最大缝隙腐蚀深度 0.17mm	
				潮差区,青岛			腐蚀速率 3.6μm/a,平均点蚀深度 0.21mm,点蚀最大深度 0.44 mm,最大缝隙腐蚀深度 0.22mm	

续表

牌号/材料	化学成分/%	加工/热处理状态	力学性能	腐蚀介质（溶液，pH值，温度，海水来源）	实验方法（静态/动态，流速，实验时长，测试方法）	腐蚀形式	腐蚀程度（年腐蚀速率，腐蚀电流密度，腐蚀坑深度，自腐蚀电位 vs. SCE等）	文献出处
QBe2				飞溅区，青岛			腐蚀速率 2.5μm/a，平均点蚀深度 0.1mm，最大深度 0.22mm	中国腐蚀与防护网
				全浸区，厦门			腐蚀速率 6.1μm/a	
				潮差区，厦门			腐蚀速率 2.9μm/a，平均点蚀深度 0.24mm，最大深度 0.41mm	
				飞溅区，厦门			腐蚀速率 2.2μm/a	
				全浸区，榆林	浸泡 48 个月		腐蚀速率 12μm/a，平均点蚀深度 0.35mm，最大腐蚀深度 1.12mm，最大缝隙腐蚀深度 0.32mm	
				潮差区，榆林			腐蚀速率 3.3μm/a，平均点蚀深度 0.09mm，点蚀最大深度 0.25mm，最大缝隙腐蚀深度 0.23mm	
				飞溅区，榆林			腐蚀速率 1.3μm/a	
				全浸区，舟山			腐蚀速率 12μm/a	
				潮差区，舟山			腐蚀速率 2.3μm/a，平均点蚀深度 0.06mm，点蚀最大深度 0.1mm，最大缝隙腐蚀深度 0.5mm	

续表

牌号/材料	化学成分/%	加工/热处理状态	力学性能	腐蚀介质(溶液,pH值,温度,海水来源)	实验方法(静态/动态,流速,实验时长,测试方法)	腐蚀形式	腐蚀程度(年腐蚀速率,腐蚀电流密度,腐蚀坑深度,自腐蚀电位 vs. SCE等)	文献出处
QBe2				飞溅区,舟山	浸泡48个月		腐蚀速率1.2μm/a,平均点蚀深度0.06mm,点蚀最大深度0.12mm,最大缝隙腐蚀深度0.1mm	
				全浸区,青岛			腐蚀速率6.1μm/a,平均点蚀深度0.17mm,点蚀最大深度0.25mm,最大缝隙腐蚀深度0.25mm	
				潮差区,青岛			腐蚀速率3.0μm/a,平均点蚀深度0.29mm,点蚀最大深度0.58mm,最大缝隙腐蚀深度0.2mm	中国腐蚀与防护网
				飞溅区,青岛	浸泡96个月		腐蚀速率2μm/a,平均点蚀深度0.11mm,点蚀最大深度0.2mm	
				全浸区,厦门			腐蚀速率5.6μm/a	
				潮差区,厦门			腐蚀速率2.6μm/a	
				飞溅区,厦门			腐蚀速率2.1μm/a	
				全浸区,榆林			腐蚀速率9.4μm/a,平均点蚀深度0.64mm,点蚀最大深度1.66mm,最大缝隙腐蚀深度0.57mm	
				潮差区,榆林			腐蚀速率1.7μm/a,平均点蚀深度0.11mm,点蚀最大深度0.21mm,最大缝隙腐蚀深度0.32mm	

续表

牌号/材料	化学成分/%	加工/热处理状态	力学性能	腐蚀介质(溶液,pH值,温度,海水来源)	实验方法(静态/动态,流速,实验时长,测试方法)	腐蚀形式	腐蚀程度(年腐蚀速率,腐蚀电流密度,腐蚀坑深度,自腐蚀电位 vs. SCE等)	文献出处
QBe2		硬态	抗拉强度771MPa,延伸率13%	飞溅区,榆林			腐蚀速率 0.79μm/a	中国腐蚀与防护网
				全浸区,榆林			腐蚀速率 1.1μm/a	
				潮差区,舟山	浸泡96个月		腐蚀速率 0.13μm/a,平均点蚀深度 0.05mm,点蚀最大深度 0.11mm,最大缝隙腐蚀深度 0.28mm	
				飞溅区,舟山			腐蚀速率 0.6μm/a	
				全浸区,榆林	浸泡192个月		腐蚀速率 8.7μm/a,平均点蚀深度 0.98mm,点蚀最大深度 2.09mm,最大缝隙腐蚀深度 0.53mm	
				飞溅区,青岛			腐蚀速率 2.0μm/a,平均点蚀深度 0.19mm,点蚀最大深度 0.25mm,最大缝隙腐蚀深度 0.29mm	
				我国青岛、舟山、厦门、榆林四个海洋腐蚀试验站的海水	腐蚀试验站暴露,暴露周期分别为 1a、2a、4a、8a、16a	均匀腐蚀	铜合金在含沙舟山海水中的冲刷腐蚀敏感性强。暴露初期(1~2a时)铜合金在潮差区的平均点蚀深度小于全浸区,但在暴露后期(4~8a时)铜合金在潮差区的平均点蚀深度高于全浸区	[88]
				格尔木,盐湖卤水	浸泡12个月		腐蚀速率 5.4μm/a	
					浸泡24个月		腐蚀速率 2.66μm/a	
				武汉,淡水(长江)	浸泡12个月		腐蚀速率 6.6μm/a	
					浸泡24个月		腐蚀速率 5.98μm/a	
				郑州,淡水(黄河)	浸泡12个月		腐蚀速率 1.1μm/a	
					浸泡24个月		腐蚀速率 1.95μm/a	

续表

牌号/材料	化学成分/%	加工/热处理状态	力学性能	腐蚀介质（溶液，pH值，温度，海水来源）	实验方法（静态/动态，流速，实验时长，测试方法）	腐蚀形式	腐蚀程度（年腐蚀速率，腐蚀电流密度，腐蚀坑深度，自腐蚀电位 vs. SCE 等）	文献出处
	Mn 1.13, Si 2.75, Cu 95.91	硬态				冲刷腐蚀	在清海水中，含沙 0.075%，含沙 0.15%海水中的腐蚀速率分别是 0.32mm/a、0.64mm/a，0.37mm/a，厚度减薄 0.016mm，0.070mm，0.060mm	[93]
	Mn 1.13, Si 2.75, Cu 95.91	硬态		青岛小青岛湾（海水平均温度 136℃，盐度约32‰，平均溶解氧浓度是 5.6mL/L，pH值为 8.2左右，海水中有藤壶、苔藓虫、石灰虫、树海鞘和藻类等多种海生物）	试样放于浮船上，浸入水下 0.4～1.2m处。试验方法符合 GB/T 5776—2005	点蚀，缝隙腐蚀	浸泡 8a 后，QSn6.5-0.1 表面有较多的藤壶灰虫污损，面积为 20%～50%。浸泡 1a、2a、4a、8a，平均点蚀深度分别为 0.18mm、0.18mm、0.18mm、0.26 mm。最大点蚀深度分别为 0.25mm、0.28mm、0.38mm、0.50mm。最大缝隙腐蚀深度分别为 0.3mm、0.3mm、0.58mm、0.5mm	[58]
QSi3-1	Mn 1.13, Sn 0.1, Ni 0.02, Si 2.75, Cu 余量	半硬态(Y2)	抗拉强度 568MPa，延伸率 23.4%	青岛，舟山和榆林国家海水腐蚀试验站的海水	暴露分为 1a、2a、4a、8a 共四个时间段，试样按期取回后，经酸洗称重取得腐蚀数据，然后进行力学性能测试。从腐蚀样（脱成分）严重处取样进行扫描电镜（SEM）观察	均匀腐蚀	在全浸条件下，硅青铜的耐蚀性能相对较差，平均腐蚀速率是锡青铜的 4 倍以上，该合金在厦门1站和舟山站的腐蚀速率最高。锡青铜的海水腐蚀温度敏感性（在榆林站温度最高，腐蚀最重），而硅青铜在舟山站腐蚀最重，表明该合金具有流速较高的冲击腐蚀敏感性	[94]

续表

牌号/材料	化学成分/%	加工/热处理状态	力学性能	腐蚀介质（溶液、pH值、温度、海水来源）	实验方法（静态/动态、流速、实验时长、测试方法等）	腐蚀形式	腐蚀程度（年腐蚀速率、腐蚀电流密度、腐蚀坑深度、自腐蚀电位 vs. SCE等）	文献出处
QSi3-1	Sn 5.12, Fe<0.01, Al<0.1, Si 0.05, P 0.17, Cu余量	硬态		海南省三亚市榆林港内，海水最高温度31℃，最低温度19℃。年平均水温27℃。溶海水盐度为3.4%，解氧4.3~5.0×10^{-6}，pH值约为8.3	试样暴露在海水试验浮船船中，始终浸在水面下0.2~1.5m深度。其主试验面与水平面垂直放置，并与潮流方向平行。试验方法按GB/T 6384—2008进行。试验周期为1a,2a,4a,8a。EPMA、XRD对QSn6.5-0.1 4a,8a实海试样进行腐蚀产物膜分析	点蚀、缝隙腐蚀、边缘腐蚀	局部腐蚀呈较大的零散蚀坑。浸泡1a,2a,4a,8a后最大缝隙腐蚀深度分别为0.18mm，0.1mm，0.5mm，0.56mm。平均腐蚀深度与时间的关系可用幂函数来表示（H 为平均腐蚀深度，T 为暴露时间，a,b 为常数）：$H = aT^b$；$H = 0.0297T^{0.495}$	[61]
	Zn 0.068, Sn 0.1, Ni 0.02, Mn 1.13, Fe 0.02, Si 2.75	硬态		榆林海港试验站（热带海洋环境）	试样始终浸在水下0.2~1.5m的位置	点蚀、缝隙腐蚀、边缘腐蚀	QSi3-1、QSn6.5-0.1和QBe2在榆林站全浸2a后腐蚀速率分别为2.1mm/a、1.2mm/a、1.7mm/a（青岛海域表层海水全浸2a腐蚀速率分别为0.99mm/a、1.1mm/a、1.1mm/a）。QBe2、QSn6.5-0.1抗污性最好，暴露4aQBe2几乎无海生物附着，QSn6.5-0.1附着量很少，只有5%左右，QSi3-1抗污性居中，暴露4a后附着面积占20%~40%	[60]

续表

牌号/材料	化学成分/%	加工/热处理状态	力学性能	腐蚀介质（溶液，pH 值，温度，海水来源）	实验方法（静态/动态，流速，实验时长，测试方法）	腐蚀形式	腐蚀程度（年腐蚀速率，腐蚀电流密度，腐蚀坑深度，自腐蚀电位 vs. SCE 等）	文献出处
QSi3-1	Zn0.068，Sn0.1，Si2.75，Mn1.13，Ni0.02，Fe0.02，Cu 余量	板材		试验站位于青岛小麦岛（北纬 36°03′，东经 120°25′），此处海水平均温度 13.7℃，平均盐度 31.5‰，平均溶解氧浓度 8.4mg/L，pH 值平均为 8.3，平均气温 12.3℃，平均相对湿度 71%，年平均降雨量 64mm	试验前试样去油污，量尺寸，称重。试样用塑料隔套固定在试验架上，试样暴露在平均高潮位以上 0.5～1.2m，处于飞溅区的腐蚀苛刻区。试样垂直于海平面，暴露 1a,2a,4a,8a 和 16a 取样，观察记录试样的腐蚀外观。酸洗去除腐蚀产物，称重，计算腐蚀率。观察腐蚀类型。用点蚀深度测量仪测量点蚀深度和缝隙腐蚀深度	均匀腐蚀，点蚀，缝隙腐蚀	暴露 1a,2a,试验的铜合金均未发生点蚀；暴露 4a,只有 QB₂2 试样上有点蚀；纯铜和青铜的点蚀形貌呈麻点状；暴露 16a,QSi3-1 的点蚀密度为 $5 \times 10^4/m^2$，最大点蚀孔径为 0.5mm，QSn6.5-0.1 和 QB₂2 的点蚀密度较大，为 $1 \times 10^5/m^2$，最大点蚀孔径为 0.3mm 和 0.5mm；QSi3-1 和 QB₂2 的点蚀深度接近，暴露 8a 的最大点蚀深度在 0.10～0.20mm,暴露 16a 深度为 0.18～0.25mm；QSn6.5-0.1 的点蚀深度较小，暴露 16a 最大点蚀深度为 0.06mm。QB₂2 在飞溅区暴露 4a 发生缝隙腐蚀，暴露 16a,QSi3-1 和 QB₂2 的最大缝隙腐蚀深度在 0.27～0.40mm,QSn6.5-0.1 没有发生缝隙腐蚀。腐蚀速率随着暴露时间延长下降。暴露 16a,腐蚀速率在 0.0019～0.0023mm/a;在飞溅区有良好的耐蚀性，腐蚀率均较低，长期暴露发生较轻点蚀和缝隙腐蚀，暴露 16a 的点蚀深度小于 0.3mm。铜合金在全浸区、潮汐区轻，比海洋大气区重	[59]

续表

牌号/材料	化学成分/%	加工/热处理状态	力学性能	腐蚀介质（溶液，pH值，温度，海水来源）	实验方法（静态/动态，流速，实验时长，测试方法）	腐蚀形式	腐蚀程度（年腐蚀速率，腐蚀电流密度，腐蚀坑深度，自腐蚀电位 vs. SCE等）	文献出处
		板材		实海腐蚀，试样投放在舟山港螺头门海域；室内模拟泥沙海水加速腐蚀试验，在冲刷腐蚀试验机上进行，介质为舟山海水制成的清海水，及泥沙含量分别为0.75‰及1.5‰的海水，泥沙取自沉淀淤泥，试样表面与腐蚀介质的相对流速为2.1m/s。试液12.5L,且每10d更换1次海水,试验周期20d，试验温度30℃	在舟山海域暴露1a,2a,4a,8a以及加速腐蚀实验后用低倍显微镜观察腐蚀形貌，用失重法测定腐蚀速率	均匀腐蚀	1a,2a,4a,8a浸泡后平均腐蚀速率为7.3mm/a、5.6mm/a、4.7mm/a、4.1mm/a(10~2mm/a)。在冲刷环境中，清海水,含沙0.75‰以及含沙1.5‰海水中的腐蚀速率分别为0.32mm/a,0.64mm/a,0.37mm/a	[63]
QSi3-1		硬态	抗拉强度568MPa,延伸率23.4%	我国青岛、舟山、厦门、榆林四个海洋腐蚀试验站的海水	腐蚀试验站暴露，暴露周期分别为1a,2a,4a,8a,16a	均匀腐蚀	铜合金在含舟山海水中的冲刷腐蚀敏感性强。暴露初期(1~2a时)铜合金在潮差全浸区的平均腐蚀深度小于全浸区，但在暴露后期(4~8a时)铜合金在潮差区的平均点蚀深度高于全浸区	[88]
				全浸区，青岛	浸泡12个月		腐蚀速率14μm/a,平均点蚀深度0.18mm,点蚀最大深度0.25mm,最大缝隙腐蚀深度0.3mm	中国腐蚀与防护网
				潮差区，青岛			腐蚀速率20μm/a	
				飞溅区，青岛			腐蚀速率7.8μm/a	
				全浸区，厦门			腐蚀速率21μm/a	
				潮差区，厦门			腐蚀速率14μm/a	
				飞溅区，厦门			腐蚀速率3.9μm/a	

续表

牌号/材料	化学成分/%	加工/热处理状态	力学性能	腐蚀介质(溶液,pH值,温度,海水来源)	实验方法(静态/动态,流速,实验时长,测试方法)	腐蚀形式	腐蚀程度(年腐蚀速率,腐蚀电流密度,腐蚀坑深度,自腐蚀电位 vs. SCE 等)	文献出处
QSi3-1				全浸区,榆林	浸泡 12 个月		腐蚀速率 31μm/a,平均点蚀深度 0.11mm,点蚀最大深度 0.31mm,最大缝隙腐蚀深度 0.18m	中国腐蚀与防护网
				潮差区,榆林			腐蚀速率 16μm/a,最大缝隙腐蚀深度 0.22mm	
				飞溅区,榆林			腐蚀速率 3.9μm/a	
				全浸区,青岛			腐蚀速率 9.9μm/a,平均点蚀深度 0.18mm,点蚀最大深度 0.28 mm,最大缝隙腐蚀深度 0.3mm	
				潮差区,青岛			腐蚀速率 12μm/a,平均点蚀深度 0.06mm,点蚀最大深度 0.15 mm,最大缝隙腐蚀深度 0.18mm	
				飞溅区,青岛	浸泡 24 个月		腐蚀速率 5.6 μm/a	
				全浸区,厦门			腐蚀速率 24μm/a	
				潮差区,厦门			腐蚀速率 7.8μm/a	
				飞溅区,厦门			腐蚀速率 3.2μm/a	
				全浸区,榆林			腐蚀速率 21μm/a,平均点蚀深度 0.23mm,点蚀最大深度 0.59 mm,最大缝隙腐蚀深度 0.1mm	
				潮差区,榆林			腐蚀速率 10μm/a,腐蚀深度 0.22mm	
				飞溅区,榆林			腐蚀速率 3.4μm/a	
				潮差区,舟山			腐蚀速率 28μm/a	

牌号/材料	化学成分/%	加工/热处理状态	力学性能	腐蚀介质(溶液,pH值,温度,海水来源)	实验方法(静态/动态,流速,实验时长,测试方法)	腐蚀形式	腐蚀程度(年腐蚀速率,腐蚀电流密度,腐蚀坑深度,自腐蚀电位 vs. SCE等)	文献出处
QSi3-1				全浸区,青岛	浸泡48个月		腐蚀速率 7.2μm/a,平均点蚀深度 0.18mm,点蚀最大深度 0.38 mm,最大缝隙腐蚀深度 0.58mm	中国腐蚀与防护网
				潮差区,青岛			腐蚀速率 8.5μm/a,平均点蚀深度 0.37mm,点蚀最大深度 0.7 mm,最大缝隙腐蚀深度 1.0mm	
				飞溅区,青岛			腐蚀速率 2.7μm/a	
				全浸区,厦门			腐蚀速率 21μm/a	
				潮差区,厦门			腐蚀速率 5.5μm/a,平均点蚀深度 0.24mm,点蚀最大深度 0.63 mm	
				飞溅区,厦门			腐蚀速率 3.1μm/a	
				全浸区,榆林			腐蚀速率 15μm/a,平均点蚀深度 0.32mm,点蚀最大深度 0.78mm,最大缝隙腐蚀深度 0.5mm	
				潮差区,榆林			腐蚀速率 6.9μm/a,平均点蚀深度 0.11mm,点蚀最大深度 0.24mm,最大缝隙腐蚀深度 0.32mm	
				飞溅区,榆林			腐蚀速率 3.0μm/a	
				全浸区,舟山			腐蚀速率 47μm/a	
				潮差区,舟山			腐蚀速率 19μm/a	

续表

牌号/材料	化学成分/%	加工/热处理状态	力学性能	腐蚀介质(溶液,pH值,温度,海水来源)	实验方法(静态/动态,流速,实验时长,测试方法)	腐蚀形式	腐蚀程度(年腐蚀速率,腐蚀电流密度,腐蚀坑深度,自腐蚀电位 vs. SCE等)	文献出处
QSi3-1				全浸区,青岛	浸泡 96 个月		腐蚀速率 4.9μm/a,平均点蚀深度 0.26mm,点蚀最大深度 0.5mm,最大缝隙腐蚀深度 0.5mm	中国腐蚀与防护网
				潮差区,青岛			腐蚀速率 7.0μm/a,平均点蚀深度 1.3 mm,最大缝隙腐蚀深度 0.6mm	
				飞溅区,青岛			腐蚀速率 2.1μm/a,平均点蚀深度 0.07mm,点蚀最大深度 0.1 mm	
				全浸区,厦门			腐蚀速率 17μm/a	
				潮差区,厦门			腐蚀速率 3μm/a	
				飞溅区,厦门			腐蚀速率 2.9μm/a	
				全浸区,榆林			腐蚀速率 11μm/a,平均点蚀深度 0.78mm,点蚀最大深度 2.49mm,最大缝隙腐蚀深度 0.56mm	
				潮差区,榆林			腐蚀速率 3.6μm/a,平均点蚀深度 0.13mm,点蚀最大深度 0.42mm,最大缝隙腐蚀深度 0.51mm	
				飞溅区,榆林			腐蚀速率 3.0μm/a,平均点蚀深度 0.11mm,点蚀最大深度 0.23mm	
				潮差区,青岛	浸泡 192 个月		腐蚀速率 3.8μm/a,平均点蚀深度 0.67mm,点蚀最大深度 0.96mm,最大缝隙腐蚀深度 0.56mm	

续表

牌号/材料	化学成分/%	加工/热处理状态	力学性能	腐蚀介质(溶液、pH值、温度、海水来源)	实验方法(静态/动态,流速,实验时长,测试方法)	腐蚀形式	腐蚀程度(年腐蚀速率、腐蚀电流密度、腐蚀坑深度、自腐蚀电位 vs. SCE 等)	文献出处
QSi3-1				飞溅区,青岛	浸泡 192 个月		腐蚀速率 1.9μm/a,平均点蚀深度 0.13mm,点蚀 0.19mm,最大缝隙腐蚀深度 0.4mm	中国腐蚀与防护网
				全浸区,舟山	浸泡 96 个月		腐蚀速率 4.1μm/a	
				潮差区,舟山			腐蚀速率 1.6μm/a	
				全浸区,榆林	浸泡 192 个月		腐蚀速率 7.7μm/a,平均点蚀深度 0.71mm,点蚀 1.15mm,最大缝隙腐蚀深度 0.56mm	
				全浸区,青岛			腐蚀速率 8.9μm/a,平均点蚀深度 0.08mm,点蚀 0.20mm,最大缝隙腐蚀深度 0.25mm	
				潮差区,青岛	浸泡 12 个月		腐蚀速率 12μm/a	
				飞溅区,青岛			腐蚀速率 10μm/a	
				全浸区,厦门			腐蚀速率 13μm/a	
				潮差区,厦门			腐蚀速率 11μm/a	
				飞溅区,厦门			腐蚀速率 3.7μm/a	
QSn5-5-5 锡青铜				海水		电偶腐蚀	稳定电压平均值 $-0.195V$,自然腐蚀速率 412.27mg/$(m^2 \cdot d)$[自腐蚀电位以及自然腐蚀速率为 0.04V,34.60mg/$(m^2 \cdot d)$]偶合后,面积比为 1:1,HDR/QSn5-5-5 腐蚀速率为 20.49/598.7[mg/$(m^2 \cdot d)$],面积比为 5:1 时,HDR/QSn5-5-5 腐蚀速率为 5.56/2512.73[mg/$(m^2 \cdot d)$]	[74]

续表

牌号/材料	化学成分/%	加工/热处理状态	力学性能	腐蚀介质（溶液，pH值，温度，海水来源）	实验方法（静态，动态，流速，实验时长，测试方法）	腐蚀形式	腐蚀程度（年腐蚀速率，腐蚀电流密度，腐蚀坑深度，自腐蚀电位 vs. SCE 等）	文献出处
QSn6.5-0.1	Al < 0.1, Sn5.12, S0.05, P0.17, Fe<0.01, Cu余量	板材		试验站位于青岛（北纬 36°03′，东经 120°25′），此处海水平均温度 13.7℃，平均盐度 31.5‰，平均溶解氧浓度 8.4mg/L，pH 值平均为 8.3，平均相对湿度 71%，年平均降雨量 64mm	试验前试样去油污，量尺寸、称重。试样用塑料隔套固定在试验架上，试样暴露位于高潮区。试样暴露在平均高潮时刻 1.2m，处于飞溅区的腐蚀试验。试样垂直于海平面，暴露 1a，2a，4a，8a 和 16a 取样，观察记录试样的腐蚀外观，酸洗去除腐蚀产物，称重、计算腐蚀速率。用点蚀深度测量仪测量点蚀深度和缝隙腐蚀深度	均匀腐蚀，点蚀，缝隙腐蚀	暴露 1a，2a，试验的铜合金均未发生点蚀；暴露 4a，只有 QBₑ2 试样上有点蚀，纯铜和青铜的点蚀形貌呈麻点状；暴露 16a，QS3-1 的点蚀密度为 5×10⁴/m²，最大点蚀孔径为 0.5mm，QSn6.5-0.1 和 QBₑ2 的点蚀密度较大，为 1×10⁵/m²，最大点蚀孔径为 0.3mm 和最大点蚀孔深为 0.5mm；QS3-1 和 QBₑ2 的点蚀深度接近，暴露 8a 的最大点蚀深度为 0.10~0.20mm，暴露 16a 深度为 0.18~0.25mm；QSn6.5-0.1 的点蚀深度较小，暴露 16a 最大点蚀深度为 0.06mm。QBₑ2 在飞溅区暴露 4a 发生缝隙腐蚀，暴露 16a，QS3-1 和 QBₑ2 的最大缝隙腐蚀深度在 0.27~0.40mm，QSn6.5-0.1 没有发生缝隙腐蚀。腐蚀速率随着暴露时间延长下降。暴露 16a，腐蚀速率在 0.0019~0.0023mm/a；在飞溅区有良好的耐蚀性，腐蚀率均较低，长期暴露发生较轻点蚀和缝隙腐蚀，暴露 16a 的点蚀深度小于 0.3mm，铜合金在飞溅区的腐蚀比全浸区、潮汐区轻，比海洋大气区重	[59]

续表

牌号/材料	化学成分/%	加工/热处理状态	力学性能	腐蚀介质（溶液，pH值，温度，海水来源）	实验方法（静态/动态，流速，实验时长，测试方法）	腐蚀形式	腐蚀程度（年腐蚀速率，腐蚀电流密度，腐蚀坑深度，自腐蚀电位 vs. SCE 等）	文献出处
QSn6.5-0.1	Sn 5.12, Fe<0.01, Al<0.1, Si 0.05, P 0.17, Cu 余量	硬态		海南省三亚市榆林港内，海水最高温度 31℃，最低温度 19℃，年平均水温约 27℃。海水盐度为 3.4%，溶解氧 4.3~5.0×10⁻⁶，pH 值约为 8.3	试样暴露在海水试验浮船中，始终浸在水面下 0.2~1.5m 深度，其主试验面与水平面垂直放置，并与潮流方向平行。试验周期为 1a, 2a, 4a, 8a。EPMA, XRD 对 QSn6.5-0.1 在 1a, 2a, 4a, 8a 实海试样进行腐蚀产物膜分析	点蚀、缝隙腐蚀	局部腐蚀呈小较密的腐蚀斑沟、浸渍沟。浸泡 1a, 2a, 4a, 8a 后最大缝隙腐蚀深度分别为 0.20mm, 0.09mm, 0.49mm, 0.56mm。浸泡 8a 后，表面腐蚀产物膜厚度达 0.07mm，为平滑的层状分布，与基体结合不牢，易脱落。Sn 在内中膜层明显富集，在内层的含量是基体含量的 4 倍，中层含量稍低，外层最少。Cu 在中层含量高于内层和外层，Cl 在外层和内层明显聚集，中锈层中几乎不含 Cl。平均腐蚀深度与时间的关系可用幂函数表示：$H = aT^b$，$H = 0.0152T^{0.687}$	[61]
	Sn 5.12, Fe<0.01, Al<0.1, Si 0.05, P 0.17, Cu 余量	硬态		榆林海港试验站（热带海洋环境）	试样始终浸在水下 0.2~1.5m 的位置	点蚀、缝隙腐蚀	QS3-1、QSn6.5-0.1 和 QBe2 在榆林站全浸 2a 后腐蚀速率分别为 2.1mm/a, 1.2mm/a, 1.7mm/a（青岛海水表层海水全浸 2a 腐蚀速率分别为 0.99mm/a, 1.1mm/a, 1.1mm/a）。QBe2、QSn6.5-0.1 抗污性最好，暴露、暴露 4aQBe2 几乎无海生物附着，QSn6.5-0.1 附着量很少，只有 5% 左右；QS3-1 抗污性居中，暴露 4a 后附着面积占 20%~40%	[60]

续表

牌号/材料	化学成分/%	加工/热处理状态	力学性能	腐蚀介质（溶液、pH值、温度、海水来源）	实验方法（静态/动态、流速、实验时长、测试方法）	腐蚀形式	腐蚀程度（年腐蚀速率、腐蚀电流密度、腐蚀坑深度、自腐蚀电位 vs. SCE等）	文献出处
QSn6.5-0.1	Sn 5.12, P 0.17, Cu 94.55	硬态		青岛小青岛湾（海水平均温度13.6℃，盐度约32‰，平均溶解氧浓度是5.6mL/L，pH值为8.2左右，海水中有藤壶，苔藓虫，石灰虫，柄海鞘和藻类等多种海生物）	试样放于浮船上，浸入水下0.4~1.2m处。试验方法符合GB/T 5776—2005	点蚀、缝隙腐蚀	浸泡1a,2a,4a,8a，平均点蚀深度分别为0.08mm，0.13mm，0.13mm，0.13mm，最大点蚀深度分别为0.2mm，0.35mm，0.22mm，0.21mm，最大缝隙腐蚀深度分别为0.25mm，0.36mm，0.58mm，0.55mm。QSn6.5-0.1的抗污损性能较差	[58]
	Sn5.12,P0.17,Cu 94.55	硬态		用舟山天然海水和榆林制备成清海水和含沙量分别为0.075%及0.15%的海水，试样表面的相对流速为2.1m/s	冲刷腐蚀试验机，试样表面与腐蚀介质的相对流速为2.1m/s。试验介质为12.5L，腐蚀周期20d，每10d更换一次，温度(30±1)℃。试验结束后用显微镜观察腐蚀形貌，用失重法测定腐蚀速率	冲刷腐蚀	在清海水中，含沙0.075%，含沙0.15%海水中的腐蚀速率分别是0.28mm/a，0.48mm/a，0.32mm/a；厚度减薄0.010mm，0.040mm，0.055mm	[93]
	Sn 5.12,P 0.17,Cu 余量	半硬态(Y2)	抗拉强度562 MPa，延伸率23.3%	青岛，舟山和榆林国家海水腐蚀试验站的海水	暴露分为1a,2a,4a,8a共四个时间段，试样按期取回后，经酸洗称重取得腐蚀数据，然后进行力学性能测试。从腐蚀取样（脱成分）严重处取样进行扫描电镜(SEM)观察	均匀腐蚀	在全浸条件下，硅青铜的耐蚀性能相对较差，平均腐蚀速率是锡青铜的4倍以上。该合金在厦门站和舟山站的腐蚀速率最高。锡青铜的温度敏感性（在榆林站）温度最高，腐蚀最重，而硅青铜在舟山站腐蚀最重，该站海水流速较高，表明该合金具有较强的冲击腐蚀敏感性	[94]

续表

牌号/材料	化学成分/%	加工/热处理状态	力学性能	腐蚀介质（溶液，pH值，温度，海水来源）	实验方法（静态/动态，流速，实验时长，测试方法）	腐蚀形式	腐蚀程度（年腐蚀速率，腐蚀电流密度，腐蚀坑深度，自腐蚀电位 vs. SCE等）	文献出处
		板材		实海腐蚀，试样投放在舟山港螺头门海域；室内模拟泥沙海水加速腐蚀试验，在冲刷腐蚀试验机上进行，介质为舟山海水制成的清海水，及泥沙取自沉淀滤泥，泥沙含量分别为0.75‰及1.5‰的海水，泥沙取自腐蚀介质的清海水，试样表面与腐蚀介质的相对流速为2.1 m/s。量12.5L，且每10d更换1次海水，试验温度30℃	在舟山海域暴露1a,2a,4a,8a以及加速腐蚀实验后用低倍显微镜观察腐蚀形貌，用失重法测定腐蚀速率	点蚀、缝隙腐蚀	浸泡8a后，表面的海生物附着面积在5%以下，主要是苔藓虫。浸泡1a,2a,4a,8a后平均腐蚀速率为1.4×10^{-2}mm/a, 0.89×10^{-2}mm/a, 0.71×10^{-2}mm/a, 0.29×10^{-2}mm/a; 4a后平均点蚀深度0.05mm，最大点蚀深度0.1mm，最大缝隙腐蚀深度0.16mm，在冲刷腐蚀环境中，清海水、含沙0.75‰以及含沙1.5‰海水中的腐蚀速率分别为0.28mm/a, 0.48mm/a, 0.32mm/a	[63]
QSn6.5-0.1				全浸区，榆林	浸泡12个月		腐蚀速率15μm/a，平均点蚀深度0.03mm，点蚀最大深度0.09mm，最大缝隙腐蚀深度0.2mm	中国腐蚀与防护网
				潮差区，榆林			腐蚀速率10μm/a	
				飞溅区，榆林			腐蚀速率5.2μm/a	
				全浸区，青岛	浸泡24个月		腐蚀速率11μm/a，平均点蚀深度0.13mm，点蚀最大深度0.35 mm，最大缝隙腐蚀深度0.36mm	
				潮差区，青岛			腐蚀速率6.9μm/a	
				飞溅区，青岛			腐蚀速率7.0μm/a	
				全浸区，厦门			腐蚀速率9.2μm/a	
				潮差区，厦门			腐蚀速率7μm/a	

续表

牌号/材料	化学成分/%	加工/热处理状态	力学性能	腐蚀介质(溶液,pH值,温度,海水来源)	实验方法(静态/动态,流速,实验时长,测试方法)	腐蚀形式	腐蚀程度(年腐蚀速率,腐蚀电流密度,腐蚀坑深度,自腐蚀电位 vs. SCE等)	文献出处
				飞溅区,厦门			腐蚀速率3.7μm/a	
				全浸区,榆林	浸泡24个月		腐蚀速率12μm/a,平均点蚀深度0.03mm,点蚀最大深度0.15 mm,最大缝隙腐蚀深度0.09mm	
				潮差区,榆林			腐蚀速率7.2μm/a	
				飞溅区,榆林			腐蚀速率3.9μm/a	
				全浸区,舟山			腐蚀速率8.9μm/a,最大缝隙腐蚀深度0.1mm	
				潮差区,舟山			腐蚀速率7.7μm/a	中国腐蚀与防护网
				飞溅区,舟山			腐蚀速率7.2μm/a	
QSn6.5-0.1				全浸区,青岛	浸泡48个月		腐蚀速率5.6μm/a,平均点蚀深度0.13mm,点蚀最大深度0.22 mm,最大缝隙腐蚀深度0.58mm	
				潮差区,青岛			腐蚀速率5.1μm/a,平均点蚀深度0.08mm,点蚀最大深度0.15 mm,最大缝隙腐蚀深度0.16mm	
				飞溅区,青岛			腐蚀速率3.4μm/a	
				全浸区,厦门			腐蚀速率7.4μm/a	
				潮差区,厦门			腐蚀速率4.7μm/a	
				飞溅区,厦门			腐蚀速率2.8μm/a	

续表

牌号/材料	化学成分/%	加工/热处理状态	力学性能	腐蚀介质（溶液，pH值，温度，海水来源）	实验方法（静态/动态，流速，实验时长，测试方法）	腐蚀形式	腐蚀程度（年腐蚀速率、腐蚀电流密度、腐蚀抗深度、自腐蚀电位 vs. SCE 等）	文献出处
QSn6.5-0.1				全浸区，榆林	浸泡48个月		腐蚀速率 11μm/a,平均点蚀深度 0.15mm,点蚀最大深度 0.34mm,最大缝隙腐蚀深度 0.49mm	中国腐蚀与防护网
				潮差区，榆林			腐蚀速率 6.8μm/a,平均点蚀深度 0.03mm,点蚀最大深度 0.08mm	
				飞溅区，榆林			腐蚀速率 4.5μm/a	
				全浸区，舟山			腐蚀速率 7.1μm/a,平均点蚀深度 0.03mm,点蚀最大深度 0.1mm,最大缝隙腐蚀深度 0.16mm	
				潮差区，舟山			腐蚀速率 7.4μm/a,平均点蚀深度 0.03mm,点蚀最大深度 0.12mm	
				飞溅区，舟山			腐蚀速率 3.7μm/a	
				全浸区，青岛	浸泡96个月		腐蚀速率 4.7μm/a,平均点蚀深度 0.13mm,点蚀最大深度 0.21mm,最大缝隙腐蚀深度 0.55mm	
				潮差区，青岛			腐蚀速率 4.8μm/a,平均点蚀深度 0.2mm,点蚀最大深度 0.3 mm,最大缝隙腐蚀深度 0.2mm	

续表

牌号/材料	化学成分/%	加工/热处理状态	力学性能	腐蚀介质(溶液,pH值,温度,海水来源)	实验方法(静态/动态,流速,实验时长,测试方法)	腐蚀形式	腐蚀程度(年腐蚀速率,腐蚀电流密度,腐蚀坑深度,自腐蚀电位 vs. SCE等)	文献出处
				飞溅区,青岛			腐蚀速率 2.5μm/a	
				全浸区,厦门			腐蚀速率 5.8μm/a	
				潮差区,厦门			腐蚀速率 2.6μm/a	
				飞溅区,厦门			腐蚀速率 2.7μm/a	
				全浸区,榆林	浸泡96个月		腐蚀速率 7.7μm/a,平均点蚀深度 0.39mm,点蚀最大深度 0.59mm,最大缝隙腐蚀深度 0.56mm	
				潮差区,榆林			腐蚀速率 5.4μm/a,平均点蚀深度 0.14mm,点蚀最大深度 0.14mm,最大缝隙腐蚀深度 0.06mm	中国腐蚀与防护网
QSn6.5-0.1				飞溅区,榆林			腐蚀速率 4.8μm/a	
				飞溅区,青岛			腐蚀速率 2.3μm/a,点蚀最大深度 <0.06mm	
				全浸区,舟山			腐蚀速率 0.29μm/a	
				潮差区,舟山			腐蚀速率 0.57μm/a	
				飞溅区,舟山			腐蚀速率 3.1μm/a	
				全浸区,榆林	浸泡192个月		腐蚀速率 8.1μm/a,平均点蚀深度 0.27mm,点蚀最大深度 0.47mm,最大缝隙腐蚀深度 0.56mm	
				郑州,淡水(黄河)	浸泡12个月		腐蚀速率 2μm/a	
				武汉,淡水(长江)			腐蚀速率 2.2μm/a	

续表

牌号/材料	化学成分/%	加工/热处理状态	力学性能	腐蚀介质(溶液,pH值,温度,海水来源)	实验方法(静态/动态,流速,实验时长,测试方法)	腐蚀形式	腐蚀程度(年腐蚀速率,腐蚀电流密度,腐蚀坑深度,自腐蚀电位 vs. SCE等)	文献出处
				格尔木,盐潮卤水	浸泡12个月		腐蚀速率5μm/a	[88]
				格尔木,盐潮卤水	浸泡24个月		腐蚀速率4.48μm/a	
				武汉,淡水(长江)	浸泡24个月		腐蚀速率3.57μm/a	
				郑州,淡水(黄河)	浸泡24个月		腐蚀速率2.9μm/a	
QSn6.5-0.1		硬态	抗拉强度562MPa,延伸率23.3%	我国青岛,舟山,厦门,榆林四个海洋腐蚀试验站的海水	腐蚀试验站暴露,暴露周期分别为1a,2a,4a,8a,16a	均匀腐蚀	铜合金在含沙含山海水中的冲刷腐蚀敏感性强。暴露初期(1~2a时)铜合金在潮差区的平均点蚀深度小于全浸区,但在暴露后期(4~8a时)铜合金在潮差区的平均点蚀深度高于全浸区	
QSn6.5-0.1 锡青铜	Sn6.0~7.0,P0.10~0.25,杂质≤0.1,Cu余量				实海挂片的样品投放深度分别为800m和1200m(温度5~6℃,溶解氧含量2.47~3.2mg/L,pH7.4~8,盐度3.44%~3.45%,压力8MPa)(温度3~4℃,溶解氧含量2.66~3.57mg/L,pH7.4~8,盐度3.45%~3.46%,压力12MPa),时间为3年。暴露实验结束后,酸洗去除表面腐蚀产物,用SEM观察表面腐蚀形貌,采用EDS以及XRD分析腐蚀产物组成	均匀腐蚀	腐蚀速率为0.004~0.007mm/a。QSn6.5-0.1锡青铜的腐蚀产物可明显分辨为两层,内层腐蚀产物松散并呈黄色且外层为青绿色的腐蚀产物。锡青铜在800m环境下生成的外层腐蚀产物的剥落比在1200m下的严重	[62]

牌号/材料	化学成分/%	加工/热处理状态	力学性能	腐蚀介质（溶液,pH值,温度,海水来源）	实验方法（静态/动态,流速,实验时长,测试方法）	腐蚀形式	腐蚀程度（年腐蚀速率,腐蚀电流密度,腐蚀坑深度,自腐蚀电位 vs. SCE 等）	文献出处
UNS95700 B.S.CMA1	Cu75.6,Mn10.8,Al7.8,Fe3.6,Ni2.2	从螺旋桨叶片上取得		3.5%NaCl溶液	空蚀,振幅100μm6h		平均空蚀深度 0.187μm	[30]
UNS95700, B.S.CMA1	Mn10.8,Al7.8,Fe3.6,Ni2.2,Cu75.6	取自螺旋桨叶片		3.5%NaCl溶液	空蚀,振幅100μm,12h;静态浸泡14d,失重,极化曲线,线性极化	空蚀	空蚀速率 2.284g/(cm²·h) 腐蚀速率 5.1×10^{-6}g/(cm²·h) 静态自腐蚀电位−372mV,电流密度 9.52×10^{-6}A/cm² 空蚀条件下腐蚀电流密度 56×10^{-6}A/cm²	[32]
UNS C63000	Al9.95, Ni4.52, Fe2.67,Mn0.84,Si0.04, Sn0.03,Zn0.02,Cu81.93			除气、未搅拌的 1.0mol/L HCl 溶液,加入不同浓度($5\times10^{-5}\sim80\times10^{-5}$mol/L)的 4-氨基-5-苯基-4H-1,2,4-三唑-3-巯醇(APTT),温度30℃	电化学测试,失重测试	均匀腐蚀	腐蚀速率 4.392g/(m²·d) (0.213mm/a),不同APTT浓度下腐蚀速率见备注表格、APTT能吸附在镍铝青铜表面,对其起到保护作用。随着APTT浓度增加,缓蚀效率增加	[36]
UNS C95800	Al9.18,Ni4.49,Fe4.06,Mn1.03,Cu余量	铸态	屈服强度(282±2)MPa;抗拉强度(649±29)MPa;延伸率(18±6.6)%;硬度(HV)175	3.5%NaCl溶液	静态浸泡1h后极化曲线,EIS,静态浸泡382h,失重	均匀腐蚀	自腐蚀电位:−235mV,腐蚀电流密度 3×10^{-6}A/cm² 失重速率约20mg/(m²·h)	[35]
UNS C95800	Al9.18,Ni4.49,Fe4.06,Mn1.03,Cu余量	铸态		3.5%NaCl溶液	空蚀,振幅60μm,16h长期浸泡约80d,EIS	空蚀,均匀腐蚀	平均空蚀失重速率:1.74mg/(cm²·h),16h后载面有深达200μm的空蚀坑。搅拌摩擦处理有助于提高铸态镍铝青铜的耐空蚀性能	[7]

续表

牌号/材料	化学成分/%	加工/热处理状态	力学性能	腐蚀介质（溶液,pH值,温度,海水来源）	实验方法（静态/动态、流速,实验时长,测试方法）	腐蚀形式	腐蚀程度（年腐蚀速率,腐蚀电流密度,腐蚀坑深度,自腐蚀电位 vs. SCE 等）	文献出处
	Al9.18,Ni4.49,Fe4.06,Mn1.03,余量 Cu	铸态	屈服强度(282±2)MPa;抗拉强度(649±29)MPa;延伸率(18±6.6)%;硬度(HV)175	3.5%NaCl 溶液	长期浸泡失重测试,形貌观察,腐蚀产物膜表征(XRD,EPMA)	均匀腐蚀	浸泡2个月后腐蚀坑深度在片层状共析体处高达7μm,失重为1.5mg/cm²;搅拌擦拭处理以后的镍铝青铜腐蚀深度在β'相处高达2μm,失重为0.78mg/cm²	[68]
				近中性与酸性(pH=2)的3.5%NaCl 溶液	短期浸泡形貌观察(SEM),表面伏打电位测试(SKPFM 测试)	相选择性腐蚀	近中性 3.5%NaCl 溶液中,α相未溶解,α基体与片层状共析体中α优先溶解。酸性 3.5%NaCl 溶液中,κ相优先发生溶解,溶解先后顺序为κⅡ,κⅣ最先溶解,α相在浸泡6h时间内未见腐蚀	[17]
UNS C95800	Al 9.4, Ni 4.0, Fe 3.5, Mn 1.3,Cu余量	1000℃ 固溶 5h,五种不同后续热处理		天然海水	6 个月浸泡（试样尺寸 6mm×25mm×76mm),失重测试及形貌观察	相选择性腐蚀	所有热处理状态下腐蚀速率范围 5.6～12.2μm/a,平均为 7.9μm/a。腐蚀坑深度范围 0.01～0.23mm,腐蚀坑平均深度范围 0.01～0.15mm,最大腐蚀深度范围 0.02～0.62mm	[89]
	Al 8.1, Ni 4.4, Fe 3.7, Mn 1.2,Cu余量						镍铝青铜 Al 含量低于 UNS C95800 所要求的最低含量(8.5%),腐蚀性能相对较差。腐蚀坑深度范围 0.01～0.03mm,平均腐蚀坑深度 0.02mm,最大腐蚀孔深度范围 0.33～0.79mm	[89]

续表

牌号/材料	化学成分/%	加工/热处理状态	力学性能	腐蚀介质（溶液、pH值、温度、海水来源）	实验方法（静态/动态、流速、实验时长、测试方法）	腐蚀形式	腐蚀程度（年腐蚀速率、腐蚀电流密度、腐蚀抗深度、自腐蚀电位 vs. SCE 等）	文献出处
UNSC95800BS AB2 镍铝青铜	Mn1.3,Al9.0,Fe4.2,Ni4.3,Cu81.2	从螺旋桨叶片上取得		3.5%NaCl溶液	空蚀,振幅100μm6h		平均空蚀深度 0.06μm	[30]
UNS C95800 商用	Al9.22,Ni4.81,Fe4.34,Mn1.11,余量 Cu	铸态		含 3% 沙子（直径 250~300μm）的 3.5% NaCl溶液,沙粒冲击动能为 0.45μJ,冲击角度相对于样品表面为 30°,60°,90°	形貌观察（SEM）,失重测量	冲刷腐蚀	冲击角度为 30°、60°、90°,失重率分别为 24.4mg/(cm²·h),17.4mg/(cm²·h),9.2mg/(cm²·h)。在含 3% 沙的蒸馏水中,冲击角度为 90°时失重度为 13.2mg/(cm²·h)	[54]
ZCCu3 板材	Al8.56, Fe4.84, Ni4.49,Mn1.40,Cu79.53	铸态、焊态(TIG 进行堆焊,充填材料与母材种类相同,堆焊电流为 350A,电压为 17V,保护气体为氩气)		3.5%NaCl溶液	振幅为 60μm,空蚀,极化曲线测量	空泡腐蚀	空蚀 2.5h,铸态以及焊态失重速率约为 7.56mg/(cm²·h),6mg/(cm²·h);焊态的自腐蚀电位较铸态正移约 150mV;利用 TIG 堆焊同种材料修复镍铝青铜螺旋桨,补焊处的寿命应该不短于基材	[46]
ZCuAl10Fe3		铸态		3.5%NaCl溶液	将 25mm×20mm×5mm 试样全浸 168h,测试失重。SEM 观察腐蚀形貌以及腐蚀产物。极化曲线测量	脱铝腐蚀	失重法测试腐蚀速率 0.0278g/(m²·h),腐蚀产物颗粒较大且分布不均匀。极化曲线测得自腐蚀电位以及电流曲线测得自腐蚀电位为 −287mV、6.76μA	[67]
ZCuSn10Zn2FeCo 锡青铜		离心铸造	抗拉强度 400~450MPa	在 3.5% NaCl 中浸泡,周期 90d		均匀腐蚀	腐蚀速率:0.0254mm/a	[75]
ZCuSn10Zn 锡青铜			抗拉强度 210~240MPa	在 3.5% NaCl 中浸泡,周期 90d		均匀腐蚀	腐蚀速率 0.0228mm/a	

续表

牌号/材料	化学成分/%	加工/热处理状态	力学性能	腐蚀介质(溶液,pH值,温度,海水来源)	实验方法(静态/动态,流速,实验时长,测试方法)	腐蚀形式	腐蚀程度(年腐蚀速率,腐蚀电流密度,腐蚀坑深度,自腐蚀电位 vs. SCE等)	文献出处
ZCuSn3Zn8Pb6Ni1FeCo	Sn2.38, Zn8.41, Pb4.13, Ni1.42, Fe1.41, Co0.50, Cu余量	离心铸造, 850~900℃下保温1.0~3.0h后水淬固溶处理, 随后在时效处理温度(450℃, 500℃, 550℃, 600℃)下分别保温4h		3.5%NaCl溶液	浸泡96d, 测试失重, 用SEM、EDS、XRD分析表面腐蚀产物	均匀腐蚀	铸态、固溶态、450℃时效4h, 500℃时效4h, 550℃时效4h, 600℃时效4h的腐蚀速率分别是0.0036mm/a, 0.0031mm/a, 0.0034mm/a, 0.0038mm/a, 0.0037mm/a, 0.0038mm/a	[81]
ZHMn-55-3-1	Mn3.62, Al<0.6, Fe1.32, Zn38.6, Cu余量		硬度(HB) 128	蒸馏水/2.4%NaCl溶液	空蚀, 振幅60μm	空泡腐蚀	6h失重达79.7mg/cm²	[76]
ZQ10-6-7-3	Al6.6, Mn10.07, Fe2.96, Zn6.84, Sn0.35, Cu71.79	铸态		3.5%NaCl+1.1%MgCl$_2$+10×10^{-6}NH$_4^+$+1×10^{-6}S^{2-}, pH=6, 工业污染海水	采用小试样, 低应力的高周疲劳力学裂纹扩展试验, 重点测定裂纹扩展速率da/dN, 并通过da/dN来估算疲劳裂纹扩展寿命	腐蚀疲劳	裂纹扩展速率为$da/dN=2.15×10^{-14}(\Delta K)^{5.0}$, $a/w=0.29$时裂纹扩展断裂的寿命为1.87×10^{7}周, 裂纹失稳点$a_c=10.5$mm, 所对应的$\Delta K=154.2$kg/mm$^{3/2}$	[45]
ZQAl12-8-2	Al7.81, Mn12.7, Fe2.88, Ni1.61, Cu74.49	铸态	抗拉强度72.6kgf/mm², 屈服强度36.5kgf/mm², 延伸率20%, 断裂韧性17.6%	3.5%NaCl+1.1%MgCl$_2$+10×10^{-6}NH$_4^+$+1×10^{-6}S^{2-}, pH=6, 工业污染海水	采用小试样, 低应力的高周疲劳力学裂纹扩展试验, 重点测定裂纹扩展速率da/dN, 并通过da/dN来估算疲劳裂纹扩展寿命	腐蚀疲劳	裂纹扩展速率为$da/dN=2.18×10^{-10}(\Delta K)^{6.2}$, $a/w=0.29$时裂纹扩展断裂的寿命为3.71×10^{7}周, 裂纹失稳点$a_c=11.5$mm, 所对应的$\Delta\kappa=205.5$kg/mm$^{3/2}$	[45]

续表

牌号/材料	化学成分/%	加工/热处理状态	力学性能	腐蚀介质（溶液、pH值、温度、海水来源）	实验方法（静态、动态、流速、实验时长、测试方法）	腐蚀形式	腐蚀程度（年腐蚀速率、腐蚀电流密度、腐蚀坑深度、自腐蚀电位 vs. SCE等）	文献出处
ZQAl12-8-3-2	Mn12.72,Al7.2,Fe2.95,Ni2.18,Zn0.28,Cu余量	铸态板材		带有硫酸盐还原菌(SRB)的海水腐蚀环境	带有硫酸盐还原菌(SRB)的海水腐蚀环境浸泡，通过SEM、AFM观察表面形貌，用XRD探测腐蚀产物	均匀腐蚀	组织内β相以及κ相相对与α相是阴极，发生溶解，在培养基中的选择性腐蚀比3.5%NaCl溶液中更为严重，脱铝腐蚀是以选择性溶解方式进行的。SRB不容易在表面吸附形成微生物膜，主要是SRB的代谢产物对该合金造成腐蚀。代谢产生的S^{2-}与有机酸破坏铜合金表面的氧化膜，生成以CuS为主的腐蚀产物膜	[84]
ZQAl12-8-3-2		铸态	抗拉强度72kgf/mm²,屈服强度30～35kgf/mm²,延伸率23%,断裂韧性17.6%,HB 183,冷弯角23°	浸泡失重实验：人造海水（3% NaCl，1% H_2O_2）,浸泡47d,测试失重 空泡实验：磁致伸缩空泡试验机，频率为17kHz,振幅为55.60μm,水温25℃,介质为蒸馏水,时间120min,试样尺寸为φ20mm 腐蚀疲劳实验：室温下试验采用两支点旋转弯曲腐蚀疲劳试验机,转速为2800r/min,试样为φ9.8mm,介质为海水		均匀腐蚀，空泡腐蚀，腐蚀疲劳	人造海水中浸泡后失重为0.405g/(m²·昼夜)。空蚀失重为8.4mg。10⁸循环次数下腐蚀疲劳强度为12kgf/mm²	[103]
ZQAl13-7-4-3-1	Mn 12.5, Al 6.8, Zn 4.0, Fe 3.0, Sn 0.6, Cu余量	铸态	抗拉强度72kgf/mm²,屈服强度30～35kgf/mm²,延伸率23%,断裂韧性17.6%,HB 183,冷弯角23°	浸泡失重实验：人造海水（3% NaCl，1% H_2O_2）,浸泡47d,测试失重 空泡实验：磁致伸缩空泡试验机，频率为17kHz,振幅为55.60μm,水温25℃,介质为蒸馏水,时间120min,试样尺寸为φ20mm 腐蚀疲劳实验：室温下试验采用两支点旋转弯曲腐蚀疲劳试验机,转速为2800r/min,试样为φ9.8mm,介质为海水		均匀腐蚀，空泡腐蚀，腐蚀疲劳	人造海水中浸泡后失重为0.432g/(m²·昼夜)。空蚀失重为9.4mg。10⁸循环次数下腐蚀疲劳强度为11.8kgf/mm²	[103]

续表

牌号/材料	化学成分/%	加工/热处理状态	力学性能	腐蚀介质（溶液、pH值、温度、海水来源）	实验方法（静态/动态、流速、实验时长、测试方法）	腐蚀形式	腐蚀程度（年腐蚀速率、腐蚀电流密度、腐蚀坑深度、自腐蚀电位 vs. SCE等）	文献出处
ZQAl9-2	Al 8~10, Mn1.5~2.5, 杂质 2.8, Cu 余量	板材		青岛太平角地区的天然海水	将试样在海水中全浸，海水用量为 36mL/cm²，恒温 25℃，每星期更换海水一次，试验时间为 1 个月左右，酸洗 (5%稀硫酸) 除去腐蚀产物，测试失重。使用电极电位差计测定稳定电极电位	均匀腐蚀	腐蚀速率 0.422g/(m²·d) (总浸泡时间 16d)；平均腐蚀速率 (厚度指标) 0.0203mm/a。电极电位: -0.2979V	[105]
ZQAl9-4-4-2	Al8.48, Ni4.56, Fe4.52, Mn2.41, Cu 余量	铸态		蒸馏水/2.4% NaCl 溶液	空蚀，振幅 60μm	空泡腐蚀	空蚀 6h 后，2.5%NaCl 溶液中失重速率达 4.34mg/(cm²·h)，蒸馏水中达 3.19mg/(cm²·h)。静态和空蚀状态下腐蚀电流密度分别为 18μA/cm²，161μA/cm²，空蚀使自腐蚀电位正移了 16mV。2.4%NaCl 溶液的空蚀过程中，在腐蚀与空蚀的交互作用中，力学因素占了较大比重，纯空蚀失重占总空蚀失重的 57.3%。在空蚀作用下，微裂纹在 α/κ 相界处开裂，裂纹扩展并使 κ 相剥离基体。裂纹易于横向扩展，纵向扩展受阻，试样表面均匀脱落，未出现大的海绵状的空蚀坑。较高的加工硬化能力是镍铝青铜良好的耐空蚀性能的原因	[42]

续表

牌号/材料	化学成分/%	加工/热处理状态	力学性能	腐蚀介质(溶液、pH值、温度、海水来源)	实验方法(静态/动态、流速、实验时长、测试方法)	腐蚀形式	腐蚀程度(年腐蚀速率、腐蚀电流密度、腐蚀坑深度、自腐蚀电位 vs. SCE 等)	文献出处
ZQAl9-4	Fe 2~4, Al 8~10, 杂质 2.7, Cu 余量	板材		青岛太平角地区的天然海水	将试样在海水中全浸,海水用量为 36mL/cm²,每星期更换海水一次,试验时间为 1 个月左右,酸洗(5%稀硫酸)除去腐蚀产物,测定失重。使用电极差计测定稳定电极电位	均匀腐蚀	腐蚀速率 0.407g/(m²·d)(总浸泡时间 30d);平均腐蚀速率(厚度指标)0.0198mm/a。电极电位:-0.2308V	[105]
ZQMn12-8-3-2 高锰铝青铜	Mn12.75, Al2.2, Fe2.95, Ni2.18, Zn<0.3, Cu余量		硬度(HB)158	蒸馏水/2.4%NaCl 溶液	空蚀,振幅 60μm	空泡腐蚀	6h 失重达 26mg/cm²	[76]
高锰铝青铜(微合金化的铸态)	Mn11.81, Al7.01, Fe3.31, Ni1.76, S0.029, Ti0.045, B0.0095, Cu74.44	铸态	硬度(HV)为 215.1	3.5%NaCl 溶液	20℃,浸泡 168h 后取出试样,用 1:1 盐酸水溶液除去腐蚀产物,根据失重法计算腐蚀速率;极化曲线测量;摩擦磨损性能试验	均匀腐蚀	失重结果:腐蚀速率为 0.0236mm/a;自腐蚀电位和电流为 -0.566V,3.12×10⁻⁶A/cm²;磨损试验显示表面划痕宽度较窄,且划痕犁沟较浅,沟痕比较平滑	[71]
高锰铝青铜(未进行微合金化的铸态)	Mn12.05, Al7.08, Fe3.23, Ni2.04, Cu75.42	铸态	硬度(HV)为 169.65	3.5%NaCl 溶液	20℃,浸泡 168h 后取出试样,用 1:1 盐水溶液除去腐蚀产物,根据失重法计算腐蚀速率;极化曲线测量;摩擦磨损性能试验	均匀腐蚀	失重结果:腐蚀速率为 0.0247mm/a;自腐蚀电位和电流为 -1.0763V,36.6×10⁻⁶A/cm²;磨损试验显示表面划痕宽度较宽,较宽且划痕比较粗糙,塑性变形更为明显	[71]

续表

牌号/材料	化学成分/%	加工/热处理状态	力学性能	腐蚀介质（溶液,pH值,温度,海水来源）	实验方法（静态/动态,流速,实验时长,测试方法）	腐蚀形式	腐蚀程度（年腐蚀速率,腐蚀电流密度,腐蚀坑深度,自腐蚀电位 vs. SCE 等）	文献出处
硅青铜					在静止以及一定流速的海水中浸泡		静止海水中腐蚀速率 $25\sim50\mu m/a$	[77]
	Al10.78, Fe3.12, Mn1.34, Cu84.20, 余0.56	铸态铝青铜在 CS-IIB 型六面顶压机上进行高压处理,施加压力为 4GPa,加热温度为 760℃,保温 15min 后断电保压冷却至室温		3.5%NaCl溶液	浸入室温 3.5% NaCl 溶液中进行浸泡实验,浸泡时间为 480h,用 HCl：H_2O ＝1：1 溶液去除试品上的腐蚀产物后测试失重;极化曲线	均匀腐蚀	高压压力处理能细化铝青铜组织,4GPa 压力处理前后铝青铜的腐蚀速率分别为 $2.25\times10^{-5}mg/(mm^2\cdot h)$,$2.57\times10^{-5}mg/(mm^2\cdot h)$	[70]
铝青铜	Al6.11, As0.03, Fe0.019, Pb0.002, Cu93.8	用于生产硫酸钠的热交换器管		含不同氯离子浓度的 0.5mol/L Na_2SO_4 溶液(pH＝7)	电化学测试	均匀腐蚀	在含 0.15mol/L 左右 NaCl 的 0.5mol/L Na_2SO_4 溶液中,自腐蚀电位为 $-234mV$(vs. NHE),自腐蚀电流密度最小,为 $13\mu A/cm^2$,当在实际工况下产生少量的 Cl^-(<0.15mol/L),会因为少量 Cl^- 产生 CuCl 膜,降低腐蚀速率。Cl^- 含量增加时,会因为产生可溶性 $CuCl_2^-$ 含量,随 Cl^- 含量增加腐蚀电流密度,随含量升高在 0.5mol/L Na_2SO_4＋0.1mol/L NaCl 溶液中,随着温度升高,增加且 $\lg i_{corr}$ 与 1/T 之间的关系符合 Arrhenius 方程,表面腐蚀产物膜由外层较厚疏松、内层较薄致密的双层膜组成	[83]

续表

牌号/材料	化学成分/%	加工/热处理状态	力学性能	腐蚀介质（溶液、pH 值、温度、海水来源）	实验方法（静态/动态、流速、实验时长、测试方法）	腐蚀形式	腐蚀程度（年腐蚀速率、腐蚀电流密度、腐蚀坑深度、自腐蚀电位 vs. SCE 等）	文献出处
铝青铜	Al 6~8,Fe 1.5~3,Sn 0.15~0.35, Cu 余量			阿拉伯湾的海水	电化学测试	电偶腐蚀	23℃,开路电位为-270mV,含 Mo 钢 17-14-4 LN 的开路电位为 105 mV,当 17-14-4 LN(阴极)与铝青铜(阳极)耦合,阴阳极面积比为(4.4~6):1,1:1 以及 1:2.8 时,电偶电压分别为 -265mV, -262mV, -265mV;当阴阳面积比为 6:1,3.38:1,1.02:1 以及 0.36:1 时,铝青铜腐蚀速率分别为 0.0207mm/a,0.0124mm/a,0.0032mm/a,0.0013mm/a	[99]
	Al 7.0, Fe 0.04, Ni 0.01, Si 0.04, Mg 0.006; Cu 余量			3.4% NaCl 溶液	在 3.4% NaCl 溶液中浸泡不同时间,测试失重随时间以及腐蚀产物膜随时间变化曲线(试样大小 2cm×5cm×0.1cm)。SEM 观察表面以及截面腐蚀形貌。用 XRD、XPS/AES 研究腐蚀产物膜成分。循环伏安曲线测量(扫描速度 20mV/min)	均匀腐蚀	在刚开始两周内,失重随时间几乎是线性增加的,之后增速减慢。最后几天几乎不变。腐蚀产物膜随时间在生长,两周内生长速度较快,之后生长趋于缓慢。浸泡 15d 以后,从截面观察到有宽且深的蚀坑出现,随着浸泡时间延长,表面由于增加的蚀坑变得非常粗糙。XRD 显示,Cu(111)晶面优先发生腐蚀。Cu_2O、Al_2O_3 在浸泡短期内已形成,随着浸泡时间的延长,Cu(OH)Cl 产生。在 +400mV(NHE)下极化 4h,腐蚀产物膜中出现了 CuCl,而在 +100mV(NHE)下极化未发现[自腐蚀电位 +40mV(NHE)]	[11]

续表

牌号/材料	化学成分/%	加工/热处理状态	力学性能	腐蚀介质（溶液，pH值，温度，海水来源）	实验方法（静态/动态，流速，实验时长，测试方法）	腐蚀形式	腐蚀程度（年腐蚀速率，腐蚀电流密度，腐蚀坑深度，自腐蚀电位 vs. SCE 等）	文献出处
铝青铜	Al 7, Fe 0.04, Ni 0.01, Si 0.04, Mg 0.0006, Cu 余量			酸性 4% NaCl 溶液，pH值为 1.8~2.0	失重测试，电化学测量	均匀腐蚀	无添加任何缓蚀剂，温度为 60℃时，失重速率是 4.15mg/(cm²·h)；随着温度升高，腐蚀速率增加。失重曲线显示初期失重随着浸泡时间增加而较慢，随后失重随着浸泡时间同呈线性增加。60℃时，BTA 在添加浓度超过 600×10^{-6} 时表现出较高的缓蚀效率；硫脲延长了失重缓慢增长阶段；BTA 和 TU 降低了阳极极化电流，碘离子和 BTA 以及 TU 共同作用明显降低腐蚀电流密度	[98]
		反射炉熔炼，然后浇注成吉尔试块		人造海水	将试样吊着浸入 5000mL 的人造海水中，腐蚀 40d，测量试样的腐蚀失重	均匀腐蚀	1~6#合金每昼夜腐蚀失重分别为：0.445g/m²，0.405g/m²，0.415g/m²，0.410g/m²，0.438g/m²，0.435g/m²	[97]
							静止海水中腐蚀速度 25~50μm/a。在流速为 0~1m/s 时，腐蚀速度较低，流速为 6~15m/s 时，表现为耐蚀	[77]
α-铝青铜	Al7.0, Ni0.01, Fe0.04, Si0.04, Mg0.006, Cu余量			硫污染的充气的 3.5%NaCl 溶液，添加或不添加 5-甲基苯并三氮唑(MBT)	电化学测试	均匀腐蚀	3.5%NaCl 溶液中自腐蚀电位为 −320mV，自腐蚀电流密度为 4.70×10^{-6}A/cm²，3.5% NaCl+2×10^{-6}Na₂S 后自腐蚀电流电位为 −411mV，自腐蚀电流密度为 6.47×10^{-6} A/cm²	[68]

续表

牌号/材料	化学成分/%	加工/热处理状态	力学性能	腐蚀介质（溶液，pH值，温度，海水来源）	实验方法（静态/动态，流速，实验时长，测试方法）	腐蚀形式	腐蚀程度（年腐蚀速率，腐蚀电流密度，腐蚀坑深度，自腐蚀电位 vs. SCE 等）	文献出处
锰镍铝青铜	Al 7.9, Ni 2.1, Fe 3.3, Mn 12(14.3), Cu 余量.	铸态以及热处理态（正火：900℃ 2h，以 10℃/h 速率冷却到 230℃，以及正火冷，以及在 690℃下退火 2h 并水冷）		3.5%NaCl 溶液	疲劳试验，形貌观察	腐蚀疲劳	12%Mn 和 14%Mn 的锰镍铝青铜在 3.5%NaCl 溶液中当裂纹生长速率较高时发生了加速疲劳开裂，裂纹起始于 α 晶粒；当裂纹生长速率较低时，腐蚀产物诱发的裂纹闭合效应使得裂纹扩展受抑制。腐蚀疲劳机理与宏观裂纹的 α-β 界面的解聚有关。由于粗糙度诱发的裂纹闭合效应，疲劳阈值随 β 晶粒度增大而增加。扩展裂纹不易贯穿 β 晶粒	[102]
锰青铜					在静止以及一定流速的海水中浸泡		静止海水中腐蚀速率 25~50μm/a。在流速为 0~1m/s 时，表现为脱锌腐蚀，流速为 6~15m/s 时，表现为前蚀	[77]
	Al10.1, Fe4.01, Ni3.78, Mn0.3, Si0.16, Cu81.6	铸态		蒸馏水	超声振动空蚀试验机，振动频率 20.1kHz，振幅 19μm，时间 7.5h，测试失重随空蚀时间的变化曲线，用 SEM 以及激光共聚焦显微镜观察表面形貌	空泡腐蚀	空蚀失重率为（20±7）μg/min，空蚀 410min 后，表面空蚀坑深度达 20μm	[33]
镍铝青铜	Al9.14, Ni4.75, Fe3.1, Mn0.75（焊料成分：Al8.5~9.5, Ni4~5.5, Fe3~5, Mn0.6~3.5, Zn0.1, Si0.1, Pb0.02, 其余 0.5）	铸态及焊接态（GTAW 焊接参数：焊接电流及电压分别是 220A 和 22V）		3.5%NaCl 溶液	电化学测试	均匀腐蚀	铸态初期自腐蚀电位、电流分别为 −258mV、$2\times10^{-5}\mu A/cm^2$，浸泡 72h 后为 −298mV、$9\times10^{-6}\mu A/cm^2$；焊态初期自腐蚀电位、电流分别为 −285mV、$2.1\times10^{-5}\mu A/cm^2$，浸泡 72h 后，分别为 −343mV、$7\times10^{-6}\mu A/cm^2$；采用焊补不会加重在海水环境中的腐蚀程度	[47]

续表

牌号/材料	化学成分/%	加工/热处理状态	力学性能	腐蚀介质(溶液,pH值,温度,海水来源)	实验方法(静态/动态,流速,实验时长,测试方法)	腐蚀形式	腐蚀程度(年腐蚀速率,腐蚀电流密度,腐蚀深度,自腐蚀电位 vs. SCE等)	文献出处
	Al9.14,Ni5.01,Fe3.91,Mn1.98,Cu余量	铸态	铸态镍铝青铜的腐蚀疲劳强度为90MPa,HVOF镍铝青铜涂层的腐蚀疲劳强度为140MPa	3.5%NaCl溶液	极化曲线,恒电位极化(80d),静态/截面分析(FESEM),腐蚀产物分析(EDS,XRD)	均匀腐蚀,腐蚀疲劳	自腐蚀电位−350mV 恒电位极化电流 1×10⁻⁶A/cm² 浸泡后增重 4.8mg/cm²	[27]
镍铝青铜	Al 9.41,Ni 4.77,Fe 4.32,Mn 2.60,Zn 0.013,Sn<0.02,Si<0.03,Cu余量	铸态		洁净模拟海水,和含硫化物(1×10⁻⁶)的模拟海水,氧含量控制在 6.5×10⁻⁶,pH=8;除氧海水中氧含量控制在 0.2×10⁻⁶	电化学测试,氧化膜分析(AES)	均匀腐蚀	极化曲线显示,无污染海水自腐蚀电流密度为 0.1A/m²,在含硫海水中,自腐蚀电流密度为 5A/m²。在无污染海水中自腐蚀电流密度稳定为 0.001A/m² 后放进含硫的海水中,电位立刻负移 200mV,电流密度最高增大到 0.8A/m²,后稳定在 0.02A/m²;新鲜试样在无污染的海水中短时间后回到原速无明显改变,腐蚀电流速无明显改变,腐蚀电流密度增加到 1.5A/m² 且随流速增加而明显增加。硫化物的添加增加了镍铝青铜的腐蚀速率是由于其改变了表面产生的腐蚀产物的结构,产物膜比较疏松且包含大量的 CuS,其加快了氧还原反应的电荷转移过程。因此腐蚀过程受阴极过程控制,对流速变化非常敏感	[26]
				模拟海水和 3.5%NaCl溶液,常温实验氧含量控制在 6.5×10⁻⁶,40℃实验时氧含量控制在 3.8×10⁻⁶			常温下腐蚀电流密度为 0.002A/m²,40℃时为 0.005A/m²	[20]

续表

牌号/材料	化学成分/%	加工/热处理状态	力学性能	腐蚀介质（溶液、pH值、温度、海水来源）	实验方法（静态/动态、流速，实验时长、测试方法）	腐蚀形式	腐蚀程度（年腐蚀速率、腐蚀电流密度、腐蚀抗深度、自腐蚀电位 vs. SCE等）	文献出处
	Al9.63, Ni4.17, Fe4.05, Mn1.15, Cu余量	热轧	抗拉强度761MPa；延伸率22.7%；硬度(HB)185	3.5%NaCl溶液	失重测试，形貌观察	相选择性腐蚀	失重速率为0.029g/(m²·h)	[80]
		退火（750℃ 1h,炉冷）	抗拉强度697MPa；延伸率29.7%；硬度(HB)179				失重速率为0.02407g/(m²·h)	
		淬火（900℃ 1h,水冷）	抗拉强度968MPa；延伸率8.6%；硬度(HB)236				失重速率为0.03886g/(m²·h)	
镍铝青铜	Cu80, Al9, Fe4.9, Ni4.9和Mn1.2	铸态		阿拉伯海湾自然海水,pH 8.0	空蚀实验：超声振动空蚀试验机，振动频率20kHz,试样与变幅杆25μm,试样与变幅杆下端0.125cm,实验温度(25±1)℃。静态浸泡实验：在海水中静态浸泡48h。SEM观察空蚀以及腐蚀形貌	空泡腐蚀	空蚀40h后，表面很粗糙，且分布很多空蚀坑,发现了空蚀破坏形式除相界破坏外还有韧性撕裂。空蚀58h后相界面形貌显示在空蚀坑的底部发射出5～10μm长的微裂纹,在α相与κ相或者κ相之间的界面处优先相衍生以及扩展,在连续的空蚀作用下脱落。静态浸泡发现α相在α/κ界面上优先发生腐蚀。在无κ相析出的区域α相并没有被腐蚀。选择相腐蚀以及空蚀造成的机械破坏是裂裂纹产生的原因	[90]

续表

牌号/材料	化学成分/%	加工/热处理状态	力学性能	腐蚀介质（溶液，pH值，温度，海水来源）	实验方法（静态/动态，流速，实验时长，测试方法）	腐蚀形式	腐蚀程度（年腐蚀速率，腐蚀电流密度，腐蚀坑深度，自腐蚀电位 vs. SCE 等）	文献出处
镍铝青铜	搅拌头材料：Al10.2，Fe4.6，Ni3.77，Mn0.27，Si0.17，Cu余量	表面摩擦处理态		海水	静态浸泡	均匀腐蚀	腐蚀速率 0.015mm/a	[21]
				蒸馏水	超声振动空蚀试验机，振动频率20.1kHz，振幅19μm，时间7.5h，测试失重随时间的变化曲线，用SEM以及激光共聚焦显微镜观察表面形貌	空泡腐蚀	空蚀失重率为（11±6）μg/min，空蚀410min后，表面空蚀蚀坑深度达9μm。表面空蚀坑分布较均匀	[33]
					在静止以及一定流速的海水中浸泡		在流速为0~1m/s时，最大可能腐蚀速度达到50μm/a，流速为6~15m/s时，最大可能腐蚀速度为250μm/a，流速在35~45m/s时，最大可能腐蚀速度为750μm/a以上。	[77]
		铸态		新鲜未经过滤的海水	喷射	冲刷腐蚀	流速/腐蚀速率：7.6 m/s / 0.5~2.0mm/a；30.5 m/s / 0.76mm/a	[22]
青铜	Al8.66，Ni8.97，Fe4.2，Cu78.26			3%NaCl（以及添加不同缓蚀剂）溶液，20℃	失重测量，电化学测试，形貌观察	均匀腐蚀	3%NaCl中自腐蚀电流密度为 3.5×10^{-4} A/cm²，自腐蚀电位为－194mV，失重速率为0.35mg/(cm²·d)。4种芳香噻唑啉化合物（P4，YA1，YA2和YA3）均能作为有效的缓蚀剂，缓蚀效率与缓蚀剂的物化性质有关，YA2的缓蚀效率高达97%，随着温度升高，缓蚀剂的缓蚀效率没有明显改变，噻唑啉的加入提高了活化能。它们通过在材料表面化学吸附形成了保护膜	[79]

续表

牌号/材料	化学成分/%	加工/热处理状态	力学性能	腐蚀介质(溶液,pH值,温度,海水来源)	实验方法(静态/动态、流速、实验时长、测试方法)	腐蚀形式	腐蚀程度(年腐蚀速率、腐蚀电流密度、腐蚀坑深度、自腐蚀电位 vs. SCE 等)	文献出处
青铜	Sn 9.7,Cu 余量		杨氏模量7304 N/mm²;屈服强度(0.2%YS)510 N/mm²;拉伸强度 539 N/mm²;硬度(HRB)73	3.5% NaCl 溶液	空蚀,振幅 30μm,4h,极化曲线	空蚀	在 3.5% NaCl 溶液内自腐蚀电位为−260mV,自腐蚀电流密度为 1×10^{-6} A/cm²,平均空蚀延展速率为 0.2μm/h,平均腐蚀速率为 1.31×10^{-3} μm/h	[95]
锡锌青铜		铸态			在静止以及一定流速的海水中浸泡		在流速为 0~1m/s 时,腐蚀速度低,流速为 6~15m/s 时,最大可能腐蚀速度为 250μm/a,流速在 35~45m/s 时,最大可能腐蚀速度为 1000μm/h	[77]
研制镍铝青铜	Ni8.01,Al3.83,Fe4.59,Mn1.49,Cr2.02,Cu余量	铸态　铸态　铸态		青岛海域天然海水	将泵阀阀体和管道材料试样(国产 B30,B10,紫铜 TP2,德国产 B10)组成电偶腐蚀的电偶对,放入盛有 5000mL 天然海水的烧杯中,试验温度为室温,试验周期为 20d,监测试样重量,尺寸以及腐蚀电位	电偶腐蚀	研制合金与目前推广使用的 B10 管系合金(国产 B30,B10)电偶偶合时,电偶腐蚀速率为 0.0092mm/a,约是现用泵阀材料锡青铜和硅铜黄铜与 B10 偶合时的电偶腐蚀速率(0.0892mm/a 和 0.0937mm/a)的 1/10;与 B30,TP2 偶合时,电偶电流均快速下降,趋于稳定值,接近 0	[86]

参考文献

[1] Callcut V A. Aluminum bronze for industrial use. Metals and Materials, 1989, 5 (3): 128-132.

[2] 徐建林, 王智平. 铝青铜合金的研究与应用进展. 有色金属, 2004, 56 (4): 51-55.

[3] 张化龙. 国内外镍铝青铜螺旋桨材料在舰船上的应用. 机械工程材料, 1996, 20 (1): 33-47.

[4] 张丝雨. 最新金属材料牌号、性能、用途及中外牌号对照速用速查实用手册. 香港: 中国科技文化出版社, 2005.

[5] Culpan E A, Rose G. Microstructural Characterization of Cast Nickel Aluminum Bronze. Journal of Materials Science, 1978, 13 (8): 1647-1657.

[6] Jahanafrooz A, Hasan F, Lorimer G W, et al. Microstructural development in complex nickel-aluminium bronzes. Metallurgical Transactions a-Physical Metallurgy and Materials Science, 1983, 14 (10): 1951-1956.

[7] Song Q N, Zheng Y G, Jiang S L, et al. Comparison of Corrosion and Cavitation Erosion Behaviors Between the As-Cast and Friction-Stir-Processed Nickel Aluminum Bronze. Corrosion, 2013, 69 (11): 1111-1121.

[8] 洛阳铜加工厂中心试验室金相组. 铜及铜合金金相图谱. 北京: 冶金工业出版社, 1983.

[9] 孙瑜, 封勇. 铍青铜热处理工艺研究. 机电元件, 2002, 22 (3): 33-36.

[10] 吕临峰. 铍青铜腐蚀防护. 材料保护, 1992, 25 (10): 34-37.

[11] Ateya B G, Ashour E A, Sayed S M. Corrosion of α-Al Bronze in Saline Water. Journal of The Electrochemical Society, 1994, 141 (1): 71-78.

[12] 朱小龙, 李仁顺, 吴忍研, 等. α相铝青铜在 NaCl 溶液中的初期腐蚀机理. 中国有色金属学报, 1992, 2 (1): 60-62.

[13] Lorimer G W, Hasan F, Iqbal J, et al. The Morphology, Crystallography, and Chemistry of Phases in As-Cast Nickel-Aluminum Bronze. Metallurgical Transactions A, 1982, 13A: 1337-1345.

[14] Culpan E A, Rose Corrosion G. Behavior of Cast Nickel Aluminum Bronze in Sea-Water. British Corrosion Journal, 1979, 14 (3). 160-166.

[15] Wharton J A, Barik R C, Kear G, et al. The corrosion of nickel-aluminium bronze in seawater. Corrosion Science, 2005, 47 (12): 3336-3367.

[16] Neodo S, Carugo D, Wharton J A, et al. Electrochemical behaviour of nickel-aluminium bronze in chloride media: Influence of pH and benzotriazole. Journal of Electroanalytical Chemistry, 2013, 695: 38-46.

[17] Song Q N, Zheng Y G, Ni D R, et al. Studies of the nobility of phases using scanning Kelvin probe microscopy and its relationship to corrosion behaviour of Ni - Al bronze in chloride media. Corrosion Science, 2015, 92: 95-103.

[18] Song Q N, Zheng Y G, Ni D R, et al. Characterization of the Corrosion Product Films Formed on the As-cast and Friction-stir Processed Ni - Al Bronze in a 3.5 wt% NaCl Solution. Corrosion, 2015, 71 (4): 606-614.

[19] Wharton J A, Stokes K R. The influence of nickel-aluminium bronze microstructure and crevice solution on the initiation of crevice corrosion. Electrochimica Acta, 2008, 53 (5): 2463-2473.

[20] Schussler A, Exner H E. The Corrosion of Nickel-Aluminum Bronzes in Seawater. 1. Protective Layer Formation and the Passivation Mechanism. Corrosion Science, 1993, 34 (11): 1793-1802.

[21] Tuthill A H. Guidelines for the use of copper alloys in seawater. Materials Performance, 1987, 26 (9): 12-22.

[22] Ault J P. Erosion Corrosion of Nickel - aluminium Bronze in Flowing Seawater. Houston, Texas: NACE International, 1995.

[23] North R F, Pryor M J. Influence of Corrosion Product Structure on Corrosion Rate of Cu-Ni Alloys. Corrosion Science, 1970, 10 (5): 297-311.

[24] Popplewell J M, Hart R J, Ford J A. The effect of iron on the corrosion characteristics of 90-10 cupro nickel in quiescent 3.4%NaCl solution. Corrosion Science, 1973, 13 (4): 295-309.

[25] Milošev I, Metikoš-Huković M. The behaviour of Cu-xNi (x = 10 to 40 wt%) alloys in alkaline solutions containing chloride ions. Electrochimica Acta, 1997, 42 (10): 1537-1548.

[26] Schussler A, Exner H E. The Corrosion of Nickel-Aluminum Bronzes in Seawater. 2. The Corrosion Mechanism in the Presence of Sulfide Pollution. Corrosion Science, 1993, 34 (11): 1803-1815.

[27] Park K S, Kim S. Corrosion and Corrosion Fatigue Characteristics of Cast NAB Coated with NAB by HVOF Thermal Spray. Journal of the Electrochemical Society, 2011, 158 (10): C335-C340.

[28] Barik R C, Wharton J A, Wood R J K, et al. Erosion and erosion-corrosion performance of cast and thermally sprayed

nickel-aluminium bronze. Wear，2005，259（1-6）：230-242.

[29] Tang C H，Cheng F T，Man H C. Effect of laser surface melting on the corrosion and cavitation erosion behaviors of a manganese-nickel-aluminium bronze. Materials Science and Engineering a-Structural Materials Properties Microstructure and Processing，2004，373（1-2）：195-203.

[30] Tang C H，Cheng F T，Man H C. Improvement in cavitation erosion resistance of a copper-based propeller alloy by laser surface melting. Surface & Coatings Technology，2004，182（2-3）：300-307.

[31] Tang C H，Cheng F T，Man H C. Laser surface alloying of a marine propeller bronze using aluminium powder Part Ⅰ：Microstructural analysis and cavitation erosion study. Surface & Coatings Technology，2006，200（8）：2602-2609.

[32] Tang C H，Cheng F T，Man H C. Laser surface alloying of a marine propeller bronze using aluminium powder Part Ⅱ：Corrosion and erosion-corrosion synergism. Surface & Coatings Technology，2006，200（8）：2594-2601.

[33] Hanke S，Fischer A，Beyer M，et al. Cavitation erosion of NiAl-bronze layers generated by friction surfacing. Wear，2011，273（1）：32-37.

[34] Oh-Ishi K，McNelley T R. Microstructural modification of As-cast NiAl bronze by friction stir processing. Metallurgical and Materials Transactions a-Physical Metallurgy and Materials Science，2004，35A（9）：2951-2961.

[35] Ni D R，Xiao B L，Ma Z Y，et al. Corrosion properties of friction-stir processed cast NiAl bronze. Corrosion Science，2010，52（5）：1610-1617.

[36] Musa A Y，Khadom A A，Kadhum A A H，et al. The role of 4-amino-5-phenyl-4H-1，2，4-triazole-3-thiol in the inhibition of nickel-aluminum bronze alloy corrosion：electrochemical and DFT studies. Research on Chemical Intermediates，2012，38（1）：91-103.

[37] Karimi A，Martin J L. Cavitation erosion of materials. International Metals Reviews，1986，31（1）：1-26.

[38] Neppiras E A. Acoustic cavitation. Physics Reports，1980，61（3）：159-251.

[39] 黄晓艳，刘波. 舰船用结构材料的现状与发展. 船舶，2004（3）：21-24.

[40] 张智强，郭泽亮，雷竹芳. 铜合金在舰船上的应用. 材料开发与应用，2006，21（5）：43-46.

[41] 王吉会，邓友. QA19-4 铝青铜在 3.5%NaCl 溶液中的空蚀行为. 兵器材料科学与工程，2008，31（2）：5-9.

[42] 于宏，郑玉贵，姚治铭，等. ZQAl9-4-4-2 镍铝青铜在 2.4%NaCl 溶液中的空蚀行为. 腐蚀科学与防护技术，2007，19（3）：181-185.

[43] Yu H，Zheng Y G，Yao Z M. Cavitation Erosion Corrosion Behaviour of Manganese-nickel-aluminum Bronze in Comparison with Manganese-brass. Journal of Materials Science & Technology，2009，25（6）：758-766.

[44] van Bennekom A，Berndt F，Rassool M N. Pump impeller failures — a compendium of case studies. Engineering Failure Analysis，2001，8（2）：145-156.

[45] 李庆春，李基华，鲍锡祥. 船用螺旋桨铜合金的腐蚀疲劳性能. 机械工程材料，1984，3：19-25.

[46] 李小亚，闫永贵，马力，等. 焊态镍铝青铜的空蚀腐蚀性能. 上海交通大学学报，2004，38（9）：1464-1467.

[47] Sabbaghzadeh B，Parvizi R，Davoodi A，et al. Corrosion evaluation of multi-pass welded nickel – aluminum bronze alloy in 3.5% sodium chloride solution：A restorative application of gas tungsten arc welding process. Materials & Design，2014，58（6）：346-356.

[48] Ni D R，Xue P，Ma Z Y. Effect of Multiple-Pass Friction Stir Processing Overlapping on Microstructure and Mechanical Properties of As-Cast NiAl Bronze. Metallurgical and Materials Transactions a-Physical Metallurgy and Materials Science，2011，42A（8）：2125-2135.

[49] Ni D R，Xue P，Wang D，et al. Inhomogeneous microstructure and mechanical properties of friction stir processed NiAl bronze. Materials Science and Engineering a-Structural Materials Properties Microstructure and Processing，2009，524（1-2）：119-128.

[50] Oh-Ishi K，McNelley T R. The influence of friction stir processing parameters on microstructure of as-cast NiAl bronze. Metallurgical and Materials Transactions a-Physical Metallurgy and Materials Science，2005，36A（6）：1575-1585.

[51] Thomas W M，Needham J C，Murch M G，et al. G B. 9125978.8.1991.

[52] Mishra R S，Ma Z Y. Friction stir welding and processing. Materials Science and Engineering R，2005（50）：1-78.

[53] Ma Z Y. Friction stir processing technology：A review. Metallurgical and Materials Transactions a-Physical Metallurgy and Materials Science，2008，39A（3）：642-658.

[54] Lotfollahi M，Shamanian M，Saatchi A. Effect of friction stir processing on erosion – corrosion behavior of nickel-aluminum bronze. Materials & Design，2014，62（10）：282-287.

[55] El Meleigy A E，El Warraky A A. Electrochemical and spectroscopic investigation of synergistic effects in corrosion inhi-

bition of aluminium bronze - Part 2 - In acidified 4 wt-%NaCl solution. Corrosion Engineering Science and Technology, 2003, 38 (3): 218-222.

[56] Nakhaie D, Davoodi A, Imani A. The role of constituent phases on corrosion initiation of NiAl bronze in acidic media studied by SEM-EDS, AFM and SKPFM. Corrosion Science, 2014, 80: 104-110.

[57] Chen R P, Liang Z Q, Zhang W W, et al. Effect of heat treatment on microstructure and properties of hot-extruded nickel-aluminum bronze. Transactions of Nonferrous Metals Society of China, 2007, 17 (6): 1254-1258.

[58] 黄桂桥, 尤建涛, 郁春娟. 铜及其合金在青岛海域的腐蚀和污损. 材料保护, 1997, 30 (2): 7-9.

[59] 黄桂桥. 铜合金在海洋飞溅区的腐蚀. 中国腐蚀与防护学报, 2005, 25 (2): 65-69.

[60] 刘大扬, 魏开金, 李文军, 等. 铜合金在海水中暴露4年的腐蚀行为. 材料开发与应用, 1993, 8 (6): 9-21.

[61] 李文军, 刘大扬, 魏开金. 在南海海域铜合金8年腐蚀行为研究. 腐蚀科学与防护技术, 1995, 7 (3): 232-236.

[62] 孙飞龙, 李晓刚, 卢琳, 等. 铜合金在中国南海深海环境下的腐蚀行为研究. 金属学报, 2013, 49 (10): 1211-1218.

[63] 金威贤, 谢荫寒, 朱洪兴. 铜及铜合金在泥沙海水中的腐蚀研究. 材料开发与应用, 2001, 16 (2): 13-20.

[64] Drach A, Tsukrov I, DeCew J, et al. Field studies of corrosion behaviour of copper alloys in natural seawater. Corrosion Science, 2013, 76 (10): 453-464.

[65] Robbiola L, Tran T T M, Dubot P, et al. Characterisation of anodic layers on Cu-10Sn bronze (RDE) in aerated NaCl solution. Corrosion Science, 2008, 50 (8): 2205-2215.

[66] Stella J, Gerke L, Pohl M. Study of cavitation erosion and adhesive wear in CuSnNi alloys produced by different casting processes. Wear, 2013, 303 (1 - 2): 541-545.

[67] 严高闯, 戴安伦, 牛文明, 等. 新型高铝青铜合金Cu-12Al-X的腐蚀行为. 特种铸造及有色合金, 2014, 34 (3): 416-420.

[68] Nazeer A A, Ashour E A, Allam N K. Potential of 5-methyl 1-H benzotriazole to suppress the dissolution of alpha-aluminum bronze in sulfide-polluted salt water. Materials Chemistry and Physics, 2014, 144 (1-2): 55-65.

[69] Koul M, Gaies J. An Environmentally Assisted Cracking Evaluation of UNS C64200 (Al - Si - Bronze) and UNS C63200 (Ni - Al - Bronze). Journal of Failure Analysis and Prevention, 2013, 13 (1): 8-19.

[70] 刘辉, 张连勇, 姜地华. 高压处理对铝青铜在NaCl溶液中耐腐蚀性能的影响. 热加工工艺, 2013, 42 (16): 80-81.

[71] 楚满军, 徐晓静, 陈树东, 等. 锶钛硼复合微合金化铸态高锰铝青铜的组织与性能. 有色金属工程, 2013, 3 (6): 15-18.

[72] 尹兵, 刘涛, 董丽华, 等. Cu-15Ni-8Sn合金在海水中的耐腐蚀性研究. 腐蚀与防护, 2012, 33 (10): 849-852.

[73] 黄海友, 聂铭君, 栾燕燕, 等. 连续柱状晶组织Cu-12%Al合金在3.5%NaCl和10%HCl溶液中的腐蚀行为. 中国有色金属学报, 2012, 22 (9): 2469-2476.

[74] 田志定, 武兴伟. 舰船海水管系电偶腐蚀及其防护措施. 船舶, 2012, 23 (5): 52-56.

[75] 冯在强, 王自东, 王强松, 等. ZCuSn10Zn2Fe Co合金在3.5%NaCl溶液中的腐蚀行为研究. 铸造, 2011, 60 (2): 180-183.

[76] 董立峰. ZQMn12-8-3-2高锰铝青铜在2.4%NaCl溶液中的空蚀行为. 腐蚀科学与防护技术, 2011, 23 (6): 485-489.

[77] 宗明珍, 肖海忠. 船舶海水管系腐蚀的原因以及防腐蚀措施. 船舶设计通讯, 2011 (3): 44-49.

[78] 徐建林, 龙大伟, 高威, 等. 铝青铜表面激光熔覆层在3.5%NaCl溶液中的腐蚀行为. 兰州理工大学学报, 2010, 36 (3): 6-9.

[79] Saoudi N, Bellaouchou A, Guenbour A, et al. Aromatic quinoxaline as corrosion inhibitor for bronze in aqueous chloride solution. Bulletin of Materials Science, 2010, 33 (3): 313-318.

[80] Zhang D T, Chen R P, Zhang W W, et al. Effect of microstructure on the mechanical and corrosion behaviors of a hot-extruded nickel aluminum bronze. Acta Metallurgica Sinica-English Letters, 2010, 23 (2): 113-120.

[81] 王强松, 王自东, 范明, 等. 热处理对ZCuSn3Zn8Pb6Ni1FeCo在3.5%NaCl溶液中腐蚀行为的影响. 铸造, 2009, 58 (10): 1045-1049.

[82] 路阳, 李振, 李文生, 等. 微量元素Fe对高铝铜合金腐蚀行为的影响. 材料热处理技术, 2008, 37 (10): 33-36.

[83] Badawy W A, El-Sherif R M, Shehata H. Electrochemical behavior of aluminum bronze in sulfate-chloride media. Journal of Applied Electrochemistry, 2007, 37 (10): 1099-1106.

[84] 林晶, 闫永贵, 陈光章. 高锰铝青铜的微生物腐蚀行为研究. 稀有金属材料与工程, 2007, 36 (suppl. 3): 551-554.

[85] 路阳, 袁利华, 李文生, 等. 高铝青铜Cu-14%Al-X合金在35%NaCl溶液中的腐蚀性能. 机械工程学报, 2005, 41 (9): 42-45.

[86] 郭泽亮, 李文军, 王洪仁. 新型镍铝青铜的电偶腐蚀行为研究. 材料保护, 2005, 38 (1): 5-8.

[87] Fonlupt S, Bayle B, Delafosse D, et al. Role of second phases in the stress corrosion cracking of a nickel - aluminium bronze in saline water. Corrosion Science, 2005, 47 (11): 2792-2806.

[88]　赵月红，林乐耘，崔大为. 铜及铜合金在我国实海海域暴露 16 年局部腐蚀规律. 腐蚀科学与防护技术，2003，15（5）：266-271.

[89]　Harold T Michels, Robert M Kain. Effect of composition and microstructure on the seawater corrosion resistance of nickel-aluminum bronze. NACE, 2003：03262.

[90]　Al-Hashem A, Riad W. The role of microstructure of nickel-aluminium-bronze alloy on its cavitation corrosion behavior in natural seawater. Materials Characterization, 2002, 48（1）：37-41.

[91]　Ashour E A. Effect of sulfide on the stress corrosion behaviour of a copper-aluminium alloy in saline water. Journal of Materials Science, 2001, 36（1）：201-205.

[92]　韩忠，赵晖，林海潮. QAl9-2 合金脱铝腐蚀的 TEM 研究. 中国有色金属学报，2001，11（3）：428-432.

[93]　金威贤，谢荫寒，靳裕康，等. 海水中泥沙对铜及铜合金腐蚀的影响. 材料保护，2001，34（1）：22-23.

[94]　王晓华，林乐耘，赵月红，等. 流动和污染海水诱发并加速铜合金成分腐蚀的研究. 稀有金属，2001，25（1）：9-13.

[95]　Kwok C T, Cheng F T, Man H C. Synergistic effect of cavitation erosion and corrosion of various engineering alloys in 3.5% NaCl solution. Materials Science and Engineering：A, 2000, 290（1-2）：145-154.

[96]　韩忠，江伟明，林海潮，等. 海水管路系统中铝青铜腐蚀行为的研究. 中国腐蚀与防护学报，2000，20（3）：188-192.

[97]　纪胜如，陈慧敏，陈菁. 高强度铝青铜合金化的研究. 湖北工学院学报，1998，13（2）：57-59.

[98]　ElWarraky A A, ElDahan H A. Corrosion inhibition of Al-bronze in acidified 4% NaCl solution. Journal of Materials Science, 1997, 32（14）：3693-3700.

[99]　AlHossani H I, Saber T M H, Mohammed R A, et al. Galvanic corrosion of copper-base alloys in contact with molybdenum-containing stainless steels in Arabian Gulf water. Desalination, 1997, 109（1）：25-37.

[100]　王吉会，姜晓霞，李诗卓. 加硼铝青铜的组织和性能. 金属学报，1996，32（10）：1039-1043.

[101]　Mansfeld F, Liu G, Xiao H, et al. The corrosion behavior of copper alloys, stainless steels and titanium in seawater. Corrosion Science, 1994, 36（12）：2063-2095.

[102]　Dickson J I, Handfield L, Lalonde S, et al. Corrosion-fatigue crack propagation behavior of Mn-Ni-Al bronze propeller alloys. Journal of Materials Engineering, 1988, 10（1）：45-56.

[103]　赵九夷，黄克竹，苗万英，等. 大型舰船螺旋桨用新材料（无镍高锰铝青铜）研究. 试验研究，1984（2）：20-25.

[104]　Culpan E A, Foley A G. The Detection of Selective Phase Corrosion in Cast Nickel Aluminum Bronze by Acoustic-Emission Techniques. Journal of Materials Science, 1982, 17（4）：953-964.

[105]　顾全英，康兴伦，张经磊，等. 几种金属在海水中腐蚀性能测定. 海洋湖沼通报，1980（1）：53-58.

第5章

白铜在海水中的腐蚀行为和数据

早在 20 世纪就有人预言,海洋是 21 世纪世界经济和科技竞争的重地,也是人类实现可持续发展的资源和能源宝库。海洋占地球表面积约 71%,蕴藏着极其丰富的石油、天然气、矿物、生物等资源,随着陆上资源日趋短缺,海洋开发已成为世界经济持续发展的战略共识,也是世界军事和经济竞争的重要领域。我国也从国家战略高度提出了要"科学规划海洋经济发展,合理开发利用海洋资源,积极发展海洋油气、海洋运输、海洋渔业、滨海旅游等产业,培育壮大海洋生物医药、海水综合利用、海洋工程装备制造等新兴产业"的战略要求。从 2006 年到 2010 年的"十一五"期间,我国主要海洋产业的年均增长率达 12.1%。其中,海洋船舶工业、海洋石油和天然气业、海洋矿业、海洋电力和海水淡化利用的年均增长率分别是 25.4%、14.3%、50.7%、44.8%、24.1%[1]。基于我国经济的快速发展和对海洋主权的持续重视,海洋船舶、海洋石油和天然气业、海水淡化利用等海洋产业必将在国民经济和国防建设中占据越来越重要的地位。其中海洋装备的研发与制造能力发挥着举足轻重的作用[2]。工艺技术和先进材料的研究是推动海洋装备制造能力的基础力量。

海水管路系统作为船舶、海上采油平台、滨海电厂和海水淡化工厂等海洋装备和工程设施的重要工作单元,承担着换热、冷却、消防等重要功能。海水管路系统一般由泵、阀门、管线和热交换器等金属部件组成,由于长期输运海水作为冷却介质,海水管路系统用材料必然面临着海水腐蚀的严峻挑战,因此,海水管路系统用材料要具备良好的耐海水腐蚀性,另外还要具备抗海洋生物污损、耐泥沙冲蚀、良好的延展性和焊接性及适宜的强度和韧性等。随着先进金属材料的发展,海水管路系统选材也经历了一个发展演变的过程,从早期使用的海军黄铜、铝黄铜、不锈钢,到目前广泛使用的具有优良耐海水腐蚀性和抗污损性能的铜-镍合金[3]。铜-镍合金俗称白铜,是以铜为基体,以镍和少量的铁、锰为合金元素的单相面心立方无限固溶体合金体系,因其良好的耐海水腐蚀性能和优良的冷、热加工工艺性能而成为目前海水管路系统用材料的主力军,广泛应用于船舶主、辅机的冷却水管路、海上采油平台的消防水管路、滨海电厂的热交换器以及海水淡化多级闪蒸装置的盐水加热器[4~6]。

海水管路系统选材经历了一个发展演变的过程,从早期使用的海军黄铜、铝黄铜、不锈钢,到目前广泛使用的具有优良耐海水腐蚀性和抗污损性能的铜镍合金[3](见图5-1)。铜镍合金管目前主要用于火力发电机组、核电、舰船、海水淡化和海洋工程这 5个行业。

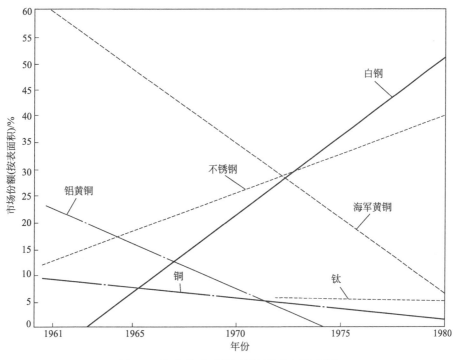

图 5-1　海水管路系统用材料的发展演变[3]

5.1　白铜在海水中的腐蚀行为

5.1.1　铜-镍合金的成分、组织与热处理

　　铜-镍合金，国内俗称白铜，是以铜为基体，以镍和少量的铁、锰等为合金元素的单相面心立方无限固溶体合金体系。铜和镍的原子半径和点阵常数都十分相近，所以它们的二元相图非常简单，如图 5-2 所示。铜和镍在任何温度下都是无限固溶的，这就保证铜-镍合金在经历热循环的过程中不会发生相转变，从而降低了焊接过程对力学性能和腐蚀性能的影响。同时，单相面心立方组织结构使得铜-镍合金具备良好的延展性、冲击强度和热稳定性。少量铁和锰等合金元素的加入是为了获得更优异的性能。由于镍在铜中的扩散速度较慢，所以熔融合金中的浓度梯度会使得铜-镍合金的铸态组织中存在偏析现象，如图 5-3（a）所示。因此，为了使铜-镍合金在使用过程中其表面上能形成均一的保护性氧化膜，需通过热加工或者冷变形配合后续的再结晶退火，来消除铜-镍合金的偏析组织。一般铜-镍合金部件的内部组织，都是经过塑性变形后的再结晶组织。由于铜-镍合金的层错能很低，所以在冷加工后的再结晶过程中极易发生层错，形成孪晶。海水管路系统用铜-镍合金部件的典型组织就是含有大量孪晶的 α 相等轴晶组织，如图 5-3（b）所示。热处理是铜-镍合金部件加工过程中不可缺少的环节，在对铜-镍合金进行热处理的时候，美国腐蚀工程师协会（NACE）推荐的渗透时间是 3～5min/mm，推荐的再结晶退火和去应力退火温度如表 5-1 所示。在铜-镍合金部件出厂之前，一般还要经过光亮退火，即在保护气氛中进行的表面无氧化和不脱碳退火工艺，退火后铜-镍合金表面有不可见的氧化膜，保护金属光泽。

表 5-1　美国腐蚀工程师协会（NACE）推荐的 B10 和 B30 铜-镍合金的热处理温度

牌号	再结晶退火温度/℃	去应力退火温度/℃
B10	750～825	250～500
B30	650～850	300～400

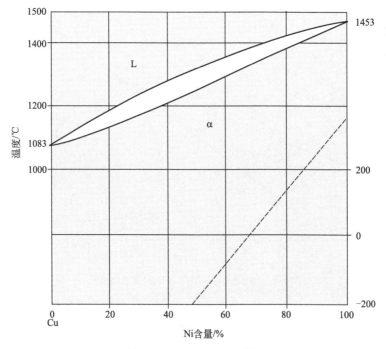

图 5-2　Cu-Ni 二元相图[5]

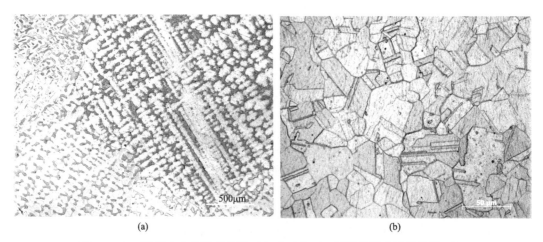

(a)　　　　　　　　　　　　　　　　(b)

图 5-3　B10 铜-镍合金的铸态组织（a）和冷加工、再结晶退火后的组织（b）

5.1.2　铜-镍合金的牌号

　　铜-镍合金大家族应用最广的领域是海水管路系统，包括热交换器和凝汽器等，其次，在铸币、丝网造纸等领域也有应用。在海水管路领域应用最广的有两个牌号，即镍含量分别是10％和30％的 B10 和 B30，对应于 ASTM 标准中的 UNS C70600 和 UNS C71500。一般认为，

B30 铜-镍合金由于镍含量高，所以具备更优异的耐高流速海水的冲刷腐蚀性能和更高的强度，但是，更具经济性、应用更广泛的还是镍含量较低（10％）的 B10 铜-镍合金。与国内的 B30 合金对应的还有一个牌号，即 UNS C71640，它是一种经改进的、含有 2％的铁和 2％的锰、镍含量为 30％的铜-镍合金，商品化的 C71640 合金型材只有管材，主要应用于海水淡化工厂的多级闪蒸装置中，用于制造要求具备耐高速冲刷腐蚀性能的换热系统。20 世纪 70 年代，海军高速舰船和海底潜艇的发展对部分铜-镍合金部件的耐高速海水冲刷腐蚀性能提出了更高的要求，这就促进了一种新的变形铜-镍合金的产生，即 C72200，其镍含量为 16％，并含有 0.5％的铬[7]。研究结果表明，C71640 的临界流速高于 C71500，但是低于 C72200 的临界流速[8]。C71640 和 C72200 的耐冲刷腐蚀性能分别高于 C71500 和 C70600，这四种合金的耐沙粒磨损性能的顺序是 C71640＞C72200＞C71500＞C70600。目前 C70600 合金仍是凝汽器和热交换器材料的主力军，但是在高流速、湍流、含沙等恶劣条件下，凝汽器和热交换器的选材就要考虑 C71640、C71500 和 C72200[9]。这四种铜-镍合金的名义成分见表 5-2[9,10]。

表 5-2 四种铜-镍合金的名义成分（质量分数,％）[9,10]

中国牌号	美国牌号	Ni	Fe	Mn	Cr	Cu
B10	C70600	9.0～11	1.0～1.8	1.0 最大值		余量
B30	C71500	29.0～33.0	0.4～1.0	1.0 最大值		余量
B30	C71640	29.0～32.0	1.7～2.3	1.5～2.5		余量
B16	C72200	15.0～18.0	0.5～1.0	1.0 最大值	0.3～0.7	余量

现代船舶和海水仪器设备所用铜材除要求有好的耐海水腐蚀性能外，还应具有高的强度。"高强度铜-镍合金"的诞生，是基于 Al 在 Cu-Ni 二元合金体系中的沉淀时效硬化。这一现象早在 20 世纪 30 年代就被知晓，此后，在此 Cu-Ni-Al 体系的基础上开发出许多牌号的铜-镍合金。最早商业化的含铝铜-镍合金是 Cu-15Ni-3Al，即后来被命名为 UNS C72400 的铜-镍合金，它开发于 20 世纪 40 年代，是为了满足军舰建设对高强耐腐蚀合金的需要。Cu-Ni-Al 合金的基本强化机理是纳米尺度的沉淀相 Ni_3Al（γ'）的形成。后来，人们陆续发现，铁、锰、铌等合金元素的加入，能够加强 Ni_3Al 相对合金力学性能的提升效果。所以，相继出现了 Cu-Ni-Fe-Mn-Al 系、Cu-Ni-Fe-Mn-Al-Cr 系、Cu-Ni-Fe-Mn-Al-Cr-Nb 系的高强度铜-镍合金，具体合金牌号及名义成分见表 5-3。这些沉淀硬化的高强度铜-镍合金具有优异的"全能"耐腐蚀性，即对氢脆、海水冲刷腐蚀、应力腐蚀开裂、擦伤等都具有较好的免疫性，另外还具有弹性模量高、磁导率低、抗生物污损、易于机加工等优点[11]。

表 5-3 高强度铜-镍合金的各个牌号及其名义成分（质量分数,％）[11]

牌号	Ni	Fe	Mn	Al	Cr	Nb	Cu
UNS C72400	11.0～15.0	1.0 最大值	1.0 最大值	1.5～2.5			余量
DIN 2.1504	13.0～16.0	1.50 最大值	1.0 最大值	2.0～3.0			余量
UNS C72420	13.5～16.5	0.7～1.2	3.5～5.5	1.0～2.0	0.50 最大值		余量
DGS 229	9～11.5	3.5～6.0	11～15	1.4～2.8	0.50 最大值		余量
DOD-C-24676	13.5～16.5	0.7～1.2	3.5～5.5	1.0～2.0	0.50 最大值		余量
NES 835	13.5～16.5	0.7～1.2	3.5～5.5	1.0～2.0	0.50 最大值		余量
MARINEL 220	18.0～25.0	0.65～0.85	4.0～5.6	1.6～2.2	0.30～0.50	0.55～0.90	余量

正如前所述，尽管 B30 铜-镍合金（C71500 和 C71640）和高强度铜-镍合金（C72200、C72400 和 C72420 等）具备更高的强度和耐高速海水冲刷腐蚀的性能，但是，它们的应用范围还是受到了成本因素的限制，目前只是主要用于制造船舰、近海钻井平台等海洋装备的轴、紧固件、阀杆、凸缘等高强度部件。B10 铜-镍合金目前还是海水管路等海洋系统用铜-镍合金的主力军，因为它在成本和性能两方面具有综合优势。表 5-4 综合比较了国际几个通用标准中对海水管路用 B10 铜-镍合金的成分规定。

表 5-4　国际不同标准中 B10 铜-镍合金的成分规定（质量分数，%）[5]

标准	DIN/EN	ASTM	ISO	EEMUA	KME
名称	CuNi10Fe1Mn		CuNi10Fe1Mn		CuNi10Fe1.6Mn
牌号	2.0872/CW352H	UNS C70600		UNS 7060X	
Cu	余量	余量	余量	余量	余量
Ni	9.0～11.0	9.0～11.0	9.0～11.0	10.0～11.0	10.0～11.0
Fe	1.0～2.0	1.0～1.8	1.0～2.0	1.5～2.0	1.5～1.8
Mn	0.5～1.0	1.0	0.5～1.0	0.5～1.0	0.6～1.0
Sn	0.03		0.03		0.03
C	0.05	0.05	0.05	0.05	0.02
Pb	0.02	0.02	0.02	0.01	0.01
P	0.02	0.02	0.02	0.02	0.02
S	0.05	0.02	0.02	0.02	0.005
Zn	0.05	0.5	0.5	0.2	0.05
Co	0.1		0.05		0.1
杂质	0.2		0.1	0.3	0.02

5.1.3　铜-镍合金中各合金元素的作用

5.1.3.1　镍

如图 5-4 所示[12]，Cu-Ni 合金与纯铜的极化曲线主要差异在于阳极极化部分出现一个钝化区，随着 Ni 含量增加，钝化电流密度减小；当 Ni 含量达到 30% 时，合金的钝化电流密度与纯镍的钝化电流密度相近；Ni 含量为 30% 和 10% 时，钝化区间较宽。这是 B30 和 B10 两个牌号的铜-镍合金成分设计的基础。

关于镍对提高铜合金耐蚀性的主要作用，North 和 Pryor 认为[13]，这主要是镍元素作为掺杂剂掺杂到铜表面膜层中的结果，氧化亚铜是高缺陷的 P 型半导体，合金元素（Ni 元素很有效）可以通过占据氧化亚铜中的阳离子空位掺杂到有缺陷的 Cu_2O 点阵中去，从而降低膜层中的缺陷浓度，提高膜的耐蚀性。I. Milosev 等采用光电位法研究了在含氯离子弱碱性介质中 Cu-xNi（x=10%～40%，质量分数）镍含量的变化对合金耐蚀性的影响，发现在低氯离子浓度下镍含量的增加不利于耐蚀性的提高，而在高氯离子浓度下镍含量的增加却有利于耐蚀性的提高[14]。

5.1.3.2　铁

Fe 对 B10 合金的耐蚀性有重要影响，应用于海洋领域的铜-镍合金必须含有一定量的铁。

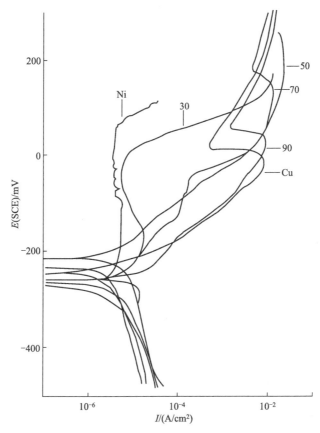

图 5-4　铜-镍合金及纯铜和纯镍在 NaCl 溶液中的极化曲线（溶液 pH 8.1，扫描速度 30 mV/s）[12]

铁可以提高铜-镍合金抗流动海水冲刷性能，还能提高合金的强度。事实上，铜-镍合金应被称为"铜-镍-铁"合金。从表 5-4 可以看出，国外一些标准对 B10 合金中的铁含量控制得比较严格，这是因为，一方面，适量的铁能显著提高合金的耐海水冲击腐蚀能力，另一方面，铁含量过高，则会形成沉淀相，使合金的抗局部腐蚀性能恶化。图 5-5 显示的是 B10 铜-镍合金在流动海水中的冲蚀深度随铁含量的变化[5,15]，可以看出，当铁含量在 1.5%～2.0% 时，合金具有最优的耐冲刷腐蚀性能。为了保证 B10 铜-镍合金产品的质量，避免富铁相的析出，一定要控制好 B10 合金件固溶退火的冷却速度。但 Fe 提高耐蚀性的机理尚不十分清楚，有人认为 Fe 能协同 Ni 掺杂到有缺陷的 Cu_2O 膜中[13]，有人认为 Fe 能影响 Ni 在腐蚀产物膜中的存在形式[16]，也有人认为 Fe 的作用是在腐蚀产物膜的表层形成一层 $\gamma\text{-FeO} \cdot OH$[17]。

5.1.3.3　锰

商品化的铜-镍合金都含有少量的锰，主要用途是除氧和除硫，另外，锰还能提高铜-镍合金的加工特性和抗冲刷腐蚀性能。单独添加锰对白铜耐冲刷腐蚀性能的作用不大，但合金中含有一定量铁时，随着锰量的增加，铜-镍合金耐冲刷腐蚀性能有所提高，特别是铁含量较低时，锰能弥补铁的作用。因此，铜-镍合金中总是含有一定量的铁和锰。

5.1.3.4　铝

"高强度铜-镍合金"的诞生，就是基于 Al 在 Cu-Ni 二元合金体系中的沉淀时效硬化，即纳米尺度的沉淀相 Ni_3Al（γ'）的形成。因此，各个牌号的"高强度铜-镍合金"中都含有一定量的铝（见表 5-3）。

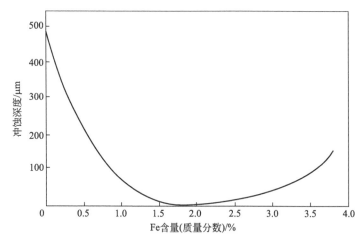

图 5-5 铁含量对 B10 合金在流动海水中冲蚀深度的影响（流速 3m/s，时长 30d）[5,15]

5.1.3.5 铬

"高强度铜-镍合金"中的铬作为缓蚀元素，可以取代部分铁的作用，当其含量达 1％或以上的时候，铬还能提高合金的强度。一种镍含量为 30％左右的铸造铜-镍合金（IN-768）中就含有少量的铬，另外，美国开发出的一种镍含量为 16％的变形铜-镍合金（C72200）也含有 0.5％左右的铬（见表 5-2）。

5.1.3.6 铌

铌等合金元素的加入可以影响细小的 Ni_3Al 相的晶体结构，从而加强 Ni_3Al 相对合金力学性能的提升效果。新一代 Cu-Ni-Fe-Mn-Al-Cr-Nb 系的高强度铜-镍合金 MARINEL 220（见表 5-3）和 MARINEL 230 就是基于这一机理研制出来的[11]。

5.1.3.7 硅

我国铜-镍合金领域的研究者尝试了向 B30 铜-镍合金中添加一定量的硅[18]。他们认为，硅在 B30 铜-镍合金中形成了有限固溶体，两者原子半径、晶型、弹性模量差别很大，点阵的弹性畸变程度很高，固溶强化效果很好。随着温度提高，硅的固溶度增大，并具有时效强化效果，其强化相为硅铜镍复杂化合物。硅的资源丰富，价格便宜。加入硅的 B30 合金具有良好的工艺性能，熔炼、铸造、热加工、冷加工等工艺同一般 B30 相同，硅是比较理想的添加强化元素。

5.1.3.8 杂质

商品化的铜-镍合金中可见的杂质元素有铅、硫、碳、铋、锑、磷等，这些杂质元素基本上不影响合金的耐蚀性能，但是会影响合金的热塑性，因而会使合金的焊接性和热加工性恶化。所以，如果 B10 铜-镍合金件需要焊接，那么这些杂质元素的含量上限一定要严格控制。

5.1.4 铜-镍合金的腐蚀形式

5.1.4.1 均匀腐蚀

铜-镍合金的腐蚀行为受氧气和其他氧化剂的控制。铜发生腐蚀反应，首先生成具有保护性的氧化亚铜，然后氧化亚铜又转变成 $CuCl_2 \cdot 3Cu(OH)_2$ 或者 $Cu_2(OH)_3Cl$，从而生成多层结构的腐蚀产物膜。铜-镍合金在海水中浸泡几天之后，其腐蚀速率就明显降低，有研究表明，

B10 铜-镍合金的长期腐蚀速率随浸泡时间延长持续降低，可低于 2.5 μm/a。然而，在温度为 15～17℃的条件下，铜-镍合金表面形成成熟的腐蚀产物膜，需要 2～3 个月。

5.1.4.2　生物污损

铜-镍合金具备良好的杀菌性能和抗生物结垢性能的原因，有两种观点，第一种观点认为，溶解的铜离子对海洋生物有毒杀作用，另一种观点认为铜合金表面的氧化亚铜膜具备抗污能力。目前较为普遍的观点认为，影响抗污能力的因素包括金属表面游离铜离子的抗污活性、铜离子含量、表面膜的性质与黏附程度等。随着在海水中的浸泡，铜-镍合金表面产生层状的腐蚀产物膜，靠近合金基体的是薄而致密的 Cu_2O 膜，表层是后续反应产生的疏松产物层，结合力较差。暴露时间的增加，使得铜合金表面形成的盐膜增厚，腐蚀速率下降，同时又屏蔽了氧化亚铜膜的作用，使抗污能力下降。这就使得海水中的一些微生物在流速较缓慢的条件下能够附着在腐蚀产物膜的表面，同时由于表层腐蚀产物结构疏松，结合力差，附着在上面的微生物膜会连同表层腐蚀产物层被周期性地剥离，暴露出内层的 Cu_2O 膜。这就造成铜-镍合金表面腐蚀产物膜的不均匀，增加点蚀发生的概率。

5.1.4.3　局部腐蚀

（1）点蚀　在洁净海水中，或者是在已通过消毒处理控制住了微生物的新陈代谢的海水中 B10 铜-镍合金管一般不会发生局部腐蚀。B10 合金本身所具有的抗生物污损性能使其不容易发生点蚀。但是，某些因素会促使白铜管的点蚀[19]，如管内有沉积物及疏松多孔沉积物附着在管壁上，造成沉积物下和溶液本体间金属离子或氧浓度有差异，形成腐蚀原电池而导致局部管壁腐蚀。此外，铜管内流动的冷却水中含有 Cl^- 和 S^{2-} 等侵蚀性离子也会破坏铜管原有的保护膜，促使点蚀发生。在含有硫化氢的污染海水中，点蚀通常以大而浅的蚀坑的形式发生。

（2）缝隙腐蚀　关于缝隙腐蚀导致的铜-镍合金的失效案例的信息还十分有限[15]。从理论上讲，B10 合金的缝隙腐蚀受离子浓度电池机理控制，缝隙中铜离子浓度的累积引起钝化，因此，如果发生了缝隙腐蚀，则发生腐蚀破坏的区域是邻近缝隙的暴露溶液本体的区域。

（3）垢下腐蚀　垢下腐蚀其实就是沉积物下的缝隙腐蚀。当流速低于 0.5～1.0 m/s 时，介质中的悬浮物就易于沉积。当合金表面有沉积物形成时，会形成闭塞电池，沉积物下由于缺氧，而成为腐蚀电池的阳极，而沉积物周围形成阴极。研究发现，温度在 37℃ 左右、pH 值为 7.2～7.6 时，最有利于硫酸盐还原菌（SRB）生长[20]。如果沉积物底下形成了适宜于硫酸盐还原菌生长的缺氧或无氧环境，而恰好管内海水含有 SO_4^{2-}，这种情况是十分危险的。在 SRB 作用下，SRB 将 SO_4^{2-} 还原成 H_2S，S^{2-} 与溶解下来的 Cu^+ 迅速结合生成 Cu_2S，这会使得平衡电位负移将近 600mV，明显促进了腐蚀速率的增加。因此，如果海水管路内的海水中含有许多悬浮物或者微生物，那么应该避免停滞状态。

5.1.4.4　冲刷腐蚀

与其他腐蚀类型相比，冲刷腐蚀是最重要的，导致管路腐蚀破损的频率最高，造成的腐蚀危害最大。冲刷腐蚀是一个涉及了流动介质对金属表面的机械冲击和介质与金属表面之间的电化学反应的综合过程。对于铜合金，一般认为，在临界流速以下，流速的提高并不会加速腐蚀。B10 铜-镍合金管的临界流速与管的内径有关，保守估计，B10 铜-镍合金管的临界流速是 3.5m/s。值得强调的是，在洁净海水中，在上述流速范围内，没有报道过 B10 铜-镍合金管的冲刷腐蚀失效案例。所报道出的冲刷腐蚀失效案例通常都与管路系统的设计缺陷有关。

冲刷腐蚀的机理与介质的流体动力学特征有关，随流速边界层和扩散边界层的厚度而变化。边界层厚度增加，则其中的浓度梯度和传质速度都降低。如果腐蚀过程受传质控制，那么管径增大将降低冲刷腐蚀速率，提高临界流速。Efird 估算[21]，在温度是 27℃ 的条件下，管径为 0.03m 和 3m 的 B10 铜-镍合金管的临界流速分别是 4.4 m/s 和 6 m/s。他计算所得的 B10 铜-镍合金管的临界剪切应力是 43.1 N/m²，当表面的剪切应力低于此值时，钝化膜可以形成。

但是，当管口附近有外来物附着时得特别注意，因为这些附着的突起物会引起节流现象，导致局部流速突然升高。因此，必须使用过滤器，阻止碎屑等杂物的进入，也要使用抗微生物剂，以防止生物结垢。

5.1.4.5 电偶腐蚀

电偶腐蚀液也是海水管系的一种腐蚀失效形式，不同材料之间腐蚀电位的差异、阴阳极面积比、极化行为差异以及海水流动等因素，对体系的电偶腐蚀都会有影响。在进行海水管系结构和选材设计的时候，就要考虑电偶腐蚀的问题。不锈钢在海水中的腐蚀电位随溶氧量、温度、生物膜等因素的变化范围很大，例如，不锈钢在含 $0.5\times10^{-6}\sim1.0\times10^{-6}$ 自由氯的海水中的腐蚀电位可达+800mV（SCE），在除气的海水中的腐蚀电位却低于−400mV（SCE）。但是，B10 铜-镍合金在海水中的腐蚀电位随外界条件的变化较小，如图 5-6 所示，B10 铜-镍合金在温度范围为 10～40℃的天然海水中，及流速范围是 3～15m/s 的海水中，以及在含 0.5×10^{-6} 自由氯、温度为 15℃的海水中，其腐蚀电位都处于 0～−300mV（SCE）的范围内。图 5-7 列出了多种商用合金在流动海水中的电偶序，可以看出，B10 处于中间位置，它比铝合金、碳钢的惰性更强，但是比不锈钢和钛合金的惰性低（B10 合金可以和锡及铝青铜耦合）。为了防止电偶腐蚀的发生，在为海水管路系统的各个连接部件选材的时候，应尽量选用同种或兼容的材料。但是，有时候也难以避免采用不同种金属材料，这时候，要采取相应的保护措施，避免 B10 合金管和铝合金、镍基合金、钛合金以及碳钢和不锈钢的电接触[5]。

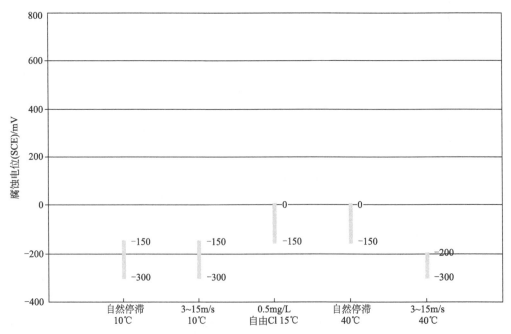

图 5-6　B10 合金在不同条件下的海水中的典型腐蚀电位

5.1.5　铜-镍合金在海水中的腐蚀机理

铜-镍合金在海水中的腐蚀机理，说简单也简单，说复杂也复杂。

之所以说简单，是因为从宏观上讲，铜-镍合金在海水中的腐蚀机理与纯铜和其他铜合金十分相似，因为它们的主体元素都是铜，其腐蚀机理可以通过 B10 铜-镍合金在充气和除气海

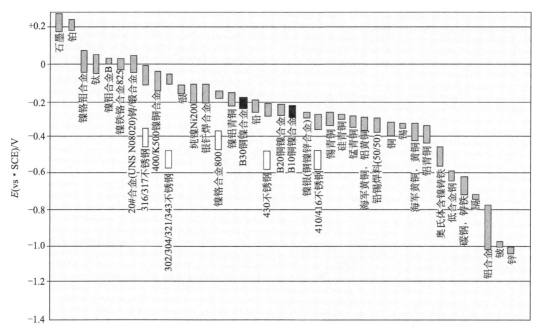

图 5-7　不同金属及合金在流速为 2.5~4.0 m/s、温度为 10~27℃ 的海水中的电偶序

水中腐蚀行为的 Evans 图[22]（图 5-8）进行解释。图中 AB 线表示铜-镍合金在充气海水中的阴极反应过程，主要以氧去极化剂的还原反应进行：

$$O_2 + 2H_2O + 4e^- \longrightarrow 4OH^- \tag{5-1}$$

图中 CD 线为铜-镍合金在充气海水中不发生钝化的阳极反应过程，图中 CT_1、CT_2、CT_3 线为铜-镍合金在充气海水中发生钝化的阳极反应过程。

当电位区间在 E_2 与 E_{Cu/Cu_2O} 之间时，此区域为活化区，B10 铜-镍合金以 Cu^+ 的形式溶解并与 Cl^- 进行络合，铜-镍合金在海水中发生的阳极反应如下：

$$Cu^+ + Cl^- \longrightarrow CuCl_{ads} + e^- \tag{5-2}$$

$$CuCl_{ads} + Cl^- \longrightarrow CuCl_2^- \tag{5-3}$$

当电位区间在 E_{Cu/Cu_2O} 与 $E_{Cu_2O/Cu_2(OH)_3Cl}$ 之间时，此区域为钝化区，溶解的 $CuCl_2^-$ 发生沉积反应，形成 Cu_2O 膜，Cu_2O 膜为保护性腐蚀产物膜，阻碍 Cl^- 向电极表面扩散，铜-镍合金在海水中发生的阳极反应如下：

$$2CuCl_2^- + H_2O \longrightarrow Cu_2O + 2H^+ + 4Cl^- \tag{5-4}$$

当电位区间大于 $E_{Cu_2O/Cu_2(OH)_3Cl}$ 时，Cu_2O 膜被氧化，生成疏松多孔且保护性较差的 $Cu_2(OH)_3Cl$ 膜，阳极极化电流密度迅速增加，铜-镍合金在海水中发生的阳极反应如下：

$$Cu_2O + Cl^- + 2H_2O + 1/2O_2 \longrightarrow Cu_2(OH)_3Cl + OH^- \tag{5-5}$$

因此，像多数铜合金一样，B10 铜-镍合金在充气海水中腐蚀产物膜具有双层腐蚀产物膜特征，内层膜为结构致密、有保护性的 Cu_2O 膜，外层膜为疏松多孔、无保护性的 $Cu_2(OH)_3Cl$ 膜[14,23~30]。一般认为，B10 铜-镍合金在海水中的耐蚀性主要归因于具有保护性的 Cu_2O 膜[14,23~37]。

图中 EF 线表示铜-镍合金在除气海水中的阴极反应过程，由于缺少氧去极化剂，阴极反应只能以析氢反应进行，因此 B10 铜-镍合金在除气海水中腐蚀速率低，不发生钝化，也不形成腐蚀产物膜。

铜-镍合金在海水中的腐蚀机理的复杂性，也恰恰来源于所谓的"具有双层结构的腐蚀产物膜"。关于 B10 铜-镍合金在海水环境中的腐蚀产物膜的形成过程、腐蚀产物膜的

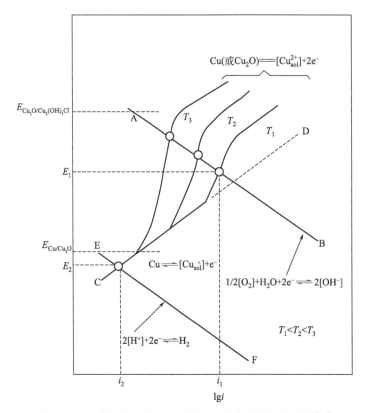

图 5-8　B10 铜-镍合金在充气和除气海水中的腐蚀行为[22]

结构、Ni 和 Fe 等合金元素在腐蚀产物膜中的存在形式及其作用等问题，虽然研究得不少，但是存在的疑云还很多[16,38~42]。目前，不仅仅局限于国内，全世界范围内铜-镍合金管过早失效的案例也时有发生[43~47]，这一现象，与对上述系列问题的研究不透彻、认识有局限有内在联系。

5.1.6　铜-镍合金在海水中的腐蚀产物膜

对铜-镍合金在海水中的腐蚀产物膜的研究，是一个古老而常新的课题，相关的研究报道，可追溯到 20 世纪 20 年代[48,49]，并直到最近还时有研究结果发表[50~54]，世界各地一代一代的研究者孜孜不倦地对这一课题进行越来越深入的研究，一方面是由于海洋开发的加速使得铜-镍合金在海水管路系统等海洋环境中的作用越来越重要，另一方面是因为世界范围内铜-镍合金管过早失效造成的事故还时有发生，人们对铜-镍合金在海水中的腐蚀行为，尤其是决定其耐蚀性的腐蚀产物膜的认识和理解，还不够充分，遮挡在铜-镍合金腐蚀产物膜之上的面纱，有待人们去彻底揭开。

5.1.6.1　腐蚀产物膜的成分和结构

早在 1920 年，Bengough 等人对铜在海水中的腐蚀产物膜的结构做出了理论预测，指出如果腐蚀产物膜的化学性质只受氧供应的影响，那么铜在海水中的成熟腐蚀产物膜将具有层状结构，从底层到表层依次是 $CuCl$、Cu_2O、$Cu(OH)_2$ 或 CuO、$Cu_2(OH)_3Cl$ 或 $CuCO_3 \cdot Cu(OH)_2$，膜层的结构示意图如图 5-9 所示。Bengough 等人预测的关于铜在海水中的腐蚀产物膜的结构组成，被后来的研究者部分地验证过，从底层到表层的完整结构并没有被直接验证过。例如，最近 Wallinder 等利用拉曼光谱面分析了在实海浸泡 3a 的铜板的腐蚀产物层[55]，结果显示，在腐蚀产物层中层存在 Cu_2O，外层存在 $Cu_2(OH)_3Cl$。Yuan 等人对在人工海水中浸泡 10d 的 B30 铜-镍合金表面进行了 XPS 分析，结果显示有 Cu_2O 和 CuO 存在，并且在含硫的人工海水中形成的腐蚀产物膜还含有 CuCl 和 $CuSO_4$[30]。对于铜-镍合金在海水中的腐蚀产物膜的成分和结构，前人已经做了大量的工作。目前被普遍肯定和采纳的说法是，铜-镍合金在海水中的腐蚀产物膜具有双层结构，内层是致密的 Cu_2O 膜，对其耐蚀性起主要作用，外层是疏松的二价铜化合物 $[Cu(OH)_2$、CuO、$Cu_2(OH)_3Cl$ 或 $CuCl_2]$，不具有保护性。

　　铜合金在海水中的成熟腐蚀产物膜较厚，且外层膜脆而疏松，给成分和结构的表征，尤其是深度方向上的成分分布表征，带来困难。实验室短期浸泡获得的腐蚀产物膜较薄，但因海水成分、溶氧量等环境因素的不同，与实海成膜的差距也较大。到目前为止，对铜-镍合金在实海中的腐蚀产物膜的结构和成分的认识，还停留在间接和模糊的阶段，缺乏直接的表征。

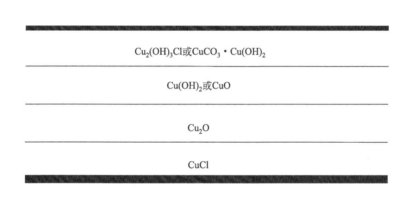

图 5-9　铜在海水中形成的成熟腐蚀产物膜的层状结构示意图[48]

5.1.6.2　腐蚀产物膜的形成过程

　　目前多数文献认为，铜-镍合金在海水中的腐蚀产物膜中 Cu_2O 的形成过程，是一个"溶解—再沉积"的过程[24,36,39]，即基体中的 Cu 先溶解生成 $CuCl_2^-$，然后 $CuCl_2^-$ 发生沉积反应，形成 Cu_2O，反应过程可用公式（5-2）～式（5-4）表示。

　　Efird 利用建立的 B10 合金和 B30 合金的 E-pH 图对两种合金的腐蚀行为进行了解释[40]。图 5-10 显示的是 B10 铜-镍合金在充气自然海水中的 E-pH 图，分为免蚀区、腐蚀区和钝化区，反映了 B10 铜-镍合金在海水环境中的腐蚀热力学的倾向。B30 合金的 E-pH 图与 B10 合金的极为相似，只是特征转变线的位置有所偏移，例如，腐蚀与钝化转变线的位置由 pH 8.5 移至 pH 7.8，Cu^+ 和 Cu^{2+} 的转变线也从 +0.030V 移至 +0.070V（vs. SCE）。Efird 认为，铜-镍合金在均匀腐蚀区和钝化区的腐蚀产物都是 Cu_2O，只是在均匀腐蚀区的形成机制是"溶解-再沉积"，即先溶解生成 $CuCl_2^-$，发生沉积反应，在合金表面生成 Cu_2O；而在钝化区，Cu_2O 是通过 Cu 的直接氧化生成的，反应方程式如下表示：

$$2Cu + H_2O \longrightarrow Cu_2O + 2H^+ + 2e^- \tag{5-6}$$

　　值得一提的是，海水的正常 pH 值范围（pH 7.8～8.1）处于 B30 合金 E-pH 图的钝化区，这可以解释 B30 合金在海水中的腐蚀速率很低的事实；可是，海水的 pH 值范围却处于 B10 合金 E-pH 图的均匀腐蚀区，这就难以解释，为什么经长时间浸泡之后，B10 合金在海水中的腐蚀速率与 B30 合金是相当的。Efird 认为，问题的突破口在于，在海水浸泡过程中 B10

合金表面 Ni 元素的富集[40]。Ni 元素在表层的富集，会改变表层合金的腐蚀动力学，使得表层合金的腐蚀与钝化转变线的位置向低 pH 值的方向移动，一旦表层 Ni 的富集达到一定程度，使得所处的海水环境进入合金表层的钝化区，那么合金表层就会发生钝化，直接氧化生成 Cu$_2$O。Efird 这一解释的依据是他人工作中观察到的 Ni 元素在合金表层的富集。这说明，作为合金元素的 Ni，对于 B10 铜-镍合金的腐蚀行为、腐蚀产物膜的形成有重要影响。

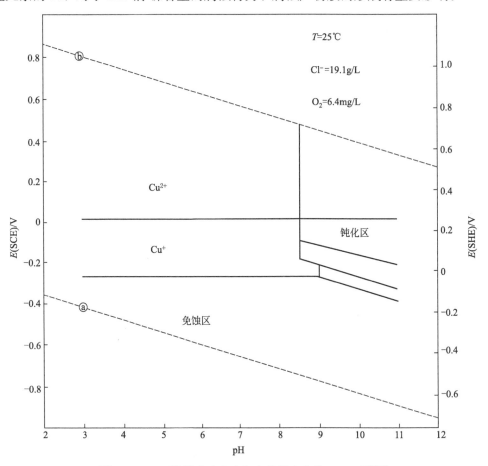

图 5-10　B10 铜-镍合金在充气自然海水中的 E-pH 图[40]

5.1.6.3　腐蚀产物膜中的镍和铁

与纯铜相比，铜-镍合金在海水中的腐蚀速率要低得多，这主要归因于 Ni 和 Fe 等合金元素对铜-镍合金的腐蚀机制和腐蚀产物膜的成分和结构的影响。但是，对于 Ni 和 Fe 在铜-镍合金的腐蚀产物膜中的存在形式和所起的作用，不同研究者的研究结果也不尽相同。

① Cu$_2$O 半导体膜的掺杂离子说　North 和 Pryor 最早将铜-镍合金优于纯铜的耐蚀性与 Cu$_2$O 膜的半导体性质联系起来[13]，他们认为，Cu$_2$O 膜是一种含阳离子空位（V'$_{Cu}$）的 P 型半导体，Ni 和 Fe 以掺杂离子的身份进入 Cu$_2$O 膜，占据阳离子空位（V'$_{Cu}$），从而提高膜层的电阻。North 和 Pryor 的解释得到了多数研究者的认可，并被许多研究者采纳来解释他们的实验结果[14,23,31,56~59]。

但是，也有人对 North 和 Pryor 的解释提出了质疑。Burleigh 和 Waldeck 认为[60]，North 和 Pryor 的解释忽略了一定会伴随 Ni 和 Fe 进入 Cu$_2$O 晶格的氧离子（O^{2-}），即进入 Cu$_2$O 晶格的是 NiO 和 Fe$_2$O$_3$，这样的结果，不是湮灭了阳离子空位（V'$_{Cu}$），而是再生出更多的阳离子空位（V'$_{Cu}$），这个过程可用式（5-7）和式（5-8）表示。

$$NiO \xrightarrow{Cu_2O} Ni_{Cu}^{\cdot \cdot} + V'_{Cu} + O_O^{\times} \qquad (5\text{-}7)$$

$$Fe_2O_3 \xrightarrow{3Cu_2O} 2Fe_{Cu}^{\cdot \cdot} + 4V'_{Cu} + 3O_O^{\times} \qquad (5\text{-}8)$$

不过，Burleigh 和 Waldeck 又分析道，在氧分压一定的情况下，Cu_2O 膜内的阳离子空位浓度和电子空穴浓度成反比，如式（5-9）和式（5-10）所示，阳离子空位浓度的升高，会引起电子空穴浓度的降低；Ni 和 Fe 元素提高铜-镍合金腐蚀产物膜耐蚀性的方式，可能就是降低了 Cu_2O 膜（P 型半导体）中的电子空穴浓度，从而使膜层电阻升高。Burleigh 和 Waldeck 又进一步推断，如果要增强铜基合金的耐蚀性而进行合金化，则应选那些化合价高并且可固溶于铜基体的金属元素。

$$\frac{1}{2}O_2 \xrightarrow{Cu_2O} O_O^{\times} + 2V'_{Cu} + 2h^{\cdot} \qquad (5\text{-}9)$$

$$[V'_{Cu}][h^{\cdot}] \propto P_{O_2}^{0.25} \qquad (5\text{-}10)$$

其实，Burleigh 和 Waldeck 的观点也与其他一些研究者的观点相左。Kear 等在其对铜-镍合金的耐蚀性的研究工作中指出[27]，在铜-镍合金表面的 Cu_2O 膜中，通常离子传输是腐蚀速率的控制过程，因为电子和空穴的迁移速率要比离子的迁移速率大得多，因此，像 Ni^{2+}、Fe^{2+} 这种高价阳离子的引入会增加整个 Cu_2O 膜的导电性。Campbell 等也指出[39]，现场暴露的铜-镍合金的腐蚀速率随时间的变化遵循抛物线规律，说明离子穿过表面膜的扩散过程是速率控制步骤。

② 氧化物相说　早期的研究者在铜-镍合金的腐蚀产物膜中发现了 Ni 和 Fe 元素的富集，以及 Cu 元素的贫化[16,38,39]。Beccaria 和 Crousier 通过化学溶解法发现[38]，Fe 在 B30 合金的腐蚀产物中的含量达到了 10%，Ni 在腐蚀产物膜中也有明显富集，因此，Beccaria 和 Crousier 推断，富集程度如此之高的 Ni 和 Fe 应该在腐蚀产物膜中形成了各自的化合物，而不仅仅是作为掺杂离子存在于 Cu_2O 晶格中；但是，在对腐蚀产物的 XRD 的分析结果中并没有发现 Ni 或 Fe 的化合物。Efird[16] 和 Campbell 等[39] 分别在各自的工作中通过 EDS 证实了 Ni 和 Fe 在铜-镍合金腐蚀产物膜中的富集，Efird 推测富集的 Ni 是以 NiO 和金属 Ni 的形式存在，Campbell 推测富集的 Fe 的存在形式是 γ-FeOOH，但是他们并没有直接确定 Ni 和 Fe 存在的化学状态。

随着实验技术和检测手段的改进和发展，一些研究者陆续报道了铜-镍合金腐蚀产物膜中的 Ni 的化学态。Yuan 等[30] 通过 XPS 技术在 B30 铜-镍合金的腐蚀产物膜中发现了金属 Ni、NiO 和 $Ni(OH)_2$。Colin 等[61] 也利用 XPS 技术在 Ni 含量高达 66% 的铜-镍合金的腐蚀产物膜中发现了 NiO 和 $Ni(OH)_2$，但是在 Ni 含量较低的铜合金的腐蚀产物膜中没有发现 Ni 的氧化物。

前人的研究工作中有报道铜-镍合金腐蚀产物膜中存在 Fe 的氧化物的并不多。Zanoni[17] 通过 XPS 技术研究了 C71640 铜-镍合金在海水中的腐蚀产物，从获得的 Fe 2p 图谱推断腐蚀产物中有 FeOOH，不过他认为 FeOOH 结合力很差，不具有保护性。Efird[16] 通过低流速实验和喷射实验研究了铜-镍合金中 Ni 和 Fe 元素对耐蚀性的协同效应，发现 Fe 可以大大增强 Ni 对提高耐蚀性的效果，Fe 可以促进 Ni 在腐蚀产物中的富集并影响 Ni 的存在形式，而不仅仅是 Cu_2O 半导体膜掺杂剂。但是，Efird 在最后指出，Ni 和 Fe 的协同效应的机理还不清楚，还有待于进一步研究。

③ 脱合金成分说　上文提到的他人的研究结果都认为铜-镍合金在海水中的腐蚀产物膜是贫 Cu 而富 Ni 的。其实，关于铜-镍合金在海水中的腐蚀产物膜是富 Cu 还是贫 Cu，是富 Ni 还是贫 Ni，不同文献的报道也不尽一致。对于铜-镍合金体系的脱成分腐蚀，Blundy 和 Pryor[62] 认为占主导地位的是脱 Ni，Brooks 却认为铜-镍合金的脱合金成分腐

蚀是由 Cu 的优先溶解造成的。Beccaria 和 Crousier[12] 研究了 Ni 含量不同的铜-镍合金的脱成分腐蚀，发现当 Ni 含量低于 50％时，Cu 和 Ni 两组元是同时溶解的，并伴随着 Cu 的再沉积；当 Ni 含量高于 50％时，发生 Cu 的选择性溶解。而 Liberto 等[63] 对 Ni 含量为 10％、并含有少量 Al 或 Fe 的铜-镍合金在 NaCl 溶液中的选择性腐蚀进行了研究，EDS 结果显示，腐蚀产物富铜而贫镍，Liberto 认为，富 Cu 的腐蚀产物主要是 $Cu_2(OH)_3Cl$，贫 Ni 是由于 Ni 以可溶性的 $NiCl_2$ 进入溶液体系中。

从以上的研究结果可以看出，Cu-Ni 合金在海水中的腐蚀产物膜的性质对合金耐蚀性有决定作用，但是其膜层的成分和结构十分复杂，目前相关文献的研究还存在缺陷与不足。首先，目前的文献缺乏对腐蚀产物膜的直接表征，而大多数文献是利用既定的"双层膜"模型来解释（电化学）实验现象，所以，铜-镍合金的腐蚀产物膜对我们来说还是"犹抱琵琶半遮面"，缺乏直观认识。其次，早期的研究工作由于分析手段的限制，对元素富集状况的表征是粗放的、间接的，EDS 未能表征出 Ni 和 Fe 在膜层不同深度的分布状况，对 Ni 和 Fe 存在形式的确定是经验性的、猜测性的。再次，Ni 和 Fe 在腐蚀产物膜形成过程中的作用机理有待进一步研究，Ni 和 Fe 的富集过程是如何实现的、Ni 和 Fe 对腐蚀产物膜耐蚀性的贡献是什么等重要问题还值得进一步探讨。

5.1.7 铜-镍合金在海水中耐蚀性的影响因素

如前所述，铜-镍合金在海水中的腐蚀速率主要取决于其表面的腐蚀产物膜的性质，凡是能影响其腐蚀产物膜的形成过程、形成速度、膜层成分、结构及保护性能的因素，都能影响铜-镍合金在海水中的耐蚀性。目前国内外学者对铜-镍合金在海水中耐蚀性影响因素问题进行了大量有效而细致的研究[14,16,19,21,24,64~70]，从环境角度分析，这些因素包括海水介质的高盐度、某些海域的高含沙量、海生物导致的海水酸化和长期高流速海水冲刷等；从材料角度分析，合金元素含量、形变及热处理后微观组织结构的变化、晶界结构等都会影响铜-镍合金在海水中的腐蚀产物膜的形成和性质，从而影响铜-镍合金在海水环境中的耐蚀性。

5.1.7.1 环境影响因素

① 盐度和溶解氧　海水环境中盐度直接影响海水介质的含氧量和电导率。海水盐度增加，海水电导率提高，含氧量降低。海水电导率和溶解氧的逆向变化，导致某个盐度下存在一个腐蚀速率的峰值。因此在不同海域，由于海水含盐量的不同，腐蚀速率存在很大的波动。而海水的潮汐变化，海洋植物的光合作用都会增加海水中溶解氧含量。对于在海水中不易发生钝化的金属材料，海水中溶解氧含量越高，金属在海水介质中的腐蚀速率越高，而对于在海水中容易发生钝化或产生保护性腐蚀产物膜的金属材料，氧含量的增加则有利于钝化膜或腐蚀产物膜的形成和修补。对于铜-镍合金，在充足氧气的海水中可以迅速形成一层保护性氧化膜，而在除氧的海水中成膜速率几乎为零。

② 温度　温度的波动导致金属材料腐蚀速率的变化，可能是由于多方面原因造成的。随着温度的变化，海洋环境中海生物活动能力会改变，海水离子种类和浓度也会发生剧烈变化。Wang 等[71] 研究了温度对 B30 铜-镍合金在 20~80℃海水中腐蚀行为的影响，发现 B30 铜-镍合金腐蚀速率随温度的升高而增大，并出现了铜元素选择性溶解的现象，腐蚀产物膜中镍含量明显升高且高于基体中镍的含量。Ezuber[72] 研究了温度对 B10 铜-镍合金在硫污染海水中腐蚀速率的影响，发现在 25~80℃范围内，随着温度上升，B10 铜-镍合金的腐蚀速率明显升高，在 25℃时污染的硫化物促进了腐蚀速率的提高，而在 50~80℃范围内硫化物的作用从促进腐蚀速率提高向降低腐蚀速率转变。

③ pH 值　海水 pH 值的水平受控于海水碳酸盐体系的解离平衡，大洋海水的 pH 值一般

维持在 7.8～8.4，与其他各种天然水源相比是相对稳定的。但是海水 pH 值会受到物理化学和生物地球化学等因素的影响，尤其是在近岸河口地区，由于陆源营养盐和污染有机质的输入，引发海洋浮游生物大量繁殖和死亡，导致海水的 pH 值随生物生长和死亡周期性变化。

铜-镍合金在海水环境中服役必然面临酸性、中性和碱性的海水的腐蚀。迟长云[73] 研究了 B30 铜-镍合金在不同电位极化后试样在不同 pH 值的氯化钠溶液中的腐蚀行为，发现 B30 铜-镍合金在碱性溶液中比在酸性和弱碱溶液中耐蚀性更好，在 pH 值＜3 的强酸溶液中，B30 材料表面脱镍为主要腐蚀形式，无法形成保护性氧化膜；在 pH 值＞12 的强碱溶液中 B30 材料表面存在脱铜和脱镍两种腐蚀形式，由于高浓度的 OH^- 抑制了氧的还原反应，试样表面无法形成腐蚀微电池，腐蚀速率下降；而在 pH 值为 5～9 条件下 B30 材料表面容易生成致密的保护性氧化膜。

④ 硫化物　海水环境中的硫化物主要源于海水中腐烂的动植物、工业废水废渣、硫酸盐还原菌。在除氧和未除氧的硫化物污染海水中，铜-镍合金都表现出加速腐蚀的失效现象。Macdonald 等[74] 研究了硫化物浓度对 B10 和 B30 铜-镍合金在流动海水中腐蚀规律的影响，结果发现，在硫化物污染海水中铜-镍合金表面生成了多孔、非保护性的硫化亚铜膜，在除氧条件下铜-镍合金自腐蚀电位负移，氢离子的还原成为阴极反应的主要形式。Eiselstein 等[22] 比较了铜-镍合金在除氧、硫化物污染海水，未除氧、未污染海水和先暴露于污染海水再暴露于未污染海水中的腐蚀规律。研究结果表明，在未除氧的海水中，硫化物污染的海水对铜-镍合金的腐蚀性更强，而且溶解的硫化物不仅迅速加速铜-镍合金的腐蚀，而且通过形成多孔的硫化亚铜膜阻碍正常保护性氧化膜的生成。Alhajji 等[75] 研究了硫化物浓度对铜-镍合金腐蚀速率的影响，发现铜-镍合金腐蚀速率随硫化物浓度的提高而逐渐提高，在这个过程中溶解的硫化物扮演了加速铜-镍合金表面阴阳极反应的角色，腐蚀产物膜由 CuS 逐渐转变为 Cu_2S。

⑤ 海生物　海水环境中的海生物腐蚀主要是由三类海生物附着和污损材料表面造成的。这三类海生物分别为各类细菌和藻类、柔软生长物如海绵体、硬质海洋生物如藤壶。海生物腐蚀的发生主要源于微生物附着于海水环境中的材料表面，微生物繁殖形成微生物膜，之后宏观海生物幼体依附于微生物膜表面逐渐生长，导致材料表面逐渐被海生物覆盖，宏观海生物死亡后腐烂，此时微生物大量繁殖，在海水环境中阻碍材料表面海水流动，增加紊流出现的概率，同时由于海生物膜分布及其本身结构的不均匀，导致氧浓差电池的产生。海生物的新陈代谢产生硫化物，并酸化海水，改变了金属和海水的界面性质，引起了严重的局部腐蚀。Efird[76] 研究了 B10 和 B30 两种铜-镍合金在实海环境中暴露 3a 和 5a 后的海生物腐蚀状况，结果发现暴露 3a 仅有轻微的宏观海生物附着，暴露 5a 海生物附着膜则覆盖了铜-镍合金表面的 70%。Yuan 等[68] 研究了一种海洋微生物假单细胞菌对 B30 铜-镍合金的海生物腐蚀状况，结果表明这种假单细胞菌存在时 B30 铜-镍合金腐蚀速率明显提高，这种海洋微生物附着于合金表面形成微生物膜，诱发微小蚀坑，改变了铜-镍合金表面保护性腐蚀产物膜的结构，削弱了腐蚀产物膜的保护性。

⑥ 冲刷速度　流速是影响冲刷腐蚀的重要因素。增大流速一方面可以加速传质过程，将更多去极化剂（O_2、H^+）或缓蚀剂分子输送到材料表面，从而加速材料的腐蚀或者促进材料钝化以及加快缓蚀剂在材料表面的吸附成膜，另一方面流体对材料表面的剪切作用导致材料表面膜的破损，使更多的腐蚀产物脱离材料与腐蚀介质的界面，起到加速腐蚀的作用[77,78]。海水流速对铜-镍合金腐蚀与防护有重要的影响。当海水流速没有达到临界流速时，海水输送的氧气或缓蚀剂分子利于铜-镍合金表面膜的生成；当海水流速超过临界流速，流动引起的表面剪切应力会导致铜-镍合金表面膜迅速失效[79]。

部分靠近河口地区的海水环境，由于陆地河流含沙量大，导致海水中存在大量固相颗粒，腐蚀介质中的固相颗粒的硬度、形状、数量和攻角是影响冲刷腐蚀的重要因素。固相颗粒的硬度越高，粒径越大，冲刷腐蚀损伤程度越大。由于固相颗粒间的"屏蔽效应"，固相颗粒浓度的增大，并不一定引起冲刷腐蚀速率的持续增大。粒子随流体介质的入射方向与试样表面之间的夹角称为攻角。韧性材料和脆性材料冲刷腐蚀速率随攻角的变化规律不同。韧性材料在15°～40°攻角时达到最大冲蚀速率，而脆性材料在90°附近攻角时达到最大冲蚀速率。

5.1.7.2 材料影响因素

① 合金成分 表面膜的组成成分主要来自于基体合金成分元素，比如铜、镍、铁等合金元素，此外还有海水介质中的氯、硫、钙以及氧元素。合金成分必然在一定程度上影响表面膜的性能，进而影响铜-镍合金的耐海水腐蚀性能[41,80]。Badawy 等[24] 研究了镍含量在5%～65%之间变化的铜-镍合金在含氯离子的中性溶液中耐蚀性的变化，结果表明，随着镍含量的增加，阳极极化曲线出现钝化区，钝化电流密度逐渐降低，钝化区击破电位逐渐正移。Efird[16] 研究了不同镍含量和铁含量的铜-镍合金在静态和高速喷射海水环境中的腐蚀行为，其研究的镍含量在0%～30%，铁含量在0.5%～2.0%，发现镍含量提高对提升铜-镍合金在静态和高速喷射海水环境中的耐腐蚀性能有明显的作用，这与 Badawy 的研究结果相同；同时，添加少量的铁元素可大大增强 Ni 对提高耐蚀性的效果，添加少量铁元素还有助于铜-镍合金在海水介质中形成富镍的腐蚀产物膜。

② 组织缺陷 国内外不同厂家生产的 B10 铜-镍合金管材的服役性能悬殊，然而其合金成分的检验结果往往是一致的，国内外许多研究者的研究结果表明，由加工工艺造成的组织缺陷会对铜-镍合金的耐蚀性能产生重要影响。Drolenga 等[81] 研究了 B10 铜-镍合金的微观组织结构对耐蚀性的影响，发现合金经过特殊敏感工艺条件下的固溶处理后产生沿晶界析出的不连续沉淀物，析出物对合金腐蚀产物膜的成膜质量产生负面的影响，在海水中形成的腐蚀产物膜为疏松多孔的黑色产物膜，膜下存在橘黄色晶体。X. Zhu 和 T. Lei[69] 研究了经不同形变和热处理后再结晶程度不同的 B30 铜-镍合金在海水中的腐蚀行为，结果发现，随着再结晶程度的增大，铜-镍合金内部位错分布趋向均匀，腐蚀产物膜稳定性提高，铜-镍合金的耐蚀性能提高；与完全再结晶组织相比，不完全再结晶组织在海水中形成的腐蚀产物膜保护性较差，且随着变形晶粒的优先溶解，腐蚀产物膜局部发生破坏。

③ 表面状况 铜-镍合金管材的表面状态会对其腐蚀行为和腐蚀产物膜的形成和性质产生影响。Zanoni 等[17] 对出厂态、经机械打磨后、经酸洗后的三种表面状态的 C71640 铜-镍合金的表面成分进行了 XPS 分析，结果发现，出厂前的光亮退火使得 C71640 合金表面产生一层厚度超过 30nm 的氧化膜，主要成分是 MnO_2，而机械打磨和酸洗都造成了合金表面贫 Mn 和贫 Fe。这种富锰的原始表面膜有利于膜层随海水浸泡转化成富铁富镍膜，从而出现电位负移，相对基体成为阳极性保护膜。相反，如果原始表面膜存在严重缺陷，例如切工残留碳存在于氧化亚铜膜中（简称碳膜），则可能由于各种物理和化学的原因，使暴露初期局部腐蚀即以较快的速度形核，只需几个月的时间即可在膜下形成点蚀坑。碳膜的腐蚀电位高于合金基体 50～70mV，随暴露时间的推移，并不像正常膜层那样有明显的电位负移，理论上可以预料这样的原始表面膜一旦发生局部破坏，必然作为阴极加速膜下基体的局部腐蚀[82]。

5.1.8 研究新趋势、新技术

晶态固体的界面是构成晶态固体组织的重要组成部分。相对于理想完整晶体来说，界面是晶体缺陷，且是具有一定厚度的三维结构缺陷。界面的结构不同于晶体内部，因而具有很多不同于晶体内部的重要性质，这些性质不仅在晶体的一系列物理化学过程中起重要作用，而且对固态晶体的整体性能也有重要影响。晶体中的界面迁动、异类原子在晶界的偏聚、界面的扩散率、材料的力学和物理性能等也都和界面结构有直接关系，晶体的断裂也常发生在特定的晶面上，不同类型的晶界的腐蚀敏感性也不同。

小角度晶界是取向差小于 15° 的晶界，取向差大于 15° 的晶界是大角度晶界。大角度晶界又可分为普通大角度晶界和重合位置点阵（CSL 或 Σ）晶界。首先介绍一下重合位置点阵的概念。设想相邻两晶粒所在的两个点阵（L_1 和 L_2）互相穿插，如果两晶粒的取向差合适，那么两点阵的部分阵点就会重合，这些重合的阵点就构成周期性的相对于 L_1 和 L_2 的超点阵，这个超点阵就是重合位置点阵（CSL），CSL 晶胞与实际点阵单胞体积之比记为 Σ（对于立方结构，它只取奇数），Σ 的倒数代表两个点阵的重合点的密度，即实际点阵中每 Σ 个阵点有 1 个阵点重合。Σ 值越低，两个穿插点阵中重合阵点的频率就越高。对于极端情况，当 Σ 为 ∞ 时，表示两个穿插的点阵之间完全不相符；如果 Σ 等于 1，表示两个点阵全部相符，即两个点阵是同一点阵。如果两晶粒间的晶界通过了两晶粒间的CSL 的密排或较密排面，则这两个晶粒之间的晶界就叫作 CSL 晶界，或者 Σ 晶界。Σ 晶界上属于 CSL 的阵点相对于两侧的晶粒（L_1 和 L_2）都是没有畸变的位置，处于能量较低的状态，此时晶界处的原子和两晶粒有较好的匹配，晶界的核心能就较低，并且晶界长程应变场的作用范围和晶界结构的周期相近。

Σ 晶界的特性可以概括为特殊的晶界能量、特殊的杂质偏析行为、特殊的迁移率。最典型的就是共格 Σ3 晶界，其能量很低，杂质偏析少，不可迁移。1984 年，Watanabe 在研究晶间开裂时提出了"晶界设计与控制"的构想，继而在 20 世纪 90 年代形成了"晶界工程"（grain boundary engineering，GBE）的热门研究领域，即在中低层错能的面心立方金属中，如黄铜、镍基合金、铅合金、奥氏体不锈钢等，通过合适的形变和热处理工艺提高特殊结构晶界（一般指 Σ≤29 的低 Σ 晶界）的比例，调整多晶体材料的晶界特征分布（grain boundary characteristics distribution），从而使材料与晶界有关的性能得到显著提高。国内上海大学的周邦新和夏爽课题组在该领域做出了系统而细致的工作，他们对 690 合金[83] 和304 不锈钢[84] 进行适宜的"变形＋热处理"的"晶界工程"处理，使其晶界结构中低 Σ 晶界的比例达到 70% 以上，实验结果显示，与未经处理的试样相比，这些含有高比例的低 Σ 晶界的样品的抗晶间腐蚀性能明显提高，在 304 不锈钢中晶间腐蚀敏感性最低的是共格 Σ3 晶界；经进一步分析，他们认为，抗晶间腐蚀性能的提高主要归因于高比例的低 Σ 晶界对随机大角度晶界网络的阻断，即形成了大面积的由随机大角度晶界包围、内部只有低 Σ 晶界的晶粒团簇，从而阻止了沿晶腐蚀沿随机大角度晶界的发展。国外的 Jones 和 Randle 等人在该领域也做出了大量而有影响力的工作，他们对 304 不锈钢进行"晶界工程"处理后，其低 Σ 晶界的比例由 43% 提高到 75%，经过晶界敏感性测试，发现超过 97% 的 Σ3 晶界和大约 80% 的 Σ9 晶界都表现出了免疫性[85]。

铜-镍合金也是具有低层错能的面心立方合金体系，在再结晶的过程中容易形成孪晶（即共格 Σ3 晶界）。将晶界工程技术应用在铜-镍合金上以提高其耐蚀性能，这项工作还处于研究阶段，成功应用于实际生产的实例鲜有报道。

5.2 白铜在海水中的腐蚀数据

白铜在海水及其他介质中的腐蚀数据见表 5-5。

表 5-5 白铜在海水及其他介质中的腐蚀数据

牌号	化学成分/%	加工/热处理状态	力学性能	腐蚀介质（溶液,pH值,温度,海水来源）	实验方法（静态/动态,流速,实验时长,测试方法）	腐蚀形式	腐蚀程度（年腐蚀速率,腐蚀电流密度,坑深度,开路电位等）	文献出处
30Cu-70Ni				静置海水：pH 值约为 8,溶氧量约为 6.5×10^{-6},温度 25℃	静态浸泡,24h,66h,240h,360h,660h;电化学测试（极化曲线）;化学溶解法;XRD;失重法	均匀腐蚀	Ni 含量在很宽的范围内决定了合金的腐蚀行为,Ni 含量增加,即使很低的 Cu 基体的溶解速率降低,也能显著降低 Cu-Ni 合金的腐蚀速率;当 Ni 含量＜50% 时,Ni 和 Cu 同时溶解,随后 Cu 发生再沉积;当 Ni 含量≥50% 时,Cu 发生选择性溶解	[12]
50Cu-50Ni				静置海水：pH 值约为 8,溶氧量约为 6.5×10^{-6},温度 25℃	静态浸泡,24h,66h,240h,360h,660h;电化学测试（极化曲线）;化学溶解法;XRD;失重法	均匀腐蚀	Ni 含量在很宽的范围内决定了合金的腐蚀行为,Ni 含量增加,则 Cu 基体的溶解速率降低,即使较低的 Ni 含量也能显著降低 Cu-Ni 合金的腐蚀速率;当 Ni 含量＜50% 时,Ni 和 Cu 同时溶解,随后 Cu 发生再沉积,当 Ni 含量≥50% 时,Ni 发生选择性溶解	[12]

续表

牌号	化学成分/%	加工/热处理状态	力学性能	腐蚀介质（溶液,pH值,温度,海水来源）	实验方法（静态/动态,流速,实验时长,测试方法）	腐蚀形式	腐蚀程度（年腐蚀速率,腐蚀电流密度,坑深度,开路电位等）	文献出处
70Cu-30Ni-xB	B0~0.012	板材，经760℃30min退火处理		3.5%NaCl溶液，温度(60±2)℃;3.5%NaCl+2.0μg/gS²⁻	静态浸泡,168h;失重法;电化学测试(PD)	均匀腐蚀	a) I_{corr}（μA,3.5%NaCl溶液中）/I_{corr}（μA,3.5%NaCl溶液中,含S²⁻）/E_{corr}（mV,vs. SCE,3.5%NaCl溶液中）/E_{corr}（mV,vs. SCE,含S²⁻的3.5%NaCl溶液中）:5.0/17.1/-137/46.8/-206	[90]
70Cu-30Ni				静置海水:pH值约为8,溶氧量约为6.5×10⁻⁶,温度25℃	静态浸泡,24h,66h,240h,360h,660h;电化学测试(极化曲线;化学溶解法;XRD;失重法	均匀腐蚀	Ni含量在很宽的范围内决定了合金的腐蚀行为。Ni含量增加,则Cu基体的溶解速率降低,即使较低的Ni含量也能显著降低Cu-Ni合金的腐蚀速率;当Ni含量<50%时,Ni和Cu同时溶解,随后Cu发生再沉积,当Ni含量≥50%时,Cu发生选择性溶解	[12]
90Cu-10Ni				静置海水:pH值约为8,溶氧量约为6.5×10⁻⁶,温度25℃	静态浸泡,24h,66h,240h,360h,660h;电化学测试(极化曲线;化学溶解法;XRD;失重法	均匀腐蚀	Ni含量在很宽的范围内决定了合金的腐蚀行为。Ni含量增加,则Cu基体的溶解速率降低,即使较低的Ni含量也能显著降低Cu-Ni合金的腐蚀速率;当Ni含量<50%时,Ni和Cu同时溶解,随后Cu发生再沉积,当Ni含量≥50%时,Cu发生选择性溶解	[12]

续表

牌号	化学成分/%	加工/热处理状态	力学性能	腐蚀介质（溶液、pH值、温度、海水来源）	实验方法（静态/动态、流速、实验时长，测试方法）	腐蚀形式	腐蚀程度（年腐蚀速率、腐蚀电流密度、腐蚀坑深度、开路电位等）	文献出处
B10,B30	Cu86.73～87.02, Ni10.47～10.81, Fe1.68～1.69, Mn0.58～0.67			0.5mol/L NaCl 溶液(pH6.5)和人工海水(pH8.2)	旋转圆盘电极，500～6000r/min，电化学测试(线性极化、塔菲尔外延法)		i_{corr}(B30,人工海水)：几乎不随转速而变化，约为6μA/cm²；i_{corr}(B10/人工海水)：随转速而升高，为10～16μA/cm²；i_{corr}(B10/0.5mol/1NaCl)：随转速而升高，为15～20μA/cm²	[100]
				天然海水和人工海水	静态浸泡，21d、38d(天然海水)，21d、30d(人工海水)；失重法；RCD，r＝100r/min、200r/min、400r/min、800r/min、1200r/min、1600r/min，电化学测试(PD,LP)；表面分析（SEM/EDX）	均匀腐蚀	E_{corr}(mV，天然海水)/E_{corr}(mV，人工海水)：－229～－236；腐蚀速率(μm/a，天然海水)/腐蚀速率(μm/a，人工海水)：15.2/9.4	[4]
B10/C70600	Cu87.9, Ni10.2, Fe1.34,Mn0.24,Zn0.28, S≤0.02, P≤0.02, Pb0.010	管材	σ_s148MPa, σ_b319 MPa	清洁的过滤海水：含盐量约为29.0‰，温度(23.2±1.3)℃，pH值约为8.2，溶氧量约为6.60g/m³；除气的含硫海水：H₂S约为0.2g/m³	冲刷腐蚀，流速0.5～5m/s，230h；失重法、电化学方法(线性极化、电位阶跃，交流阻抗/流阻抗)	均匀腐蚀/局部腐蚀	在充气清洁海水中，流速(m/s)/230h失重率(mg)：0.5/31.9±1.1/5.48±0.21，2/54.8±1.1/32.1±0.6，3/105.4±2.9/41.1±2.0，4/67.7±2.9/62.7±2.8，5/112.7±22.1/82.0±14.0；在除气含硫海水中，流速(m/s)/230h失重率(ng/s)：3/6.66±0.07/8.07±0.20，5/34.3±1.3/45.3±1.5	[104]

续表

牌号	化学成分/%	加工/热处理状态	力学性能	腐蚀介质（溶液、pH值、温度、海水来源）	实验方法（静态/动态、流速、实验时长、测试方法）	腐蚀形式	腐蚀程度（年腐蚀速率、腐蚀电流密度、腐蚀抗深度、开路电位等）	文献出处
B10/CDA706	Cu87.4，Ni11.0，Fe1.58，Mn0.42	退火态板材		洁净海水，温度 6～29℃（平均温度 18℃），[Cl⁻]：18.1～19.8g/L（平均值19.0g/L），溶氧量 5.0～9.3mg/L（平均值 6.4mg/L），pH7.8～8.1（平均值 8.0）	冲刷腐蚀，1.5～15m/s，30d，失重法	均匀腐蚀	流速为 15m/s 冲刷腐蚀 30d 后失重：1.6g 临界流速(m/s)/温度(℃)/临界剪切应力(N/m²)：4.5/27/43.1	[21]
	Cu88，Ni10，Fe 1.4，Mn0.4			未添加和添加 Na₂S 的人工海水，20℃	喷射，6.1m/s，4h；电化学测试（塔菲尔扫描 CV，LP）	均匀腐蚀	S^{2-} 含量（$\times 10^{-6}$）/E_{corr}（mV）：0/−250，2/−240，10/−155，100/−550	[94]
	Cu88.16，Ni10.04，Fe1.43，Mn0.3，Zn0.12，S0.007，P0.002	管材		过滤海水，温度 26℃，含盐量 29g/kg，pH 值 7.9±0.1，密度 1.0214g/cm³	冲刷腐蚀，0～300h，电化学测试（线性极化，交流阻抗，电位阶跃法）	均匀腐蚀	[O_2]（mg/L）/时间（h）/E_{corr}（B10，mV）/E_B（B10，mV）/E_{corr}（B30，mV）/E_B（B30，mV）：0.0451/332/−284/−284/−81/−50；0.85/246/−289/−300/−234/−150；6.60/189/−250/−300/−178/−100；26.3/196/−77/−327/−83/−383	[103]
B10	Cu88.18，Ni9.93，Fe1.41，Mn0.273，Zn0.155，Co0.001，Pb0.004，S0.002，P0.002			阿拉伯海湾海水，温度（25±5）℃，pH8.1	静态暴露，192～401d，失重法	均匀腐蚀	浸泡 198d 的腐蚀速率（mm/a，水面上）/腐蚀速率（mm/a，半浸区）/腐蚀速率（mm/a，全浸区）：0.113/0.012/0.145 浸泡 401d 的腐蚀速率（mm/a，水面上）/腐蚀速率（mm/a，半浸区）/腐蚀速率（mm/a，全浸区）：0.101/0.005/0.082	[97]

续表

牌号	化学成分/%	加工/热处理状态	力学性能	腐蚀介质（溶液、pH值、温度、海水来源）	实验方法（静态、动态、流速、实验时长、测试方法）	腐蚀形式	腐蚀程度（年腐蚀速率、腐蚀电流密度、腐蚀坑深度、开路电位等）	文献出处
	Cu88，Ni10，Fe 1.4，Mn0.4			未添加和添加 Na₂S 的人工海水，20℃	电化学测试（塔菲尔扫描，LP）	均匀腐蚀	充气搅拌人工海水，S²⁻含量（×10⁻⁶）/年腐蚀速率（mm/a）：0/0.265~0.269，1/2.179~4.360 充气静置人工海水，S²⁻含量（×10⁻⁶）/年腐蚀速率（mm/a）：0/0.0695，1/0.018	[75]
	Ni10.21，Fe1.74，Mn0.29，Zn<0.10，Pb<0.02，Cu余量	板材	σ_s 204MPa，σ_b 316MPa，δ42%	取自美国北卡罗来纳州赖茨维尔海滩的天然海水，温度(25±1)℃，pH值2~12，溶氧量：饱和	电化学测试（极化曲线）,失重法	均匀腐蚀	恒电位（−245mV vs. SCE）120h后，失重 2.4mg/cm²	[40]
	Ni10.29，Fe1.03，Mn0.83，Pb0.0001，Sn0.05，Zn0.095，Si0.063，Mg0.011，Cu余量	板材	σ_s290MPa，σ_b316MPa，δ42%	美国北卡罗来纳州赖茨维尔海滩天然海水，温度 18℃，Cl⁻ 19.0g/L，pH值 8.0	静态海水、流动海水（0.6m/s）和潮汐区静态浸泡 1a、3a、7a和14a；失重法	均匀腐蚀，点蚀	静态海水，7a:1.3μm/a 流动海水，14a:1.3μm/a 潮汐区，14a:1.1μm/a	[99]
B10		管材，原始出厂态	σ_b307MPa，δ43.8%	青岛站海水：含盐量32.2‰，温度13.6℃，pH值8.16，溶氧量5.6mL/L，流速0.1m/s；舟山站海水：含盐量26‰，温度17.0℃，pH值8.14，溶氧量5.3mL/L，流速0.56~1.33m/s	实海全浸暴露，流速0.1m/s（管材），1a、2a、4a（管材）；1a、2a、4a、8a（板材）；失重法；表面分析(SEM，金相)	均匀腐蚀，冲刷腐蚀，沿晶腐蚀，脱镍腐蚀	管材：地点/年腐蚀速率(μm/a)：榆林/8，厦门/15，舟山/12，青岛/7 板材：地点/年腐蚀速率(μm/a)：榆林/15，厦门/5，舟山/7.5，青岛/5 管材：地点/平均点蚀深度(mm)：青岛/0.18/0.25，舟山0.35，夏门/0.37/0.56，榆林/0.36/0.71 板材：地点/平均点蚀深度(mm)/最大点蚀深度(mm)：青岛/0.11/0.27，舟山/0.05/0.12，榆林/0.40/1.25	[86]

续表

牌号	化学成分/%	加工/热处理状态	力学性能	腐蚀介质（溶液、pH值、温度、海水来源）	实验方法（静态/动态、流速、实验时长、测试方法）	腐蚀形式	腐蚀程度（年腐蚀速率、腐蚀电流密度、腐蚀坑深度、开路电位等）	文献出处
B10	Ni9.0~11.0,Fe1.0~2.0,Mn0.5~1.0,P0.02~0.04,Cu余量			取自青岛海滨的海水	静态浸泡,3747h;电化学测试(EIS)		$E_{corr}(V)/R_t(\Omega):-0.200/1\times10^5$	[91]
	Ni9.5,Fe1.2,Mn0.63,Cu余量	板材,M	σ_b489MPa,δ16.3%	青岛站海水:含盐量32.2‰,温度13.6℃,pH值8.16,溶氧量5.6mL/L,流速0.1m/s。舟山站海水:含盐量26‰,温度17.0℃,pH值8.14,溶氧量5.3mL/L,流速0.56~1.33m/s。厦门站海水:含盐量27.0‰,温度20.9℃,pH值8.13,溶氧量5.3mL/L,流速0.3m/s。榆林站海水:含盐量33.0‰~35.0‰,温度27.0℃,pH值8.30,溶氧量4.3~5.0mL/L,流速0.01m/s	实海全浸暴露,1a,2a,4a,8a;失重法	均匀腐蚀	B10,BFe30-1-1合金板材在青岛、厦门站3种暴露条件下的腐蚀速率为中等,但在榆林全浸区B10的腐蚀速率高出在其他海区的两倍左右,BFe30-1-1的腐蚀速率也显著增加,并且局部腐蚀的深度也明显增大。国产B10,BFe30-1-1合金板材在海水环境中未显示出较好的耐蚀性能	[70]
		板材,M	σ_b489MPa,δ16.3%	青岛站海水:含盐量32.2‰,温度13.6℃,pH值约为8.16,溶氧量5.6mL/L,流速0.1m/s	实海全浸暴露,板材1a,2a,4a,8a,16a;2a,4a,8a,16a;失重法;表面分析(SEM)	沿晶腐蚀	B10板材/B30板材/B10管材/B30管材在青岛海域的平均腐蚀速率(μm/a):4.2/2.6/7.0/13.5	[58]
	Ni-Co10.3,Fe1.0,Mn0.83,Cu余量	管材,M	σ_b307MPa,δ43.8%	榆林站海水:含盐量33.0‰~35.0‰,温度27.0℃,pH值8.30,溶氧量4.3~5.0mL/L,流速0.01m/s	实海全浸暴露,板材1a,2a,4a,8a,16a;2a,4a,8a,16a;失重法;表面分析(SEM)	沿晶腐蚀	B10板材/B30板材/B10管材/B30管材在榆林海域的平均腐蚀速率(μm/a):14/6/8.8/7.8	[58]

牌号	化学成分/%	加工/热处理状态	力学性能	腐蚀介质（溶液、pH值、温度、海水来源）	实验方法（静态、动态、流速、实验时长、测试方法）	腐蚀形式	腐蚀程度（年腐蚀速率、腐蚀电流密度、腐蚀坑深度、开路电位等）	文献出处
B10		板材		青岛海滨天然海水，含盐量31‰，温度（26±1）℃，pH值8.0，含沙量3‰	静态及冲刷腐蚀试验（1m/s、2m/s、3m/s、3.6m/s、4m/s），2h、8h、24h、72h、120h、168h、240h；失重法；电化学测试（PD、LP、E-t、EIS）；表面分析（SEM）	均匀腐蚀	失重速率 含沙：6.7g/(m²·d)，不含沙：3.3g/(m²·d) E_{corr}(mV) 流速(m/s)/E_{corr}(流动中)/E_{corr}(流动后)：0.0/-125/-125，1.0/-145/-133，2.0/-158/-133，3.0/-262.5/-133，3.6/-335/-148	[88]
				海水，35℃，pH 3.6，流速2.7m/s	失重法	均匀腐蚀	除氧海水（溶氧量25×10⁻⁹）:152μm；含氧海水（溶氧量5.2×10⁻⁶）:2921μm/a	[102]
	Ni9.74，Fe1.27，Mn0.72，Zn0.30，Pb<0.02，P0.010，Cu余量			美国北卡罗来纳州赖茨维尔海滩；温度6~29℃，pH值7.8~8.1，溶氧量5.0~9.3mg/L	静态浸泡，5a，失重法	均匀腐蚀	0.1mm/a	[66]
				海水（青岛、黄海、飞溅区）	暴露12个月，失重法		腐蚀速率(μm/a):5.1	中国腐蚀与防护网
				海水（厦门、东海、全浸区）			腐蚀速率(μm/a):28.0	
				海水（厦门、东海、潮差区）			腐蚀速率(μm/a):7.6	
				海水（厦门、东海、飞溅区）			腐蚀速率(μm/a):2.3	
				海水（榆林、南海、全浸区）			腐蚀速率（mm/a）/点蚀平均深度（mm）/最大深度（mm）/最大缝隙腐蚀深度（mm）:15.0/0.13/0.19/0.29	

续表

牌号	化学成分/%	加工/热处理状态	力学性能	腐蚀介质(溶液,pH值,温度,流速,海水来源)	实验方法(静态/动态,流速;实验时长,测试方法)	腐蚀形式	腐蚀程度(年腐蚀速率,腐蚀电流密度,腐蚀坑深度,开路电位等)	文献出处
B10				海水(榆林,南海,潮差区)			腐蚀速率(μm/a):4.7	中国腐蚀与防护网
				海水(榆林,南海,飞溅区)			腐蚀速率(μm/a):2.0	
				海水(舟山,东海,全浸区)	暴露12个月,失重法		腐蚀速率(μm/a):21.0	
				海水(舟山,东海,潮差区)			腐蚀速率(μm/a):9.6	
				海水(舟山,东海,飞溅区)			腐蚀速率(mm):2.7/0.05 深度	
				海水(青岛,黄海,全浸区)			腐蚀速率(μm/a)/点蚀平均深度(mm)/点蚀最大深度(mm)/最大缝隙腐蚀深度(mm):12.0/0.15/0.2/0.14	
				海水(青岛,黄海,潮差区)	暴露24个月,失重法		腐蚀速率(μm/a)/最大缝隙腐蚀深度(mm):4.4/0.04	
				海水(青岛,黄海,飞溅区)			腐蚀速率(μm/a):4.6	
				海水(厦门,东海,全浸区)			腐蚀速率(μm/a)/点蚀平均深度(mm)/最大深度腐蚀深度(mm):16.0/0.1/0.16/0.1	
				海水(厦门,东海,潮差区)			腐蚀速率(μm/a):4.2	
				海水(厦门,东海,飞溅区)			腐蚀速率(μm/a):2.3	

续表

牌号	化学成分/%	加工/热处理状态	力学性能	腐蚀介质（溶液，pH值，温度，海水来源）	实验方法（静态、动态、流速、实验时长、测试方法）	腐蚀形式	腐蚀程度（年腐蚀速率，腐蚀电流密度，腐蚀坑深度，开路电位等）	文献出处
B10				海水（榆林，南海，全浸区）	暴露24个月，失重法		腐蚀速率（μm/a）/点蚀平均深度（mm）/最大深度（mm）/最大缝隙腐蚀深度（mm）:12.0/0.18/0.53/0.45	中国腐蚀与防护网
				海水（榆林，南海，潮差区）			腐蚀速率（μm/a）/点蚀平均深度（mm）/最大深度（mm）/最大缝隙腐蚀深度（mm）:2.9/0.02/0.08/0.08	
				海水（榆林，南海，飞溅区）			腐蚀速率（μm/a）:1.7	
				海水（舟山，东海，全浸区）	暴露48个月，失重法		腐蚀速率（μm/a）/点蚀平均深度（mm）/最大深度（mm）/最大缝隙腐蚀深度（mm）:17.0/0.19/0.34/0.15	
				海水（舟山，东海，潮差区）			腐蚀速率（μm/a）/点蚀平均深度（mm）/最大深度（mm）/最大缝隙腐蚀深度（mm）:6.4/0.02/0.07/0.03	
				海水（舟山，东海，飞溅区）			腐蚀速率（μm/a）:1.9	
				海水（青岛，黄海，全浸区）			腐蚀速率（μm/a）/点蚀平均深度（mm）/最大深度（mm）/最大缝隙腐蚀深度（mm）:7.0/0.18/0.25/0.14	
				海水（青岛，黄海，潮差区）			腐蚀速率（μm/a）/点蚀平均深度（mm）/最大深度（mm）/最大缝隙腐蚀深度（mm）:3.5/0.18/0.46/0.13	

续表

牌号	化学成分/%	加工/热处理状态	力学性能	腐蚀介质（溶液、pH值、温度、海水来源）	实验方法（静态/动态、流速、实验时长、测试方法）	腐蚀形式	腐蚀程度（年腐蚀速率、腐蚀电流密度、腐蚀坑深度、开路电位等）	文献出处
B10				海水（青岛，黄海，飞溅区）	暴露48个月，失重法		腐蚀速率(μm/a):4.3	中国腐蚀与防护网
				海水（厦门，东海，全浸区）			腐蚀速率(μm/a)/点蚀平均深度(mm):15.0/0.37/0.56	
				海水（厦门，东海，潮差区）			腐蚀速率(μm/a):3.8	
				海水（厦门，东海，飞溅区）			腐蚀速率(μm/a):2.3	
				海水（榆林，南海，全浸区）			腐蚀速率(μm/a)/点蚀平均深度(mm)/最大缝隙腐蚀深度(mm):9.1/0.36/0.71/0.39	
				海水（榆林，南海，潮差区）			腐蚀速率(μm/a)/点蚀平均深度(mm)/最大缝隙腐蚀深度(mm):2.0/0.02/0.13/0.11	
				海水（榆林，南海，飞溅区）			腐蚀速率(μm/a)/点蚀平均深度(mm)/最大缝隙腐蚀深度(mm):1.1/0.02/0.1/0.07	
				海水（舟山，东海，全浸区）			腐蚀速率(μm/a)/点蚀平均深度(mm)/最大缝隙腐蚀深度(mm):12.0/0.12/0.35/0.22	
				海水（舟山，东海，潮差区）			腐蚀速率(μm/a):2.9	
				海水（舟山，东海，飞溅区）			腐蚀速率(μm/a):1.7	

续表

牌号	化学成分/%	加工/热处理状态	力学性能	腐蚀介质(溶液、pH值、温度、海水来源)	实验方法(静态/动态、流速、实验时长、测试方法)	腐蚀形式	腐蚀程度(年腐蚀速率、腐蚀电流密度、腐蚀坑深度、开路电位等)	文献出处
B10				美国新泽西州大洋城海水:含盐量31~34g/kg,温度1~29℃,pH值7.5~8.2,溶氧量(5.2~11.7)×10^{-6}			18μm/a	
				美国北卡罗来纳州威维尔海滩:含盐量31.8~37.6g/kg,温度7~30℃,pH值7.9~8.2,溶氧量(5.0~9.6)×10^{-6}			2.8μm/a	
				美国佛罗里达州基韦斯特:含盐量33~39g/kg,温度16~31℃,pH值8.2~8.2,溶氧量(4~8)×10^{-6}	静态浸泡,5a,失重法		2.4μm/a	[101]
				美国德克萨斯州弗里波特:含盐量21.1~35.3g/kg,温度15~27℃,pH值7.5~8.6,溶氧量(1.5~6.0)×10^{-6}			2.4~8.0μm/a	
				美国加利福尼亚州杯尼米港:含盐量33g/kg,温度14~21℃,pH值7.9~8.1,溶氧量(3.6~5.3)×10^{-6}			12.8μm/a	
				秘鲁塔拉拉:含盐量35.8g/kg,温度18~22℃,pH值8.2,溶氧量(5~6)×10^{-6}			5.0μm/a	

续表

牌号	化学成分/%	加工/热处理状态	力学性能	腐蚀介质（溶液,pH值,温度,海水来源）	实验方法（静态/动态,流速,实验时长,测试方法）	腐蚀形式	腐蚀程度（年腐蚀速率,腐蚀电流密度,腐蚀坑深度,开路电位等）	文献出处
B10				夏威夷科纳：含盐量34.6~35g/kg,温度24~28℃,pH值8.0~8.3,溶氧量$(6~14)×10^{-6}$	静态浸泡,5a,失重法		12.6μm/a	[101]
				澳大利亚北巴纳德岛：含盐量31.7~37.2g/kg,温度21~30℃,pH值8.2~8.3,溶氧量$(5.1~6.5)×10^{-6}$			11.2μm/a	
				日本坂田港：含盐量30.6~33.3g/kg,温度2~28℃,pH值8.4,溶氧量$(7.1~13)×10^{-6}$			3.2μm/a	
				意大利热那亚港：含盐量36.6~38.2g/kg,温度11~25℃,pH值8.1~8.3,溶氧量$(5.8~8.9)×10^{-6}$			6.5~12.6μm/a	
				丹麦伊蓥港：含盐量18~28g/kg,温度0~18℃,pH值7.5~8.0			15.2μm/a	
				瑞典斯图兹威克：含盐量7.8~8.1g/kg,pH值7.4~7.6,温度2~20℃,溶氧量$(6~10)×10^{-6}$			7.6μm/a	

续表

牌号	化学成分/%	加工/热处理状态	力学性能	腐蚀介质（溶液，pH值，温度，海水来源）	实验方法（静态/动态/流速，实验时长，测试方法）	腐蚀形式	腐蚀程度（年腐蚀速率，腐蚀电流密度，腐蚀坑深度，开路电位等）	文献出处
B16/CDA722	Cu82,Ni16,Cr 0.7,Fe0.75,Mn 0.55			未添加和添加 Na_2S 的人工海水，20℃	喷射，6.1m/s，4h；电化学测试（塔菲尔扫描，CV，LP）	均匀腐蚀	S^{2-} 含量（$\times 10^{-6}$）/E_{corr}（mV）：0/-82，2/-80，10/-150，100/-520	[94]
	Ni16.3, Fe0.80, Cr0.52,Ti0.018,Zr0.12,Cu余量	退火态板材		洁净海水，温度 6~29℃（平均温度18℃），[Cl⁻]：18.1~19.8g/L（平均值19.0g/L），溶氧量 5.0~9.3mg/L（平均值 6.4mg/L），pH7.8~8.1（平均值8.0）	冲刷腐蚀，1.5~15m/s，30d，失重法		流速为15m/s冲刷腐蚀30d后失重：0.3g临界流速（m/s）/温度（℃）/临界剪切应力（N/m²）：12.0/27/296.9	[21]
B20（高强铜-镍合金）	Ni19.1，Fe1.18，Mn4.57,Cr0.41,Al1.90,Nb0.72,Si0.13,Cu余量	棒材		英格兰南海岸Langstone港，潮汐区；含盐量30.4~34g/kg，温度（12±7）℃，pH值8.0±0.2，溶氧量（9.7~11.1）×10⁻⁶，电导率（50.8±4.0）mS/cm	静态浸泡，2a；失重法	均匀腐蚀	（0.028±0.005）mm/a	[39]
B30	Cu68.81，Ni30，Fe0.53,Mn0.51,Zn0.08,Co0.02,Pb0.01,Si0.01,P0.003			阿拉伯湾海水，温度（25±5）℃，pH8.1	静态暴露，192~401d；失重法	均匀腐蚀	浸泡 192d 的腐蚀速率（mm/a，水面上）/腐蚀速率（mm/a，半浸区）/腐蚀速率（mm/a，全浸区）：0.015/0.082/0.067；浸泡365d的腐蚀速率（mm/a，水面上）/腐蚀速率（mm/a，半浸区）/腐蚀速率（mm/a，全浸区）：0.003/0.098/0.049	[97]

续表

牌号	化学成分/%	加工/热处理状态	力学性能	腐蚀介质（溶液、pH 值、温度、海水来源）	实验方法（静态/动态、流速、实验时长、测试方法）	腐蚀形式	腐蚀程度（年腐蚀速率、腐蚀电流密度、腐蚀坑深度、开路电位等）	文献出处
B30	Cu69.3,Ni29.0,Fe0.70,Mn0.52,Zn0.40,S0.016,P0.001	管材		过滤海水,温度 26℃,含盐量 29g/kg,pH 值 7.9±0.1,密度 1.0214g/cm³	冲刷腐蚀,0～300h,电化学测试(线性极化,交流阻抗,电位阶跃法)	均匀腐蚀	$[O_2]$(mg/L)/时间(h)/E_{corr}(B10,mV)/E_B(B10,mV)/E_{corr}(B30,mV)/E_B(B30,mV):0.0451/332/−284/−284/−81/−50;0.85/246/−289/−300/−234/−150;6.60/189/−250/−300/−178/−100;26.3/196/−77/−327/−83/−383	[103]
	Cu69,Ni30,Fe0.6,Mn0.5			未添加和添加 Na₂S 的人工海水,20℃	电化学测试(塔菲尔扫描,LP)	均匀腐蚀	充气搅拌人工海水,S^{2-} 含量($\times10^{-6}$/a):0/0.116,1/0.996～1.267;充气静置人工海水,S^{2-} 含量($\times10^{-6}$/a):0/0.009,1/0.026～0.14	[75]
	Cu70,Ni27.7,Fe2.3	铸锭各自经 1000℃,900℃,800℃,700℃和 600℃退火 5h,然后水淬		3.5%NaCl 溶液	静态浸泡,10d;失重法;电化学测试(PD)	均匀腐蚀	退火温度(℃)/腐蚀速率(μm/h):600/0.0075,700/0.004,800/0.0025,900/0.0032,1000/0.0071	[98]
	Ni30.0～32.0,Fe0.5～1.5,Mn0.5～1.5,P0.02,Cu 余量			取自青岛海滨的海水	静态浸泡,3747h;电化学测试(EIS)		E_{corr}(V)/R_t(Ω):−0.115/5×10⁵	[91]
	Ni30.0,Fe0.35,Mn0.40,Cu 余量	板材,M	σ_b351MPa,δ52.7%	舟山站海水:含盐量 26‰,温度 17.0℃,pH 值 8.14,溶氧量 5.3mL/L,流速 0.56～1.33m/s	实海全浸暴露,管材 1a,2a,4a,板材 1a,2a,4a,8a,16a;失重法;表面分析(SEM)	沿晶腐蚀	B10 板材/B30 板材/B10 管材/B30 管材在舟山海域的平均腐蚀速率(μm/a):6.5/6.5/12.3/6.6	[58]
	Ni29.6,Fe0.89,Mn0.89,Cu 余量	管材,Y2	σ_b392MPa,δ36.5%	厦门站海水,温度 20.9℃,pH 值 8.13,溶氧量 5.3mL/L,流速 0.3m/s	实海全浸暴露,管材 1a,2a,4a,板材 1a,2a,8a,16a;失重法;表面分析(SEM)	沿晶腐蚀	B10 板材/B30 板材/B10 管材/B30 管材在厦门海域的平均腐蚀速率(μm/a):2.2/2.8/15.2/12.6	[58]

续表

牌号	化学成分/%	加工/热处理状态	力学性能	腐蚀介质（溶液，pH值，温度，海水来源）	实验方法（静态，动态，流速，实验时长，测试方法）	腐蚀形式	腐蚀程度（年腐蚀速率，腐蚀电流密度，腐蚀坑深度，开路电位等）	文献出处
B30	Ni30.38，Fe0.52，Mn0.41，Zn0.10，Pb0.005，P0.010，Cu余量			美国北卡罗来纳州赖茨维尔海滩，温度6～29℃，pH值7.8～8.1，溶氧量5.0～9.3mg/L	静态浸泡，5a，失重法	均匀腐蚀	0.1mm/a	[66]
	Ni30.68，Fe0.61，Mn0.45，Zn0.05，Pb0.01，Cu余量	板材	σ_s223MPa，σ_b404MPa，δ43%	取自美国北卡罗来纳州赖茨维尔海滩海水，温度(25±1)℃，pH值2～12，溶氧量饱和	电化学测试（极化曲线），失重法	均匀腐蚀	佰电位（—245mV vs. SCE）120h后，失重2.4mg/cm²	[40]
	Ni30.68，Fe0.61，Mn0.45，Zn0.05，Pb0.01，Cu余量	板材	σ_s318MPa，σ_b404MPa，δ43%	美国北卡罗来纳州赖茨维尔海滩海域天然海水，温度18℃，Cl⁻ 19.0g/L，pH值8.0	静态海水、流动海水（0.6m/s）和潮汐区静态浸泡，1a、3a、7a和14a，失重法	均匀腐蚀，点蚀	静态海水，14a：1.7μm/a；流动海水，14a：1.9μm/a；潮汐区，14a：0.8μm/a	[99]
		板材及管材		青岛海域天然海水，温度(26±1)℃，含盐量31‰，pH值约为8.0	静态浸泡，0～1200h，失重法；旋转圆筒冲刷腐蚀试验，失重法；动态水台架冲刷腐蚀试验，失重法。电化学测试（EIS、PD、循环阳极极化）。表面分析（SEM、AFM）	均匀腐蚀，点蚀	静态浸泡1200h后的腐蚀速率：2.8μm/a	[73]
	Ni31.08，Fe0.765，Mn1.00，Zn0.026，Co.016，S0.0061，Pb<0.01，S0.044，Sn<0.005，P<0.006，Cu余量			英格兰波特兰港、英格兰普尔港海水；含盐量37g/kg，温度19℃，pH值8.00，溶氧量5.05mL/L，密度1.027g/cm³，电导率4.2S/m	波特兰港浸泡3个月成膜；实验室普尔港海水隧道冲刷腐蚀实验，动态水3.5m/s，未成膜试样2～16m/s；电化学测试（PD）	均匀腐蚀	未成膜试样：流速（m/s）/ E_{corr}（mV）/ i_{corr}（μA/cm²）/ E_{corr}：0/—162/35，2/—198/40，14.7/—205/60；成膜试样：流速（m/s）/ i_{corr}（μA/cm²）/ E_{corr}（mV）：0/—145/25，8/… 2/—125/8	[92]

续表

牌号	化学成分/%	加工/热处理状态	力学性能	腐蚀介质（溶液、pH值、温度、海水来源）	实验方法（静态、动态、流速、实验时长、测试方法）	腐蚀形式	腐蚀程度（年腐蚀速率、腐蚀电流密度、腐蚀坑深度、开路电位等）	文献出处
B30	Cu68.7, Mn0.85, Fe0.70, Zn0.30, S0.04, Co.30, Ni 余量	试样经切割后用 350℃氩气保护退火		H_2S 污染的和未污染的海水	静态浸泡，384h；失重法，电化学测试（EIS,PD）；表面分析（AES,XRD）	均匀腐蚀	S^{2-}（$\times10^{-6}$）/由极化曲线得到的 i_{corr}（$\mu A/cm^2$）/由失重法得到的 i_{corr}（$\mu A/cm^2$）/由极化曲线得到的 R_p（$k\Omega/cm^2$）/由阻抗谱得到的 R_p（$k\Omega/cm^2$）：0.0/1.64/1.22/7.25/5.80, 3.7/2.56/3.3/6.75/4.8, 0.0/0.94/0.91/12.34/6.20, 2.0/4.64/4.25/4.03/5.50, 5.0/1.71/0.67/12.00/17.60	[93]
	Cu68.7, Ni29.7, Fe0.53, Mn0.61, Zn0.45, S0.016, P0.001, Pb0.007	管材	σ_s152MPa, σ_b420 MPa	清洁的过滤海水：含盐量约为 29.0‰，温度（23.2±1.3）℃，pH 值约为 8.2，溶氧量约为 6.60g/m³，除气的含硫海水：H_2S 约为 0.2g/m³	冲刷腐蚀，流速 0.5～5m/s，230h；失重法，电化学方法（线性极化、电位阶跃、交流阻抗）	均匀腐蚀/局部腐蚀	在充气清洁海水中，流速（m/s）/230h 失重率（mg）：0.5/19.9±3.6/23.7±4.4.2/38.1±0.4/25.4±0.3.3/62.4±1.9/27.0±1.4, 4/70.8±4.8/101.5±7.1, 5/20.6±0.4/20.4±0.8; 在除气含硫海水中，流速（m/s）/230h 失重率（mg）：3/5.58±0.44/5.68±0.51, 5/6.85±0.85/5.41±0.69	[104]
B30/C71500	Cu70.24, Ni 29.20, Fe0.45, Mn0.02			天然海水和人工海水	静态浸泡，21d,38d（天然海水），21d,30d（人工海水）；失重法，RCD，r=100r/min，200r/min，400r/min，800r/min，1200r/min，1600r/min，电化学测试（PD,LP）；表面分析（SEM/EDX）	均匀腐蚀，晶界腐蚀	E_{corr}（mV，天然海水）/E_{corr}（mV，人工海水）：-213/-202.5；腐蚀速率（$\mu m/a$，天然海水）/腐蚀速率（$\mu m/a$，人工海水）：20.7/8.6	[4]

续表

牌号	化学成分/%	加工/热处理状态	力学性能	腐蚀介质（溶液、pH值、温度、海水来源）	实验方法（静态、动态、流速、实验时长、测试方法）	腐蚀形式	腐蚀程度（年腐蚀速率、腐蚀电流密度、腐蚀坑深度、开路电位等）	文献出处
B30/CDA715	Cu67.84, Ni30.6, Fe0.63,Mn0.6,Zn0.02, Co.018,S0.002	板材		无菌的营养化模拟海水(23.476g/LNaCl; 3.917g/LNa$_2$SO$_4$;0.192 g/LNaHCO$_3$; 0.664g/L KCl;0.096g/LKBr;10.61 g/LMgCl$_2$ · 6H$_2$O;1.469 g/LCaCl$_2$ · 2H$_2$O;0.026 g/LH$_3$BO$_3$; 0.04g/LSr Cl$_2$ · 6H$_2$O,0.3g/L细菌蛋白胨;1.5g/L酵母提取物),pH7.2±0.1	静态浸泡,1d, 3d, 7d, 14d, 21d, 28d, 42d;电化学测试(Tafel扫描和EIS;表面分析（XPS, SEM)	均匀腐蚀	时间（d）/E_{corr}（mV）/i_{corr} (mA/cm^2): 1/-194/10.03, 3/-195/9.83,7/-192/5.78, 14/-188/2.98, 21/-187/2.05, 28/-184/1.58, 42/-177/1.49	[68]
				有菌（假单胞菌）的营养化模拟海水介质	静态浸泡,1d, 3d, 7d, 14d, 21d, 28d, 42d;电化学测试(Tafel扫描和EIS;表面分析（XPS, SEM)	均匀腐蚀,点蚀	时间（d）/E_{corr}（mV）/i_{corr} (mA/cm^2): 1/-186/10.08, 3/-196/10.79, 7/-211/11.77, 14/-215/13.86, 21/-237/13.03, 28/-243/15.30, 42/-256/20.53	
				洁净的模拟海水 (23.47g/LNaCl; 3.917g/LNa$_2$SO$_4$; 0.192g/LNaH CO$_3$;0.664g/LKCl;0.096g/LKBr;10.61g/LMgCl$_2$ · 6H$_2$O; 1.469g/LCaCl$_2$ · 2H$_2$O;0.026g/LH$_3$BO$_3$; 0.04g/LSrCl$_2$ · 6H$_2$O),pH8.2±0.1,(25±0.1)℃	静态浸泡,0d,1d, 3d,6d,10d,电化学测试（Tafel扫描和EIS);表面分析(XPS,SEM)	均匀腐蚀	时间（d）/E_{corr}（mV）/i_{corr} (mA/cm^2):0/-189/8.44,1/-181/7.76,3/-185/4.09,6/-186/1.69,10/-179/1.01	[30]
				含硫(10×10^{-6})的模拟海水		均匀腐蚀	时间（d）/E_{corr}（mV）/i_{corr} (mA/cm^2): 0/-321/87.39, 1/-253/19.02, 3/-214/19.15,6/-182/17.29,10/-179/18.44	

续表

牌号	化学成分/%	加工/热处理状态	力学性能	腐蚀介质（溶液，pH值，温度，海水来源）	实验方法（静态/动态，流速，实验时长，测试方法）	腐蚀形式	腐蚀程度（年腐蚀速率，腐蚀电流密度，腐蚀坑深深度，开路电位等）	文献出处
B30/CDA715	Cu68.9,Ni30.6,Fe0.53,Mn0.65	退火态板材		洁净海水，温度6~29℃（平均温度18℃），[Cl⁻]:18.1~19.8g/L（平均值19.0g/L），溶氧量5.0~9.3mg/L（平均值6.4mg/L），pH7.8~8.1（平均值8.0）	冲刷腐蚀，1.5~15m/s，30d，失重法		临界流速（m/s）/温度（℃）/临界剪切应力（N/m²）：4.1/12/47.9	[21]
B30(G)	Cu69,Ni30,Fe 0.6,Mn0.5			未添加和添加 Na₂S 的人工海水，20℃	喷射，6.1m/s，4h；电化学测试（塔菲尔扫描，CV，LP）	均匀腐蚀	S²⁻含量（×10⁻⁶）/E_{corr}（mV）:0/−180,2/−115,10/−130,100/−382	[94]
				海水（青岛，黄海，全浸区）	暴露12个月，失重法		腐蚀速率（μm/a）/点蚀最大深度（mm）/最大缝隙腐蚀深度（mm）:6.6/0.11/0.3/0.12	中国腐蚀与防护网
				海水（青岛，黄海，潮差区）			腐蚀速率（μm/a）/点蚀平均深度（mm）:4.1/0.02	
				海水（青岛，黄海，全浸区）			腐蚀速率（μm/a）/点蚀最大深度（mm）/最大缝隙腐蚀深度（mm）:6.6/0.11/0.3/0.12	
				海水（青岛，黄海，潮差区）			腐蚀速率（μm/a）/点蚀平均深度（mm）:4.1/0.02	
				海水（榆林，南海，全浸区）			腐蚀速率（μm/a）/最大缝隙腐蚀深度（mm）:5.6/0.06/0.09	
				海水（舟山，东海，全浸区）			腐蚀速率（μm/a）:9.3	

续表

牌号	化学成分/%	加工/热处理状态	力学性能	腐蚀介质（溶液,pH值,温度,海水来源）	实验方法（静态、动态、流速、实验时长、测试方法）	腐蚀形式	腐蚀程度（年腐蚀速率、腐蚀电流密度、腐蚀坑深度、开路电位等）	文献出处
B30(G)				海水（青岛,黄海,全浸区）	暴露24个月,失重法		腐蚀速率（μm/a）/点蚀平均深度（mm）/点蚀最大深度（mm）/最大缝隙腐蚀深度（mm）:6.1/0.14/0.33/0.22	中国腐蚀与防护网
				海水（青岛,黄海,潮差区）			腐蚀速率（mm）:3.8/0.05	
				海水（榆林,南海,全浸区）			腐蚀速率（μm/a）/点蚀平均深度（mm）/点蚀最大深度（mm）/最大缝隙腐蚀深度（mm）:4.3/0.07/0.1/0.24	
				海水（舟山,东海,全浸区）			腐蚀速率（μm/a）/点蚀最大深度（mm）:7.7/0.15	
				海水（榆林,南海,全浸区）	暴露48个月,失重法		点蚀平均深度（mm）:0.03	
				海水（舟山,东海,全浸区）			腐蚀速率（mm）:5.3/0.1	
				海水（青岛,黄海,全浸区）			腐蚀速率（μm/a）/点蚀平均深度（mm）/点蚀最大深度（mm）/最大缝隙腐蚀深度（mm）:16.0/0.13/0.65/0.1	
				海水（青岛,黄海,潮差区）	暴露12个月,失重法		腐蚀速率（μm/a）:9.8	
				海水（厦门,东海,全浸区）			腐蚀速率（μm/a）/点蚀平均深度（mm）/点蚀最大深度（mm）/最大缝隙腐蚀深度（mm）:5.5/0.19/0.37/0.15	

续表

牌号	化学成分/%	加工/热处理状态	力学性能	腐蚀介质（溶液，pH值，温度，海水来源）	实验方法（静态/动态，流速，实验时长，测试方法）	腐蚀形式	腐蚀程度（年腐蚀速率，腐蚀电流密度，腐蚀坑深度，开路电位等）	文献出处
B30(L)				海水（榆林，南海，全浸区）	暴露 12 个月，失重法		腐蚀速率（μm/a）/点蚀平均深度（mm）/点蚀最大深度（mm）/最大缝隙腐蚀深度（mm）：6. 1/0. 08/0. 15/0. 25	中国腐蚀与防护网
				海水（舟山，东海，全浸区）			腐蚀速率（μm/a）：8. 6	
				海水（青岛，黄海，全浸区）			腐蚀速率（mm/a）/点蚀平均深度（mm）/点蚀最大深度（mm）/最大缝隙腐蚀深度（mm）：9. 8/0. 13/0. 25/0. 15	
				海水（青岛，黄海，潮差区）			腐蚀速率（mm/a）/点蚀平均深度（mm）/点蚀最大深度（mm）/最大缝隙腐蚀深度（mm）：5. 0/0. 03/0. 05/0. 06	
				海水（厦门，东海，全浸区）	暴露 24 个月，失重法		腐蚀速率（mm/a）/点蚀平均深度（mm）/点蚀最大深度（mm）/最大缝隙腐蚀深度（mm）：7. 4/0. 13/0. 24/0. 08	
				海水（榆林，南海，全浸区）			腐蚀速率（mm/a）/点蚀平均深度（mm）/点蚀最大深度（mm）/最大缝隙腐蚀深度（mm）：7. 7/0. 1/0. 24/0. 38	
				海水（舟山，东海，全浸区）			腐蚀速率（mm/a）/点蚀平均深度（mm）/点蚀最大深度（mm）/最大缝隙腐蚀深度（mm）：8. 0/0. 04/0. 07	
				海水（舟山，东海，全浸区）	暴露 48 个月，失重法		腐蚀速率（μm/a）/点蚀平均深度（mm）/点蚀最大深度（mm）：5. 6/0. 09/0. 29	

续表

牌号	化学成分/%	加工/热处理状态	力学性能	腐蚀介质（溶液、pH值、温度、海水来源）	实验方法（静态/动态、流速、测试方法）时长	腐蚀形式	腐蚀程度（年腐蚀速率、腐蚀电流密度、腐蚀坑深度、开路电位等）	文献出处
B30(R)				海水（舟山,东海,全浸区）	暴露12个月,失重法		腐蚀速率（μm/a）/点蚀平均深度（mm）:11.0/0.12/0.17	中国腐蚀与防护网
				海水（舟山,东海,潮差区）			腐蚀速率（μm/a）:3.4	
				海水（舟山,东海,全浸区）	暴露24个月,失重法		腐蚀速率（mm）/点蚀平均深度（mm）/最大缝隙腐蚀深度（mm）:5.5/0.06/0.17/0.2	
				海水（舟山,东海,潮差区）			腐蚀速率（μm/a）:2.3	
				海水（舟山,东海,全浸区）	暴露48个月,失重法		腐蚀速率（μm/a）/点蚀最大深度（mm）/最大缝隙腐蚀深度（mm）:3.8/0.25/0.2	
				海水（舟山,东海,潮差区）			腐蚀速率（μm/a）:1.5	
B30(S)				海水（青岛,黄海,全浸区）			腐蚀速率（μm/a）/点蚀最大深度（mm）/最大缝隙腐蚀深（mm）:6.5/0.09/0.12/0.09	中国腐蚀与防护网
				海水（青岛,黄海,潮差区）	暴露12个月,失重法		腐蚀速率（μm/a）/点蚀最大深度（mm）/最大缝隙腐蚀深度（mm）:3.8/0.07/0.1/0.27	
				海水（厦门,东海,全浸区）			腐蚀速率（μm/a）/点蚀平均深度（mm）/最大缝隙腐蚀深度（mm）:6.3/0.08/0.17/0.18	

续表

牌号	化学成分/%	加工/热处理状态	力学性能	腐蚀介质（溶液，pH值，温度，海水来源）	实验方法（静态/动态，流速，实验时长，测试方法）	腐蚀形式	腐蚀程度（年腐蚀速率，腐蚀电流密度，腐蚀坑深深度，测试电位等）	文献出处
B30(S)				海水（榆林，南海，全浸区）	暴露 12 个月，失重法		腐蚀速率（μm/a）：7.4	中国腐蚀与防护网
				海水（舟山，东海，全浸区）			腐蚀速率（μm/a）：2.1	
				海水（青岛，黄海，全浸区）			腐蚀速率（μm/a）/点蚀平均深度（mm）/最大缝隙腐蚀深度（mm）：3.9/0.07/0.13/0.07	
				海水（青岛，黄海，潮差区）	暴露 24 个月，失重法		腐蚀速率（μm/a）/点蚀最大深度（mm）/最大缝隙腐蚀深度（mm）：4.1/0.08/0.09/0.06	
				海水（厦门，东海，全浸区）			腐蚀速率（μm/a）/点蚀最大深度（mm）/最大缝隙腐蚀深度（mm）：6.4/0.13/0.48/0.48	
				海水（榆林，南海，全浸区）			腐蚀速率（μm/a）：5.6	
				海水（舟山，东海，全浸区）			腐蚀速率（μm/a）：1.3	
				海水（榆林，南海，全浸区）	暴露 48 个月，失重法		腐蚀速率（μm/a）：4.2	
				海水（舟山，东海，全浸区）			腐蚀速率（mm）/点蚀平均深度（mm）：1.0/0.07	

续表

牌号	化学成分/%	加工/热处理状态	力学性能	腐蚀介质(溶液,pH值,温度,海水来源)	实验方法(静态/动态,流速,实验时长,测试方法)	腐蚀形式	腐蚀程度(年腐蚀速率,腐蚀电流密度,腐蚀坑深度,开路电位等)	文献出处
B30(意)				海水(青岛,黄海,全浸区)			腐蚀速率(μm/a)/点平均深度(mm):4.5/0.03	中国腐蚀与防护网
				海水(青岛,黄海,潮差区)	暴露12个月,失重法		腐蚀速率(μm/a):2.5	
				海水(青岛,黄海,飞溅区)			腐蚀速率(μm/a)/点蚀最大深度(mm):3.8/0.07	
				海水(青岛,黄海,全浸区)			腐蚀速率(μm/a)/点蚀平均深度/点蚀最大深度/最大缝隙腐蚀深度(mm):4.9/0.05/0.09/0.1	
				海水(青岛,黄海,潮差区)	暴露24个月,失重法		腐蚀速率(μm/a)/点蚀最大深度(mm):1.6/0.04	
				海水(青岛,黄海,飞溅区)			腐蚀速率(μm/a):3.1	
				海水(青岛,黄海,全浸区)			腐蚀速率(mm)(μm/a)/点蚀平均深度/最大缝隙腐蚀深度(mm):6.1/0.2/0.66/0.14	
				海水(青岛,黄海,潮差区)	暴露48个月,失重法		腐蚀速率(mm)(μm/a)/点蚀平均深度/点蚀最大深度/最大缝隙腐蚀深度(mm):1.6/0.08/0.14/0.1	
				海水(青岛,黄海,飞溅区)			腐蚀速率(μm/a):2.3	
BFe30-1-1	Ni29.58,Fe0.89,Mn0.89,Si0.19,Co.023,Cu余量	半硬态(Y2)	σ_b392MPa,δ36.5%	榆林站海水,含盐量3.4%,温度27.0℃,pH值8.20,溶氧量4.5mL/L,流速0.01m/s	实海浸泡,0.5a,1a;失重法;力学性能测试;表面分析(SEM,TEM)	沿晶腐蚀	暴露时间:6个月/Y22/0.035/0.70,6个月/Y23/0.040/0.54,1年/Y24/0.022/0.28,1年/Y25/0.019/0.50(试样编号/平均腐蚀速率/最大腐蚀深度)	[89]

牌号	化学成分/%	加工/热处理状态	力学性能	腐蚀介质（溶液,pH值,温度,海水来源）	实验方法（静态/动态,流速,实验时长,测试方法）	腐蚀形式	腐蚀程度（年腐蚀速率,腐蚀电流密度,腐蚀坑深度,开路电位等）	文献出处
	Ni30.0,Fe0.35,Mn0.40,Cu余量	板材,M	σ_b351MPa, δ52.7%	青岛站海水:含盐量32.2‰,温度13.6℃,pH值8.16,溶氧量5.6mL/L,流速0.1m/s;舟山站海水:含盐量26‰,温度17.0℃,pH值8.14,溶氧量5.3mL/L,流速0.56~1.33m/s;厦门站海水:含盐量27.0℃,温度20.9℃,pH值8.13,溶氧量3mL/L,流速0.3m/s;榆林站海水:含盐量33.0‰~35.0‰,温度27.0℃,pH值8.30,溶氧量4.3~5.0mL/L,流速0.01m/s	实海全浸暴露,1a,2a,4a,8a;失重法	均匀腐蚀	B10,BFe30-1-1合金板材在青岛,厦门1站3种暴露条件下的腐蚀速率为中等,但在榆林全浸区B10的腐蚀速率高出在其他海区的两倍左右,BFe30-1-1的腐蚀速率也显著增加,并且局部腐蚀的深度也明显增大。国产B10,BFe30-1-1合金板材在海水环境中未显示出较好的耐蚀性能	[70]
	Ni29.6,Fe0.89,Mn0.89,Cu余量	管材,出厂供货态,Y2	σ_b392MPa, δ36.5%					
BFe30-1-1		管材,出厂状态		青岛、舟山或榆林海水腐蚀试验站的全浸区	全浸区暴露;表面分析（金相、SEM,TEM,AES）	沿晶腐蚀	表面碳含量高达60%(原子分数)的铜-镍合金原始表面膜（碳膜）可加速合金海水腐蚀点蚀形核,并使腐蚀沿膜下迅速发展;铜-镍合金保护膜在海水腐蚀过程中脱落-暴露出沿晶腐蚀形貌的合金基体,是由于晶界处的析出物形核长大及随后析出的晶界腐蚀;膜层脱落后,该处的应力状态改变,有可能生成应变诱生的第二相,该相相为脆性相,衍射相拉伸时调幅分解特征,是导致拉伸时脆断和进一步沿晶腐蚀的内在根据	[82]

续表

牌号	化学成分/%	加工/热处理状态	力学性能	腐蚀介质(溶液、pH值、温度、海水来源)	实验方法(静态、动态、流速、实验时长、测试方法)	腐蚀形式	腐蚀程度(年腐蚀速率、腐蚀电流密度、开路电位、坑深度等)	文献出处
BFe30-1-1				海水(青岛,黄海,全浸区)			腐蚀速率(μm/a)/点蚀平均深度(mm)/最大缝隙腐蚀深度(mm):21.0/0.04/0.07/0.1	中国腐蚀与防护网
				海水(青岛,黄海,潮差区)			腐蚀速率(μm/a):3.3	
				海水(青岛,黄海,飞溅区)			腐蚀速率(μm/a):2.5	
				海水(厦门,东海,全浸区)	暴露12个月,失重法		腐蚀速率(μm/a)/点蚀平均深度(mm)/最大缝隙腐蚀深度(mm):14.0/0.1/0.13	
				海水(厦门,东海,潮差区)			腐蚀速率(μm/a):4.8	
				海水(厦门,东海,飞溅区)			腐蚀速率(μm/a):5.0	
				海水(榆林,南海,全浸区)			腐蚀速率(μm/a):31.0	
				海水(榆林,南海,潮差区)			腐蚀速率(μm/a):5.2	
				海水(榆林,南海,飞溅区)			腐蚀速率(μm/a):0.95	
				海水(青岛,黄海,全浸区)	暴露24个月,失重法		腐蚀速率(μm/a)/点蚀最大深度(mm)/最大缝隙腐蚀深度(mm):11.0/0.1/0.25/0.12	

续表

牌号	化学成分/%	加工/热处理状态	力学性能	腐蚀介质（溶液，pH值，温度，海水来源）	实验方法（静态/动态，流速，实验时长，测试方法）	腐蚀形式	腐蚀程度（年腐蚀速率，腐蚀电流密度，腐蚀坑深度，开路电位等）	文献出处
BFe30-1-1				海水（青岛，黄海，潮差区）	暴露24个月，失重法		腐蚀速率（μm/a）/点蚀平均深度（mm）:3.7/0.09/0.12	中国腐蚀与防护网
				海水（青岛，黄海，飞溅区）			腐蚀速率（μm/a）:3.2	
				海水（厦门，东海，全浸区）			腐蚀速率（μm/a）:9.1	
				海水（厦门，东海，潮差区）			腐蚀速率（mm）/点蚀最大深度（mm）:6.5/0.06/0.14	
				海水（厦门，东海，飞溅区）			腐蚀速率（μm/a）:4.7	
				海水（榆林，南海，全浸区）			腐蚀速率（mm）/点蚀最大深度腐蚀深度（mm）:14.0/0.07/0.2/0.14	
				海水（榆林，南海，潮差区）			腐蚀速率（mm）/最大缝隙腐蚀深度（mm）:2.0/0.1	
				海水（榆林，南海，飞溅区）			腐蚀速率（μm/a）:0.35	
				海水（舟山，东海，全浸区）			腐蚀速率（mm）/点蚀平均最大深度（mm）/最大缝隙腐蚀深度（mm）:25.0/0.19/0.55/0.76	

续表

牌号	化学成分/%	加工/热处理状态	力学性能	腐蚀介质（溶液、pH值、温度、海水来源）	实验方法（静态/动态、流速、实验时长、测试方法）	腐蚀形式	腐蚀程度（年腐蚀速率、腐蚀电流密度、腐蚀坑深度、开路电位等）	文献出处
BFe30-1-1				海水（青岛，黄海，全浸区）	暴露48个月，失重法		腐蚀速率（μm/a）/点蚀最大深度（mm）/最大缝隙腐蚀深度（mm）:6.1/0.12/0.27/0.2	中国腐蚀与防护网
				海水（青岛，黄海，潮差区）			腐蚀速率（μm/a）/点蚀最大深度（mm）/最大缝隙腐蚀深度（mm）:12.0/0.06/0.11/0.12	
				海水（青岛，黄海，飞溅区）			腐蚀速率（μm/a）:2.8	
				海水（厦门，东海，全浸区）			腐蚀速率（μm/a）:2.9	
				海水（厦门，东海，潮差区）			腐蚀速率（μm/a）:1.9	
				海水（厦门，东海，飞溅区）			腐蚀速率（μm/a）:4.0	
				海水（榆林，南海，全浸区）			腐蚀速率（μm/a）/点蚀最大深度（mm）/最大缝隙腐蚀深度（mm）:15.0/0.18/0.42/0.54	
				海水（榆林，南海，潮差区）			腐蚀速率（μm/a）/点蚀最大深度（mm）/最大缝隙腐蚀深度（mm）:1.2/0.05/0.4/0.08	

续表

牌号	化学成分/%	加工/热处理状态	力学性能	腐蚀介质（溶液、pH值、温度、海水来源）	实验方法（静态、动态、流速、实验时长、测试方法）	腐蚀形式	腐蚀程度（年腐蚀速率、腐蚀电流密度、腐蚀坑深度、开路电位等）	文献出处
BFe30-1-1				海水（榆林，南海，飞溅区）	暴露 48 个月，失重法		腐蚀速率(μm/a)：0.56	中国腐蚀与防护网
				海水（舟山，东海，全浸区）			腐蚀速率（mm）/点蚀平均深度（mm）/最大缝隙腐蚀深度(mm)：7.7/0.13/0.42/0.19	
				海水（青岛，黄海，全浸区）			腐蚀速率（mm）/点蚀平均深度（mm）/最大缝隙腐蚀深度(mm)：3.6/0.09/0.15/0.12	
				海水（青岛，黄海，潮差区）	暴露 96 个月，失重法		腐蚀速率（mm）/点蚀平均深度（mm）/最大缝隙腐蚀深度(mm)：5.6/0.1/0.3/0.14	
				海水（青岛，黄海，飞溅区）			腐蚀速率（mm）/点蚀平均深度(mm)：2.8/0.05/0.05	
				海水（厦门，东海，全浸区）			腐蚀速率(μm/a)：2.0	
				海水（厦门，东海，潮差区）			腐蚀速率(μm/a)：1.8	
				海水（厦门，东海，飞溅区）			腐蚀速率(μm/a)：3.0	

续表

牌号	化学成分/%	加工/热处理状态	力学性能	腐蚀介质(溶液,pH值,温度,海水来源)	实验方法(静态,动态,流速,实验时长,测试方法)	腐蚀形式	腐蚀程度(年腐蚀速率,腐蚀电流密度,开路电位,坑深度等)	文献出处
BFe30-1-1				海水(榆林,南海,全浸区)	暴露96个月,失重法		腐蚀速率(μm/a)/点蚀平均深度(mm)/最大缝隙腐蚀深度(mm):4.4/0.2/0.65/0.23	中国腐蚀与防护网
				海水(榆林,南海,潮差区)			腐蚀速率(μm/a)/点蚀平均深度(mm)/最大缝隙腐蚀深度(mm):0.74/0.07/0.21	
				海水(青岛,黄海,全浸区)			腐蚀速率(μm/a)/点蚀平均深度(mm)/点蚀最大深度(mm):22.0/0.2/0.32	
				海水(青岛,黄海,潮差区)			腐蚀速率(μm/a):5.9	
				海水(青岛,黄海,飞溅区)			腐蚀速率(μm/a):2.9	
				海水(厦门,东海,全浸区)	暴露12个月,失重法		腐蚀速率(μm/a):39.0	
				海水(厦门,东海,潮差区)			腐蚀速率(μm/a):6.5	
				海水(厦门,东海,飞溅区)			腐蚀速率(μm/a):1.8	
				海水(榆林,南海,全浸区)			腐蚀速率(μm/a)/点蚀平均深度(mm)/最大缝隙腐蚀深度(mm):21.0/0.19/0.23/0.49	

续表

牌号	化学成分/%	加工/热处理状态	力学性能	腐蚀介质（溶液、pH值、温度、海水来源）	实验方法（静态/动态、流速、实验时长、测试方法）	腐蚀形式	腐蚀程度（年腐蚀速率、腐蚀电流密度、腐蚀坑深度、开路电位等）	文献出处
BFe30-1-1				海水（榆林、南海、潮差区）			腐蚀速率(μm/a)/最大缝隙腐蚀深度(mm):3.9/0.09	
				海水（榆林、南海、飞溅区）			腐蚀速率(μm/a):0.8	
				海水（舟山、东海、全浸区）	暴露12个月，失重法		腐蚀速率(μm/a)/最大缝隙腐蚀深度(mm):19.0/0.2	
				海水（舟山、东海、潮差区）			腐蚀速率(μm/a):4.9	
				海水（舟山、东海、飞溅区）			腐蚀速率(μm/a):0.94	
				海水（青岛、黄海、全浸区）			腐蚀速率(mm)/点蚀最大深度(mm)/最大缝隙腐蚀深度(mm):15.0/0.13/0.21/0.2	中国腐蚀与防护网
				海水（青岛、黄海、潮差区）	暴露24个月，失重法		腐蚀速率(mm)/点蚀最大深度(mm)/最大缝隙腐蚀深度(mm):4.1/0.03/0.04/0.07	
				海水（青岛、黄海、飞溅区）			腐蚀速率(μm/a):4.1	
				海水（厦门、东海、全浸区）			腐蚀速率(mm)/点蚀最大深度(mm):22.0/0.32/0.44	

续表

264 海洋工程用铜合金腐蚀数据手册

牌号	化学成分/%	加工/热处理状态	力学性能	腐蚀介质（溶液、pH值、温度、海水来源）	实验方法（静态、动态、流速、实验时长、测试方法）	腐蚀形式	腐蚀程度（年腐蚀速率、腐蚀电流密度、腐蚀坑深度、开路电位等）	文献出处
BFe30-1-1				海水（厦门，东海，潮差区）		最大缝隙腐蚀深度：烂穿	腐蚀速率（μm/a）：5.4	中国腐蚀与防护网
				海水（厦门，东海，飞溅区）			腐蚀速率（μm/a）：1.6	
				海水（榆林，南海，全浸区）			腐蚀速率（μm/a）/点蚀平均深度（mm）/最大缝隙腐蚀深度（mm）：12.0/0.25/0.54/0.35	
				海水（榆林，南海，潮差区）	暴露24个月，失重法		腐蚀速率（μm/a）/最大缝隙腐蚀深度（mm）：2.7/0.12	
				海水（榆林，南海，飞溅区）			腐蚀速率（μm/a）：1.1	
				海水（舟山，东海，全浸区）			腐蚀速率（μm/a）/点蚀平均深度（mm）/最大缝隙腐蚀深度（mm）：11.0/0.05/0.11/0.09	
				海水（舟山，东海，潮差区）			腐蚀速率（μm/a）：3.1	
				海水（舟山，东海，飞溅区）			腐蚀速率（μm/a）：0.61	
				海水（青岛，黄海，全浸区）	暴露48个月，失重法		腐蚀速率（μm/a）/点蚀平均深度（mm）/最大缝隙腐蚀深度（mm）：14.0/0.37/0.35	

续表

牌号	化学成分/%	加工/热处理状态	力学性能	腐蚀介质（溶液，pH值，温度，海水来源）	实验方法（静态/动态，流速，实验时长，测试方法）	腐蚀形式	腐蚀程度（年腐蚀速率，腐蚀电流密度，腐蚀坑深度，开路电位等）	文献出处
BFe30-1-1				海水（青岛，黄海，潮差区）		点蚀最大深度：穿孔	腐蚀速率（μm/a）/点蚀平均深度（mm）/点蚀最大深度（mm）:3.8/0.17/0.33/0.18	
				海水（青岛，黄海，飞溅区）			腐蚀速率（μm/a）:2.9	
				海水（厦门，东海，全浸区）			腐蚀速率（μm/a）/点蚀最大深度（mm）/最大缝隙腐蚀深度（mm）:13.0/0.23/0.41/0.7	
				海水（厦门，东海，潮差区）	暴露48个月，失重法		腐蚀速率（μm/a）:3.6	中国腐蚀与防护网
				海水（厦门，东海，飞溅区）			腐蚀速率（μm/a）:2.4	
				海水（榆林，南海，全浸区）			腐蚀速率（μm/a）/点蚀平均深度（mm）/最大缝隙腐蚀深度（mm）:8.0/0.19/0.82/0.36	
				海水（榆林，南海，潮差区）			腐蚀速率（μm/a）/点蚀平均深度（mm）/点蚀最大深度腐蚀深度（mm）:1.5/0.04/0.08/0.36	

续表

牌号	化学成分/%	加工/热处理状态	力学性能	腐蚀介质（溶液，pH值，温度，海水来源）	实验方法（静态/动态，流速，实验时长，测试方法）	腐蚀形式	腐蚀程度（年腐蚀速率，腐蚀电流密度，腐蚀坑深度，开路电位等）	文献出处
				海水（榆林，南海，飞溅区）	暴露48个月，失重法		腐蚀速率（μm/a）/点蚀平均深度（mm）/最大缝隙腐蚀深度（mm）:0.9/0.03/0.05/0.04	中国腐蚀与防护网
				海水（舟山，东海，全浸区）			腐蚀速率（μm/a）/点蚀平均深度（mm）/最大缝隙腐蚀深度（mm）:6.1/0.08/0.29/0.19	
				海水（舟山，东海，潮差区）			腐蚀速率（μm/a）:2.5	
				海水（舟山，东海，飞溅区）			腐蚀速率（μm/a）:1.1	
BFe30-1-1	Ni10, Fe1.5, Cl.0, Cu余量			青岛站海水	实海全浸暴露，3个月，6个月，4年;表面分析（SEM，金相，TEM）	局部腐蚀甚至穿孔，蚀坑处有严重晶间腐蚀发生	经过6个月实海浸泡发生了严重的保护膜脱落、脱成分腐蚀和晶间腐蚀现象。尽管随后几个时间段的暴露后，平行试样之间腐蚀发展不均衡，但基本趋势是复重或加重上述腐蚀特征。如国产管材全浸4年腐蚀穿孔，穿孔处也以晶间腐蚀形貌为主	[87]
				循环卤水（×10⁻⁶）：Na23618, K728, Ca1433, Mg2078, Cl36406, SO₄ 5418, HCO₃ 201, SO₃ 5.7, NO₃ 2.4, Fe2.4, pH7.58	静态浸泡，50℃、70℃、90℃;30d、90d、150d、210d、270d、300d;失重法、电化学测试（E-t）;表面分析（SEM）	均匀腐蚀	在卤水蒸气中，温度为90℃时，C70600和C71500的腐蚀速率分别是0.017mm/a和0.032mm/a;蒸汽环境中的腐蚀速率比卤水液体中的高，且随温度升高而增大，暴露30d后，C70600和C71500的腐蚀速率达到最大，分别达0.027mm/a和0.0075mm/a	[96]

续表

牌号	化学成分/%	加工/热处理状态	力学性能	腐蚀介质（溶液、pH值、温度、海水来源）	实验方法（静态/动态、流速、实验时长、测试方法）	腐蚀形式	腐蚀程度（年腐蚀速率、腐蚀电流密度、腐蚀坑深度、开路电位等）	文献出处
C71500	Ni30，Fe0.6，Cl.0，Cu余量			循环卤水（×10^{-6}）：Na23618，K728，Ca1433，Mg2078，Cl36406，SO_4^{2-}5418，HCO_3^-201，$SiO_2$5.7，NO_3^-2.4，Fe2.4，pH7.58	静态浸泡，50℃、70℃、90℃，30d、90d、150d、210d、270d、300d；失重法；电化学测试（E-t）；表面分析（SEM）	均匀腐蚀	在卤水蒸气中，温度为90℃时，C70600和C71500的腐蚀速率分别是0.017mm/a和0.032mm/a；蒸汽环境中的腐蚀速率比卤水液体中的高，且随温度升高而增大，暴露30d后，C70600和C71500的腐蚀速率达到最大，分别达0.027mm/a和0.0075mm/a	[96]
Cu-10Ni				0.6mol/L NaCl溶液，pH 7.0	静态浸泡，0～3h，电化学测试（E-t，PD，CV，EIS）	均匀腐蚀	E_{corr}（mV，3h之后）/i_{corr}（A/cm^2，刚开始）/i_{corr}（A/cm^2，3h之后）：$-$186/10/1.27	[24]
Cu-10%Ni-X	Cu90.1，Ni9.82	冷轧，固溶处理		过滤海水	喷射冲刷，6.7m/s，30d，失重法	均匀腐蚀	12.9mg/cm^2	[60]
	Cu88.1，Ni9.93，Fe1.92						5mg/cm^2	
	Cu89.0，Ni9.97，Al0.95						10.5mg/cm^2	
	Cu89.2，Ni9.74，Ga0.99						13.5mg/cm^2	
	Cu88.1，Ni9.98，Ga1.90						13.4mg/cm^2	
	Cu88.2，Ni10.19，Ge1.51						15mg/cm^2	
	Cu88.0，Ni9.90，In2.07						8mg/cm^2	

续表

牌号	化学成分/%	加工/热处理状态	力学性能	腐蚀介质（溶液,pH值,温度,海水来源）	实验方法（静态/动态,流速,实验时长,测试方法）	腐蚀形式	腐蚀程度（年腐蚀速率,腐蚀电流密度,腐蚀坑深度,开路电位等）	文献出处
Cu-30Ni				0.6mol/L NaCl 溶液,pH 7.0	静态浸泡,0～3h,电化学测试（E-t,PD,CV,EIS）	均匀腐蚀	E_{corr}（mV,3h之后）/i_{corr}（A/cm²,3h之后）:-200/12.6/1.16	[24]
Cu-5Ni				0.6mol/L NaCl 溶液,pH 7.0	静态浸泡,0～3h,电化学测试（E-t,PD,CV,EIS）	均匀腐蚀	E_{corr}（mV,3h 之后）/i_{corr}（A/cm²,3h之后）:-215/4/1.4	[24]
Cu-65Ni				0.6mol/L NaCl 溶液,pH 7.0	静态浸泡,0～3h,电化学测试（E-t,PD,CV,EIS）	均匀腐蚀	E_{corr}（mV,3h之后）/i_{corr}（A/cm²,3h之后）:-200/12.6/0.3	[24]
Cu-Ni合金	Ni0～31,Fe＜0.05～2.3			洁净的天然海水,温度25℃,含氧量值约为6.4mg/L,pH值为8.0±0.1	静态海水浸泡,2a,失重法,0.5m/s,2a,失重法;流动海水浸泡,喷射,7.5m/s,30d,腐蚀产物膜分析（化学溶解法）	均匀腐蚀	Ni 和 Fe 对于提高铜合金在海水中的耐蚀性能有正的交互作用;Ni 可提高铜合金在静止海水和流动海水中的耐蚀性能,而 Fe 可降低耐蚀性能对 Ni 含量的要求;当 Ni 含量为10%时,沉淀的 Fe 仍有有益作用,为了使 Cu₂O 腐蚀产物层富集 Ni,铜-镍合金必须含有一定量的固溶态的 Fe,所需的 Fe 含量与含量的 Ni 含量有关,Ni 含量减少,则所需的 Fe 含量增加	[16]
HSCu/Ni	Ni19,Fe1,Mn4,Nb0.8,Cr0.5,Al1.8 Cu余量	棒材		3.5%NaCl溶液	喷射,流速 2.4～86m/s,4h;失重法;电化学测试（PD）;表面分析（SEM）	均匀腐蚀	流速（m/s）/失重（mg）:0/0.1,2.4/0.3,4.5/0.6,4.5/0.4,17/0.5,86/1.8	[95]
UNSC70600	Ni11,Fe1.9,Mn0.7,Cu 余量	板材		3.5%NaCl溶液	喷射,流速 2.4～86m/s,4h;失重法;电化学测试（PD）;表面分析（SEM）	均匀腐蚀	流速（m/s）/失重（mg）:0/0.1,2.4/0.65,4.5/0.6,4.5/0.5,17/1.0,86/2.2	[95]

参考文献

[1]　魏婷，于保华，李双建，我国海洋产业发展现状及前景分析研究.海洋开发与管理，2012（3）：95-100.

[2]　翁震平，谢俊元.重视海洋开发战略研究 强化海洋装备创新发展，海洋开发与管理，2012（1）：1-7.

[3]　Gaffoglio C J. A new copper alloy for utility condenser tubes. Power Engineeering，1982：60-62.

[4]　Mansfeld F，Liu G，Xiao H，et al. The corrosion behavior of copper alloys，stainless steels and titanium in seawater. Corros Sci，1994（36）：2063-2095.

[5]　Schleich W. Application of copper-nickel alloy UNS C70600 for seawater service//CORROSION/2005 Annnual Conference and Exhibition. Houston：NACE International，2005：1-14.

[6]　陈平，付亚波.铜镍合金冷凝产品市场分析.上海有色金属，2007，28（4）：191-195.

[7]　Anderson D B，Badial F A. Chromium Modified Copper-Nickel Alloys for Improved Seawater Impingement Resistance. Trans American Society of Mechanical Engineer，1973（95）：132-135.

[8]　Kirk W W，Lee T S，Lewis R O. Corrosion and Marine Fouling Characteristics of Copper-Nickel Alloys//Symposium on Copper Alloys in Marine Environments. Birmingham，England，1985.

[9]　Kirk W W，Tuthill A. Copper Nickel Condenser and Heat Exchanger Systems//The Application of Copper Nickel Alloys in Marine Systems. CDA Inc Seminar Technical Report 2005，pp. 1-20 CDA Inc Seminar Technical Report.

[10]　Tuthill A，Todd B，Oldfield J. Experience with Copper Nickel Alloy Tubing，Water boxes and Piping in MSF Desalination Plants//IDA World Congress on Desalination and Water Reuse. Madrid，Spain，1997：251.

[11]　Tuck C D S. High Strength Copper Nickels. UK，2005：1-9.

[12]　Beccaria A M，Crousier J. Dealloying of Cu-Ni alloys in natural sea water. Br Corros J，1989，（24）：4.

[13]　North R F，Pryor M J. The influence of corrosion product structure on the corrosion rate of Cu-Ni alloys. Corros Sci，1970（10）：297-311.

[14]　Milosev I，Metikos-Hukovic M. The behaviour of Cu-x Ni（x =10 to 40 wt%）alloys in alkaline solutions containing chloride ions. Electrochim Acta，1997（42）：1537-1548.

[15]　Parvizi M S. Int Mater Rev，1988（33）：169.

[16]　Efird K D. The Synergistic Effect of Ni and Fe on the Sea Water Corrosion of Copper Alloys. Corrosion，1977（33）：347-350.

[17]　Zanoni R，Gusmano G，Montesperelli G，et al. X-ray Photoelectron spectroscopy investigation of corrosion behavior of ASTM C71640 copper-nickel alloy in seawater，Corrosion，1992（48）：404-410.

[18]　万传珧.高强度耐海水腐蚀白铜（铜镍）合金综述，材料导报，1992（1）：27-31.

[19]　李进，许兆义，周卫青，等.循环冷却水系统中铜镍合金点腐蚀影响因素分析，北京交通大学学报，2005（4）：13-18.

[20]　Li J，Yuan W，Du Y. Biocorrosion characteristics of the copper alloys BFe30-1-1 and HSn70-1AB by SRB using Atomic Force Microscopy and Scanning Electron Microscopy. International Biodeterioration & Biodegradation，2010（64）：363-370.

[21]　Efird K D. Effect of Fluid Dynamics on the Corrosion of Copper-Base Alloys in Sea Water. Corrosion，1977（33）3-8.

[22]　Eiselstein L E，Syrett B C，Wing S S，et al. The accelerated corrosion of Cu-Ni alloys in sulphide-polluted seawater：Mechanism no. 2. Corros Sci，1983（23）：223-239.

[23]　Babic R，Metikos-Hukovic M，Lonclar M. Impedance and photoelectrochemical study of surface layers on Cu and Cu-10Ni in acetate solution containing benzotriazole. Electrochim Acta，1999（44）：2413-2421.

[24]　Badawy W A，Ismail K M，Fathi A M. Effect of Ni content on the corrosion behavior of Cu－Ni alloys in neutral chloride solutions. Electrochim. Acta，2005，（50）：3603-3608.

[25]　Kear G，Barker B D，Stokes K，et al. Electrochemical corrosion behaviour of 90-10 Cu-Ni alloy in chloride-based electrolytes. Journal of Applied Electrochemistry，2004（34）：659-669.

[26]　Kear G，Barker B D，Stokes K R，et al. Electrochemistry of non-aged 90－10 copper－nickel alloy (UNS C70610) as a function of fluid flow：Part 2：Cyclic voltammetry and characterisation of the corrosion mechanism，Electrochim. Acta，2007（52）：2343-2351.

[27]　Kear G，Barker B D，Walsh F C. Electrochemical corrosion of unalloyed copper in chloride media-a critical re-

view. Corros Sci，2004（46）：109-135.

[28] Mathiyarasu J，Palaniswamy N，Muralidharan V S. Electrochemical behaviour of copper-nickel alloy in chloride solution. Proc India Acad Sci（Chem Sci），1999（111）：377-386.

[29] Metikoš-Hukoviĉ M，Škugor I，Grubaĉ Z，et al. Complexities of corrosion behaviour of copper – nickel alloys under liquid impingement conditions in saline water. Electrochim Acta，2010（55）：3123-3129.

[30] Yuan S J，Pehkonen S O. Surface characterization and corrosion behavior of 70/30 Cu – Ni alloy in pristine and sulfide-containing simulated seawater. Corros Sci，2007，（49）：1276-1304.

[31] Babić R，Metiko Š-Huković M. Spectroelectrochemical studies of protective surface films against copper corrosion. Thin Solid Films，2000（359）：88-94.

[32] Badawy W A，Ismail K M，Fathi A M. The influence of the copper/nickel ratio on the electrochemical behavior of Cu-Ni alloys in acidic sulfate solutions. J Alloys Compd，2009（484）：365-370.

[33] Kear G，Barker B D，Stokes K R，et al. Corrosion and impressed current cathodic protection of copper-based materials using a bimetallic rotating cylinder electrode（BRCE）. Corros Sci，2005（47）：1694-1705.

[34] Kear G，Barker B D，Stokes K R，et al. Electrochemistry of non-aged 90-10 copper-nickel alloy（UNS C70610）as a function of fluid flow：Part 1：Cathodic and anodic characteristics. Electrochim Acta，2007（52）：1889-1898.

[35] Mathiyarasu J，Palaniswamy N，Muralidharan V S. An insight into the passivation of cupronickel alloys in chloride environment. Proc India Acad Sci（Chem Sci），2001（113）：63-76.

[36] Metikoš-Huković M，Babić R，Škugor I，et al. Copper – nickel alloys modified with thin surface films：Corrosion behaviour in the presence of chloride ions，Corros. Sci，2011（53）：347-352.

[37] Metikoš-Huković M，Babić R，Škugor Rončević I，et al. Corrosion resistance of copper – nickel alloy under fluid jet impingement. Desalination，2011（276）：228-232.

[38] Beccaria A M，Crousier J. Influence of iron addition on corrosion layer built up on 70Cu-30Ni alloy in sea water. British Corrosion Journal，1991（26）：5.

[39] Campbell S A，Radford G J W，Tuck C D S，et al. Corrosion and galvanic compatibility studies of a high-strength copper-nickel alloy. Corrosion，2002（58）：57-71.

[40] Efird K D. Potential-pH diagrams for 90-10 and 70-30 Cu-Ni in sea water. Corrosion，1975（31）：77-83.

[41] Ismail K，Fathi A，Badawy W. The Influence of Ni Content on the Stability of Copper-Nickel Alloys in Alkaline Sulphate Solutions. Journal of Applied Electrochemistry，2004（34）：823-831.

[42] Liberto R C N，Magnabosco R，Alonso-Falleiros N. Selective corrosion in sodium chloride aqueous solution of cupronickel alloys with aluminum and iron additions. Corrosion 2007，（63）：211-219.

[43] Abraham G J，Kain V，Dey G K. MIC failure of cupronickel condenser tube in fresh water application. Eng Fail Anal，2009（16）：934-943.

[44] Chandra K，Kain V，Dey G K，et al. Failure analysis of cupronickel evaporator tubes of a chilling plant. Eng Fail Anal，2010（17）：587-593.

[45] Elragei o，Elshawesh F，Ezuber H M. Corrosion failure 90/10 cupronickel tubes in a desalination plant. Desalination and Water Treatment，2010（21）：17-22.

[46] Pandey R K. Failure analysis of refinery tubes of overhead condenser. Eng Fail Anal，2006（13）：739-746.

[47] Usman A，Khan A N. Failure analysis of heat exchanger tubes. Eng Fail，Anal，2008（15）：118-128.

[48] Bengough G D，Jones R M，Pirret R. Journal of the Institute of Metals，1920（23）：65-158.

[49] Bengough G D，May R. Journal of the Institute of Metals，1924（32）：81-269.

[50] Torres Bautista B E，Carvalho M L，Seyeux A，et al. Effect of protein adsorption on the corrosion behavior of 70Cu – 30Ni alloy in artificial seawater. Bioelectrochemistry，2014（97）：34-42.

[51] Románszki L，Datsenko I，May Z，et al. Polystyrene films as barrier layers for corrosion protection of copper and copper alloys. Bioelectrochemistry，2014（97）：7-14.

[52] Appa Rao B V，Chaitanya Kumar K，Hebalkar N Y. X-ray photoelectron spectroscopy depth-profiling analysis of surface films formed on Cu – Ni（90/10）alloy in seawater in the absence and presence of 1，2，3-benzotriazole. Thin Solid Films，2014（556）：337-344.

[53] Taher A，Jarjoura G，Kipouros G J. Electrochemical behaviour of synthetic 90/10 Cu-Ni alloy containing alloying additions in marine environment，Corrosion Engineering Science and Technology，2013（48）：71-80.

[54] Zubeir H M. The role of iron content on the corrosion behavior of 90Cu-10Ni alloys in 3.5% NaCl solutions. Anti-Corrosion Methods and Materials，2012（59）：195-202.

[55] Odnevall Wallinder I，Zhang X，Goidanich S，et al. Corrosion and runoff rates of Cu and three Cu-alloys in marine envi-

ronments with increasing chloride deposition rate. Science of The Total Environment，2014 (472)：681-694.

[56] Metikoš-Huković M，Babić R. Some aspects in designing passive alloys with an enhanced corrosion resistance. Corros Sci，2009 (51)：70-75.

[57] Zhu X，Lei T. Characteristics and formation of corrosion product films of 70Cu - 30Ni alloy in seawater. Corros Sci，2002 (44)：67-79.

[58] Zhao Y，Lin L，Cui D. 铜镍合金在我国实海海域的局部腐蚀. The Chinese Journal of Nonferrous Metals，2005 (15)：1786-1794.

[59] Lin L，Xu J，Zhao Y. 国产 B10 铜镍合金海水腐蚀行为研究. Journal of Chinese Society for Corrosion and Protection，2000 (20)：361-367.

[60] Burleigh T D，Waldeck D H. Effect of alloying on the resistance of Cu-10% Ni alloys to seawater impingement. Corrosion，1999 (55)：800-804.

[61] Colin S，Beche E，Berjoan R，et al. An XPS and AES study of the free corrosion of Cu-，Ni-and Zn-based alloys in synthetic sweat. Corros Sci，1999 (41)：1051-1065.

[62] Blundy R G，Pryor M J. The potential dependence of reaction product composition on copper-nickel alloys. Corros Sci，1972 (12)：65-75.

[63] Liberto R C N，Magnabosco R，Alonso-Falleiros N. Selective corrosion of 550℃ aged Cu10Ni - 3Al - 1.3Fe alloy in NaCl aqueous solution. Corros Sci，2011 (53)：1976-1982.

[64] Characterizing local strain variations around crack tips using EBSD mapping. Oxford Instruments.

[65] Badawy W A，El-Rabiee M M，Helal N H，et al. Effect of nickel content on the electrochemical behavior of Cu - Al - Ni alloys in chloride free neutral solutions. Electrochim Acta，2010 (56)：913-918.

[66] Efird K D. Interrelation of corrosion and fouling for metals in sea-water. Mater Performance，1976 (15)：16-25.

[67] Wood R J K，Hutton S P，Schiffrin D J. Masstransfereffects of non-cavitating seawater on the corrosion of Cu and 70Cu-30Ni. Corros Sci，1990 (30)：1177-1201.

[68] Yuan S J，Choong A M F，Pehkonen S O. The influence of the marine aerobic Pseudomonas strain on the corrosion of 70/30 Cu - Ni alloy. Corros Sci，2007 (49)：4352-4385.

[69] Zhu X，Lei T. Characteristics and formation of corrosion product films of 70Cu - 30Ni alloy in seawater. Corros Sci，2002 (44)：67-79.

[70] Zhu X，Lin L，Xu J. 铜合金在海水环境中的腐蚀规律及主要影响因素，The Chinese Journal of Nonferrous Metals，1998，8 (1)：210-217.

[71] Wang Y Z，Beccaria A M，Poggi G. The effect of temperature on the corrosion behaviour of a 70/30 Cu-Ni commercial alloy in seawater. Corros Sci，1994 (36)：1277-1288.

[72] Ezuber H M. Effect of temperature and thiosulphate on the corrosion behaviour of 90-10 copper-nickel alloys in seawater. Anti-Corrosion Methods and Materials，2009 (56)：168-172.

[73] 迟长云. B30 铜镍合金在海水中的腐蚀电化学性能研究. 南京：南京航空航天大学，2009.

[74] Macdonald D D，Syrett B C，Wing S S. The Corrosion of Cu-Ni Alloys 706 and 715 in Flowing Sea Water. II - Effect of Dissolved Sulfide. Corrosion，1979 (35)：367-378.

[75] Alhajji J N，Reda M R. The corrosion of copper-nickel alloys in sulfide-polluted seawater：the effect of sulfide concentration. Corros Sci，1993 (34)：163-177.

[76] Efird K D. Inter-relation of corrosion and fouling for metals in sea water. Mater Performance，1976 (15)：16-25.

[77] Lotz U，Postlethwaite J. Erosion-corrosion in disturbed two phase liquid/particle flow. Corros Sci，1990 (30)：95-106.

[78] Poulson B. Complexities in predicting erosion corrosion. Wear，1999，233-235：497-504.

[79] 杨帆，郑玉贵，姚治铭，等. 铜镍合金 BFe30-1-1 在流动人工海水中的腐蚀行为. 中国腐蚀与防护学报，1999 (19)：7.

[80] Ismail K M，Fathi A M，Badawy W A. Effect of Nickel Content on the Corrosion and Passivation of Copper-Nickel Alloys in Sodium Sulfate Solutions. Corrosion，2004 (60)：795-803.

[81] Drolenga L J P，Ijsseling F P. The influence of alloy composition and microstructure on the corrosion behavior of Cu-Ni alloys in seawater. Werkst Korros，1983 (34)：167-178.

[82] Lin L，Liu S，Liu Z，et al. 铜镍合金海水腐蚀的表面与界面特征研究，Corrosion Science and Protection Technology，1999 (11)：7.

[83] Xia S，Li H，Liu T G，et al. Appling grain boundary engineering to Alloy 690 tube for enhancing intergranular corrosion resistance. J Nucl Mater，2011 (416)：303-310.

[84] Hu C，Xia S，Li H. Improving the intergranular corrosion resistance of 304 stainless steel by grain boundary network

control. Corros Sci，2011（53）：1880-1886.

[85] Jones R，Randle V. Sensitisation behaviour of grain boundary engineered austenitic stainless steel. Materials Science and Engineering：A，2010（527）：4275-4280.

[86] 林乐耕，徐杰，赵月红. 国产 B10 铜镍合金海水腐蚀行为研究. 中国腐蚀与防护学报，2000，20（6）：361-367.

[87] 林乐耕，王晓华，严宇民. 国产 BFe30-1-1 铜管实海浸泡发生晶间腐蚀的机理. 稀有金属，1993，17（4）：275-278.

[88] 杜鹃. TUP 紫铜及 B10 铜镍合金流动海水冲刷腐蚀行为研究. 青岛：中国海洋大学，2007.

[89] 林乐耕，刘少峰，朱小龙. 海水腐蚀导致铜镍合金的沿晶析出. 中国腐蚀与防护学会. 1997，17（1）：1-6.

[90] 王吉会，姜晓霞，李诗卓. 微量硼对 70Cu-30Ni 合金组织和性能的影响. 金属学报，1995，31（6）：266-271.

[91] 赵永韬，李海洪，陈光章. 铜合金在海水中电化学阻抗谱特征研究. 海洋科学. 2005，29（7）：21-25.

[92] Wood R J K，Hutton S P，Schiffrin D J. Mass transfe reffects of non-cavitating seawater on the corrosion of Cu and 70Cu-30Ni. Corrosion Science，1990，30：1177-1201.

[93] Beccaria A M，Poggi G，Traverso P，et al. A study of the de-alloying of 70Cu-30Ni commercial alloy in sulphide polluted and unpolluted sea water. Corrosion Science，1991，32（11）：1263-1275.

[94] Alhajji J N，Reda M R. The conflicting roles of complexing agents on the corrosion of copper-nickel alloys in sulfide polluted seawater. Journal of the Electrochemical Society，1994，141：1432-1439.

[95] Hodgkiess T，Vassiliou G. Complexities in the erosion corrosion of copper-nickel alloys in saline water. Desalination，2005，183（1-3）：235-247.

[96] Al-Odwani A，El-Sayed E E F，Al-Tabtabaei M，et al. Corrosion resistance and performance of copper – nickel and titanium alloys in MSF distillation plants. Desalination，2006，201（1-3）：46-57.

[97] Al-Fozan S A，Malik A U. Effect of seawater level on corrosion behavior of different alloys. Desalination，2008，228（1-3）：61-67.

[98] Zhang J，Wang Q，Wang Y，et al. Effect of heat treatment on the highly corrosion-resistant Cu70Ni27. 7Fe2. 3 alloy. Journal of Alloys and Compounds，2010，505（2）：505-509.

[99] Efird K D，Anderson D B. Sea water corrosion of 90-10 and 70-30 Cu-Ni：14 year exposures. Marerials Performance，1975，14（11）：37-40.

[100] Dhar H P，White R E，Burnell G，et al. Corrosion behavior of Cu and Cu-Ni alloys in 0. 5M NaCl and in synthetic seawater. Corrosion，1985，41（6）：317-323.

[101] Melchers R E. Temperature Effect on Seawater Immersion Corrosion of 90：10 Copper-Nickel Alloy. Corrosion，2001，57（5）：440-451.

[102] Syrett B C. Erosion-Corrosion of Copper-Nickel Alloys in Sea Water and Other Aqueous Environments—A Literature Review. Corrosion，1976，32（6）：242-252.

[103] Macdonald D D，Syrett B C，Wing S S. The Corrosion of Copper-Nickel Alloys 706 and 715 in Flowing Sea Water. I—Effect of Oxygen. Corrosion，1978，34（9）：289-301.

[104] Syrett B C，Wing S S. Effect of Flow on Corrosion of Copper-Nickel Alloys in Aerated Sea Water and in Sulfide-Polluted Sea Water. Corrosion，1980，36（2）：73-85.